普通高校本科计算机专业特色教材精选·计算机原理

计算机操作系统（第3版）

彭民德 彭浩 等编著

清华大学出版社
北京

内容简介

本书系统地阐述了现代计算机操作系统的功能、结构和主要技术，包括进程与CPU管理、内存管理、设备管理和文件系统，讨论了操作系统的安全性。本版增加了关于云操作系统发展背景及其功能特性和结构的内容。书中详细地介绍了UNIX、Linux和Windows实例，每章都有重点演示和交互练习以及小结和习题。与本书配套的建立操作系统教学网站的电子文件可从出版社网站(http://www.tup.com.cn)下载，其中有动画讲解、交互练习、题目测试和问题讨论等内容。

本书是计算机专业本科教材，但对各个层次的读者学习计算机操作系统也有一定的帮助。

图书在版编目(CIP)数据

计算机操作系统/彭民德等编著. —3版. —北京：清华大学出版社，2014(2024.3重印)
普通高校本科计算机专业特色教材精选·计算机原理
ISBN 978-7-302-35585-4

Ⅰ. ①计… Ⅱ. ①彭… Ⅲ. ①操作系统－高等学校－教材 Ⅳ. ①TP316

中国版本图书馆CIP数据核字(2014)第039825号

责任编辑：汪汉友
封面设计：傅瑞学
责任校对：时翠兰
责任印制：刘海龙

出版发行：清华大学出版社
网　　址：https://www.tup.com.cn，https://www.wqxuetang.com
地　　址：北京清华大学学研大厦A座　　**邮　　编**：100084
社 总 机：010-83470000　　**邮　　购**：010-62786544
投稿与读者服务：010-62776969，c-service@tup.tsinghua.edu.cn
质量反馈：010-62772015，zhiliang@tup.tsinghua.edu.cn
课件下载：https://www.tup.com.cn，010-83470236
印 装 者：三河市龙大印装有限公司
经　　销：全国新华书店
开　　本：185mm×260mm　　**印　　张**：17.25　　**字　　数**：392千字
版　　次：2003年12月第1版　　2014年4月第3版　　**印　　次**：2024年3月第12次印刷
定　　价：44.50元

产品编号：056863-02

出版说明

INTRODUCTION

在我国高等教育逐步实现大众化后，越来越多的高等学校将会面向国民经济发展的第一线，为行业、企业培养各级各类高级应用型专门人才。为此，教育部已经启动了“高等学校教学质量和教学改革工程”，强调要以信息技术为手段，深化教学改革和人才培养模式改革。如何根据社会的实际需要，根据各行各业的具体人才需求，培养具有特色显著的人才，是我们共同面临的重大问题。具体地说，培养具有一定专业特色的和特定能力强的计算机专业应用型人才则是计算机教育要解决的问题。

为了适应21世纪人才培养的需要，培养具有特色的计算机人才，急需一批适合各种人才培养特点的计算机专业教材。目前，一些高校在计算机专业教学和教材改革方面已经做了大量工作，许多教师在计算机专业教学和科研方面已经积累了许多宝贵经验。将他们的教研成果转化为教材的形式，向全国其他学校推广，对于深化我国高等学校的教学改革是一件十分有意义的事。

清华大学出版社在经过大量调查研究的基础上，决定组织编写一套《普通高校本科计算机专业特色教材精选》。本套教材是针对当前高等教育改革的新形势，以社会对人才的需求为导向，主要以培养应用型计算机人才为目标，立足课程改革和教材创新，广泛吸纳全国各地的高等院校计算机优秀教师参与编写，从中精选出版确实反映计算机专业教学方向的特色教材，供普通高等院校计算机专业学生使用。

本套教材具有以下特点。

1. 编写目的明确

本套教材是在深入研究各地各学校办学特色的基础上，面向普通高校的计算机专业学生编写的。学生通过本套教材，主要学习计算机科学与技术专业的基本理论和基本知识，接受利用计算机解决实际问题的基本训练，培养研究和开发计算机系统，特别是应用系统的基本能力。

2. 理论知识与实践训练相结合

根据计算学科的三个学科形态及其关系，本套教材力求突出学科的理论与实践紧密结合的特征，结合实例讲解理论，使理论来源于实践，又进一步指导实践。学生通过实践深化对理论的理解，更重要的是使学生学会理论方法的实际运用。在编写教材时突出实用性，并做到通俗易懂，易教易学，使学生不仅知其然，知其所以然，还要会其如何然。

3. 注意培养学生的动手能力

每种教材都增加了能力训练部分的内容，学生通过学习和练习，能比较熟练地应用计算机知识解决实际问题。既注重培养学生分析问题的能力，也注重培养学生解决问题的能力，以适应新经济时代对人才的需要，满足就业要求。

4. 注重教材的立体化配套

大多数教材都将陆续配套教师用课件、习题及其解答提示，学生上机实验指导等辅助教学资源，有些教材还提供能用于网上下载的文件，以方便教学。

由于各地区各学校的培养目标、教学要求和办学特色均有所不同，所以对特色教学的理解也不尽一致，我们恳切希望大家在使用教材的过程中，及时地给我们提出批评和改进意见，以便我们做好教材的修订改版工作，使其日趋完善。

我们相信经过大家的共同努力，这套教材一定能成为特色鲜明、质量上乘的优秀教材，同时，我们也希望通过本套教材的编写出版，为“高等学校教学质量和教学改革工程”做出贡献。

清华大学出版社

前言

PREFACE

自本书第2版以来，计算机操作系统技术又有了较大的发展。信息技术进入了以“因特网+移动网”为特征的云计算和多核处理器结构的时期，这种环境催生了云操作系统的出现。本次再版时，对云计算环境的特点和云操作系统结构进行了讨论。第1章增加了云计算时代的操作系统、云操作系统、云计算分布式系统结构，以及国产高性能计算机采用龙芯多核虚拟机结构的内容，充实了有关操作系统的概念。第2章增加了有关多核环境的进程同步的内容。

鉴于云操作系统技术尚处在迅速发展之中，还不能说技术已经成熟。有些精妙的东西，也许开发者还作为自己的核心竞争力而没有公开。因此本次新增的有关内容，诸如关于云计算、云存储、云虚拟资源管理、云资源消费等概念，关于云操作系统功能和结构的描述，关于云计算中心操作系统和云终端操作系统特性的归纳，以及试图把云操作系统列入操作系统分类中的一个类别，都还是一种尝试。希望我们的工作对读者有所帮助。如有不妥，欢迎指正。

在本书第1.2.1节介绍了早期没有操作系统年代的计算机，只能做简单的数值计算，必须手工编程序才能使用，上机操作过程也不得不无助地直接跟计算机硬件打交道。发展到今天配备了现代操作系统的计算机功能强大，应用面无处不在，而且指尖触屏式操作极其简单，不再需要专业知识就能够轻松地使用计算机，使用计算机不一定要做编程序的苦差事，计算机变得亲切起来，使用计算机成了一种享受。相比之下，令跟计算机结缘几十年，饱尝了其中苦辣酸甜的笔者感慨万千，惊叹包括操作系统在内的计算机的巨大功绩，对一代又一代为操作系统发展做出贡献的计算机科学家更生敬意。

在学习中，我们也高兴地看到，国产“龙芯”多核结构以及浪潮、华为的云操作系统，相当有特色。在当今世界信息技术发展的高平台上，有一席之地，书中也根据资料做了简单介绍。以往我们用机，从事计算机教学，都只是围着外国的计算机转，现在能够在书中提到龙芯、曙光、浪潮，这些中国人的IT品牌，表明今天国人已经掌握了计算机的核心技术，又看到由国家重点发展的云计算平台建设，正在突飞猛进，感到特别惬意和兴奋。

笔者自 1981 年以来，一直担任计算机专业本专科和研究生操作系统课程教学，本书在本人讲稿的基础上写成。本书定位于计算机类本科专业教材，内容包含了操作系统主要的概念和技术：进程与处理机管理、调度与死锁、实存储器和虚拟存储器管理、设备管理、文件管理、操作系统的安全性等常规内容，并对流行的操作系统 UNIX 和 Windows 做了实例剖析。许多例题和习题是作者教学过程中积累，多届学生做过的。书稿力求保持整体上系统而简略的风格。高级工程师彭文新参与编写了第 7 章，李亮参编了第 8 章。肖健宇教授为本书一批技术名词首次出现时加了英文注释。

为了对书上讨论的内容有更感性的认识，每章后面都有"重点演示和交互练习"，这与我们开发的一个教学网站相联系。20 世纪 90 年代中期有了因特网后，我们开始带领学生制作基于 Web 的教学课件。李建华教授、张伟博士，是开发上述教学网站课件的早期合作者。后来单先余高级工程师协助指导学生，继续对课件做了改进，并创建了实用的网站。教学网站上有近千个多媒体网页可以浏览，书上的内容网页上基本都有，实例部分网站的内容比书上更丰富。网站上还有部分动态网页，可以交互练习和交互测试。本书第 1 版曾经同时印了教学网站的资料光盘，后来考虑到节省学习成本，没有再附，本次再版依然如此。网站尚待完善，有许多工作可做。好在资料是开放的，包括源代码在内，有兴趣的读者可以在此基础上进一步开发运用。如有老师需要，可以从清华大学出版社的网站下载资料，也可以跟作者联系索要,E-mail: mdpeng40@126.com。

清华大学史美林教授和向勇博士，他们在主持全国性操作系统教学研讨会时，曾经观看我们的网站演示，给予了肯定和鼓励，在本书出版立项时再次做了认真审查，并给予支持。在此谨表示特别感谢。笔者还要特别感谢浪潮集团提供《浪潮云海・云数据中心操作系统 V3.0 技术白皮书》，大数据产品部云海 OS 规划经理张旭芳女士又给予具体解释，我们才能够在书中简明地引述他们最新的云操作系统技术成果，让读者分享。

肖健宇、伍桂生、张桂芳、张建明等老师多年来一直使用本教材，并不断提出改进意见。本书的使用也得到了杨路明、陆惠民、陈继峰、陈振教授和马华、彭浩主任的大力支持，在此一并深表感谢。

彭民德

2014 年 2 月

目录

CONTENTS

第1章 操作系统引论

CHAPTER

1.1 操作系统的功能和特征

随着计算机的日益普及,计算机已经进入办公室、课堂、家庭和商场,几乎可以说它无处不在。因为每台计算机上都配有操作系统(operating system,OS)软件,知道操作系统的人越来越多了。那么什么是操作系统?它是干什么的?在计算机系统中它起什么作用?操作系统又是采用什么技术来实现自己的功能?它有什么运行特征?本章将讨论这些问题。

1.1.1 操作系统的功能

可以从几个层面或角度来论述操作系统的功能。

1. 平台与环境功能

顾名思义,平台是起支撑作用的,就像演戏要有舞台一样。人们操作计算机、在计算机上运行程序和开发程序,也要有平台支撑。操作系统是计算机系统平台的重要组成部分。在学习计算机基础时就知道,计算机系统是由计算机硬件和软件组成的。软件有系统软件和应用软件。系统软件又有多种,除了操作系统,还有文字编辑软件、程序编辑与调试软件、数据库系统软件、图形工具软件、语音工具软件、WWW浏览器和邮件收发软件等。应用软件更是多种多样,举不胜举。在各种软件中,操作系统是最接近硬件的软件,是构成基本计算机系统最不可缺少的软件,是应用软件和其他系统软件的运行平台。操作系统在计算机系统中的地位如图1.1所示。

首先,操作系统是计算机用户最基本的操作平台。没有操作系统的计算机是仅有硬件的裸机(bare machine),而裸机是无法操作的。例如,启动运行Word程序,操纵键盘输入文字,就多亏了操作系统的支持。没有操作系统的工作,鼠标不起作用,打印机也无法打印。没有操作系统,软盘、硬盘、光盘都是瘫痪的。没有操作系统,再快的CPU也发挥不了任何作

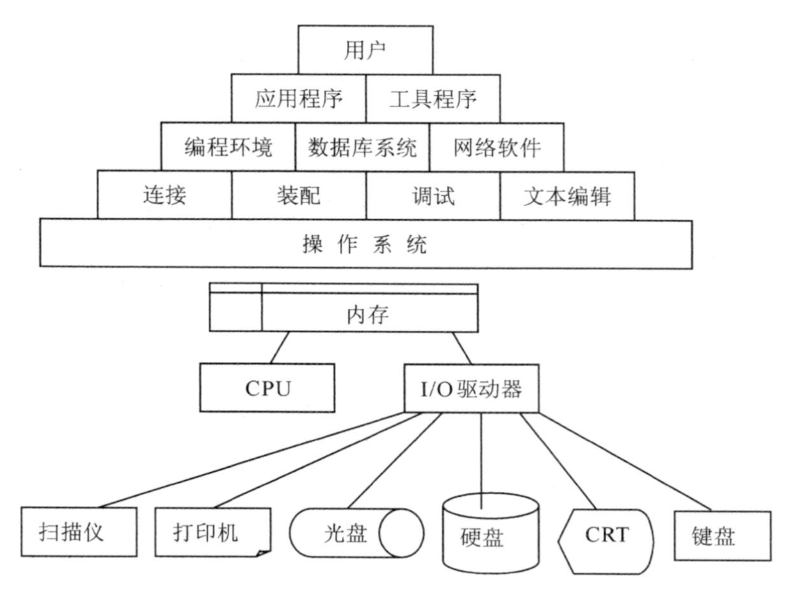

图 1.1 操作系统在计算机系统中的地位

用。没有操作系统，整个主机不知道做什么。没有操作系统，整个计算机硬件只有潜在的能力，不能起到任何实际作用。而一旦操作系统得以正常运转起来，就可以经由键盘输入命令，启动用户自己编写的程序，或用鼠标选择启动运行磁盘上的某个程序，硬盘、打印机等外部设备都工作起来了。整个计算机就能按用户的要求运转起来。操作系统之所以被叫做操作系统，最基本的含义就是因为它使得计算机成了可以操作并且由它提供了一组最基本的操作命令的缘故。在硬件(裸机)上配置了操作系统后，计算机便成了一台包含了基本的软硬件的系统，成了一个功能更强大的平台。人们再也不是直接与望而生畏的裸机打交道了。操作员依据此平台操作计算机系统。

哪些是操作系统提供的最基本的操作呢？因系统而异。像UNIX、MS-DOS那样以命令方式为主要操作方式的操作系统，则有一系列关于文件操作(建立、复制、显示、读写文件内容等)、申请内存、进程控制、使用外部设备等的命令。像Windows、Macintosh那样以图形界面操作为主要操作方式的操作系统，则把基本操作摆在桌面上，用户用鼠标选择，逐步进入其下级功能。现代计算机的性能越来越强，操作系统所提供的功能也越来越多。比如微软公司的Windows，集成了网络功能，包括浏览器Internet Explorer。

其次，在软件层次关系中，操作系统是最底层的软件，也是最接近硬件的软件，它将对所有其他软件提供支持，是其他软件的运行平台。无论是像编译程序、数据库管理程序那样复杂的系统程序，还是非常简单的应用程序，都要有操作系统支持才能运行。例如，一个用C语言编写的hello程序：

```
main()
{
    printf("hello");
}
```

在被编译程序编译成可执行代码后，运行前要由操作系统分配内存，调入内存，由操作系统给这个程序分配在CPU上运行的时间片。该程序要把单词hello送到显示屏上，也离不开操作系统的支持。

再次，操作系统还要为其他软件提供开发支持，起到程序开发支撑平台的作用。每个操作系统所提供的系统调用就是这种支撑平台。每条系统调用都是操作系统中的一段程序，有程序编程接口，程序员可以直接引用。UNIX中称为系统调用，MS-DOS中称为int 21h功能调用，在Windows则称为API函数。

综上所述，操作系统是计算机系统中最不可缺少的软件，它与计算机硬件组成最基本的平台，向用户提供操作支持，向程序员提供编程接口，为程序提供驻留和运行环境。

国际标准化组织(ISO)和国际电子技术委员会(IEC)曾经就操作系统平台功能做过界定。1990年正式通过了操作系统的国际标准ISO/IEC 9945-1，又称POSIX.1，POSIX (portable operating system interface for environment)即可移植的操作系统界面。该标准规定，任何一个操作系统，无论内部实现有什么不同，必须向用户和用户程序提供标准的运行和开发环境，并对所提供的环境做了具体描述。POSIX.1包括引言、正文和6个附录，约三十万字。正文部分共10章，可分为4大部分，核心部分是第3～9章，规定了操作系统各种界面的设定。规定的界面包括进程原语、进程环境、文件与目录、输入输出原语、设备和设备类专用函数、关于C程序设计的专用服务，以及系统数据结构。引言中指出，标准规定的界面以现成UNIX版本为蓝本，但又力图使所规定的函数能在广泛存在的和潜在的系统上实现。制定标准的目的是限定操作系统的应用界面，而不是内部实现方法。

2. 资源管理者功能

计算机系统中有大量的硬件和软件资源，包括快速的CPU、大容量而快速的内存、超大容量的外存、各种各样的输入输出设备，以及成千上万个文件信息。一台微型计算机或便携式计算机价格在数千元甚至万元，一套工作站要十万元左右，而一套小型计算机则需几十万元。这么多资源当然都是属于投资人的，但是谁来协助投资人具体管理这些资源呢？如果投资人是董事长的话，还得聘请一位总经理、厂长、校长或者乐队指挥的管理角色。操作系统正是一位非常称职的管理者，承担起资源管理的任务。

首先，操作系统必须随时记住系统中所有资源及其状态，比如以下问题。

(1) 内存有多大？当前已经用了多少？还有多少可用？哪些地方被哪个程序占用了？哪些地方还可用？

(2) 磁盘具有什么物理特性？它有多大容量？以什么作为分配单位？它能够存储多少个文件？目前存了多少个文件？还有多大空间可用于存储？目前所存储的文件都分布在磁盘的什么地方？每个文件都是谁存的？文件主用户赋予了它什么读写属性？

(3) 系统中共配备了哪些输入输出设备？各有多少台？每一台都可用吗？打印机是什么型号？现在处于空闲待命状态还是处在正常使用中或者处于缺纸状态？

由于系统总在动态变化中，操作者随时可能启动某项操作。对于系统而言，用户和正在运行的程序的行为是随机的，它们使用系统资源也是随机的，不能假定与限制用户和程序对资源的使用要求及使用顺序。因此资源状态就处在不断变化之中。随时记住系统中所有资源的状态就不是一件容易的事。

其次,记住资源的目的是为了使用资源,操作系统将随时准备提供用户和程序对资源的使用。系统中凡是对资源有什么使用要求,操作系统都必须尽快满足。用户要启动磁盘上的某个程序,操作系统就赶紧分配一块合适的空闲内存区,把程序调入内存,并尽快在CPU上执行,让用户满意。程序中要求显示某些信息,操作系统也不能懈怠。从键盘输入,依文件名读某个磁盘文件等,都得尽量满足,做好服务工作。

再次,当发现有使用资源的冲突时,操作系统要设法做出仲裁,比如按照某种规则排队。

从以上的分析可以看到,操作系统作为资源管理者的身份同样是十分重要的。它所担负的任务是投资人和操作者无法做到的。"管理出效益",依靠操作系统才能使计算机在快速运转中,充分发挥其运算快、存储快的能力,使整个主机和外部设备资源发挥应有的作用。

依照系统资源的特点,操作系统的资源管理职能通常被划分为4类:CPU管理、存储器管理、设备管理、文件管理。许多操作系统教科书都按照操作系统的资源管理功能分章节逐一介绍。

3. 计算机工作流程组织者或者总调度员的功能

一台计算机好比一个企业、一个学校,甚至一个小社会。企业中有各色各样的人,有各种各样的生产活动、交换活动和服务活动等。计算机系统中同时有许多系统程序和应用程序在运行。用户的行为、程序的行为、对资源的要求和占有、系统中各种各样事件的发生都是随机的。一切似乎杂乱无章。然而就像企业的管理一样,通过规章、条例、制度、法律等规范人们的行为,操作系统也要根据设计者事先给出的策略和算法,将计算机的用户和正在执行的程序一一登记起来,尽可能满足各自的资源要求,使随机发生的各种事件的处理有章可循,合情合理;使宏观上并发的许多事件微观处理时顺序化;对各个运行程序进行调度,优化作业组合,协同程序对于资源的竞争和共享。

操作系统调度功能体现在其作业管理、进程管理、中断与事件管理、进程通信,以及死锁对策等。

总之,操作系统同时具备上述3个方面的功能,可以这样来定义操作系统:操作系统是为裸机配置的一种系统软件,是用户和用户程序与计算机之间的接口,是用户程序和其他系统程序的运行平台和环境。它有效地控制和管理计算机系统中的各种硬件和软件资源,合理地组织计算机系统的工作流程,最大限度地方便用户使用计算机,发挥资源的作用。

操作系统的功能和地位决定了它与其他软件有几个不同之处。第一,操作系统是系统中最不可或缺的软件。缺少其他软件,系统还可以运转,而缺少了操作系统,系统就要瘫痪。第二,操作系统与其他软件同时执行,为其他软件的执行提供服务,可以控制其他软件的执行。第三,对于计算机系统来说,其他软件可能来去匆匆,唯有操作系统从开机起到关闭电源一直都在运行。人们常说软件是灵魂,操作系统是计算机系统当之无愧的灵魂和心脏。第四,操作系统的驻留位置与应用程序是隔离的,它的核心部分驻留在内存的核心空间,应用程序处在用户空间。操作系统在CPU管态执行,可以执行特权指令,具有其他程序所不具备的特权。第五,操作系统可以直接操作硬件,比如改变 CPU 的运行状态,读写内存的任何区域,启停 I/O。而其他程序没有这种权利。程序中的 I/O 操作是间接地由操作系统协助完成的。第六,操作系统的许多重要功能由硬件协同实现。比如,在硬盘上开辟专门区域实现虚拟存储,另开辟专门区域实现进程对换,或者也开辟专门区域实现虚拟打印。频繁使用的中断处理程序由 ROM 硬件存储。这些也是其他软件不可能有的特点。

1.1.2 操作系统的外特征

1. 认识操作系统的存在

怎样知道操作系统的存在?又怎样去感知它确实在工作?它与程序运行有什么关系?下面几个问题是值得思考的。

(1) 操作系统在正确引导后,在 MS-DOS 环境下出现 C:\>(见图 1.2),在 UNIX 环境下出现%,此时提示用户输入命令。在 Windows 环境下出现一个“桌面”,如图 1.3 所示,允许用鼠标双击图标启动运行程序。无论在哪种操作界面上都能够启动一个指定的程序运行。问题是,一旦指定的那个程序(如计算器程序)运行后,CPU 是否就完全归它控制?CPU 还可能间或运行别的程序吗?如果可能的话,最可能运行的是什么程序?

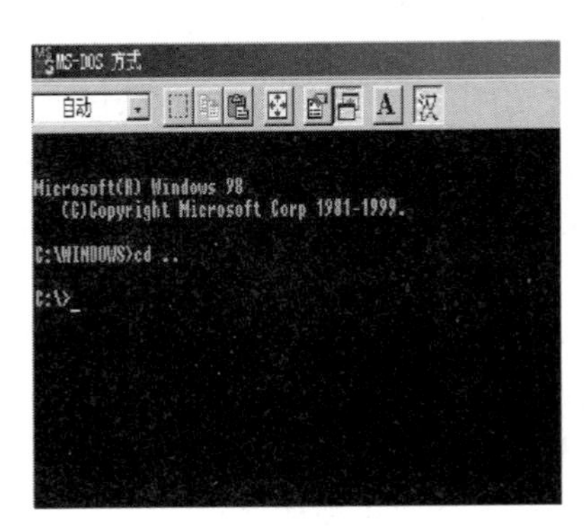

图 1.2 MS-DOS 界面

图 1.3 Windows 桌面

(2) 启动的那个程序(如计算器程序)运行时,操作系统到哪里去了?内存中除了计算器程序外,还可能有别的程序吗?可能的话,是什么程序?

(3) 当指定的那个 C 程序运行到 scanf 以及 printf 语句时,或者说计算器程序运行到 input 与 output 之类输入输出语句时,是单纯由 C 语言或 Visual Basic 的这条语句实现,还是需要别的程序支持?如果需要,是由什么程序支持?

所有这些问题都只能作肯定的回答,与用户的程序同时驻留内存,宏观上同时占用 CPU,并支持用户指定的那个程序进行输入输出等操作的程序是操作系统。

2. 操作系统的外部特征

怎样知道操作系统在工作?又怎样知道操作系统支持用户的程序作输入输出操作?

(1) 操作系统的静态驻留特征。在静态情况下,即操作系统不工作的情况下,是以文件形式存储于磁盘上的。比如UNIX以unix作为文件名存储于根目录之下;Windows由一组文件组成,大小达300MB以上,存储于C:\Windows目录之下;MS-DOS由3个文件组成,存储于C盘根目录之下。这些是很容易看到的。不过这些文件与一般的用户文件不同,以MS-DOS为例,前两个文件IO.SYS、MSDOS.SYS的属性要求是系统的、只读的、隐含的,且必须从磁盘最低簇号起依次连续存放,而且这种静态驻留关系要求用特定的命令(如FORMAT A:/S)才能建立。

(2) 操作系统的动态运行特性。已经知道任何程序和数据必须在内存中才能为CPU所认识,在编写应用程序时,并没有把应用程序读入内存以及把应用程序调至CPU上运行的语句或指令。那么是什么程序帮用户把应用程序读入内存并启动应用程序在CPU上运行的呢?这个程序就是操作系统。

3. 操作系统对应用程序的支持

在一个应用程序运行过程中,操作系统到底做了些什么?下面探讨一下运行程序与操作系统的关系,了解操作系统动态存在及其功能特性。

(1) 程序运行前操作系统的活动。应用程序运行前,操作系统所做的工作如下。

① 初始引导系统,提供对系统硬件完好性检查。一旦发现硬件系统有问题,不可能正常运行程序,将终止引导过程并给予提示。操作系统的引导过程将为应用程序的运行保证良好的硬件环境。

② 设置支持程序运行的软件环境。其中包括写中断向量表,建立与ROM BIOS的接口;引导并驻留文件系统,以便支持用户程序读写文件;引导命令解释程序,以便能够为用户解释执行系统命令或用户程序;配备可安装的设备驱动程序,设置环境参数(缓冲区的个数,可同时打开的文件个数等)。做了环境设置后,操作系统给出桌面形式的人机界面。

图形界面的桌面或者命令提示符是用户能够运行程序的通行证。没有这种通行证,用户将一筹莫展,什么也干不了。而这个通行证是操作系统给的。

在操作系统提供的人机界面下,可以发命令,操作系统提供写命令行的编辑支持。操作系统能够理解用户的操作意图,解释执行命令,提醒甚至纠正操作错误。

操作系统负责从磁盘上把要运行的程序找到,根据其大小(操作系统会自动查出),为程序分配内存空间。因为一切程序和数据唯有进入内存,CPU才能识别,而程序中往往没有能将自己调入内存的语句,所以,在计算机系统中,组织调入程序工作的,也只能是操作系统。从磁盘驱动器灯亮可以断定传输工作确实在进行。如果程序较大,将分多次传输,从磁盘驱动器灯的闪亮情况可以看得出来。

此后把在CPU上运行的权利分配给程序,这样才能使程序运行起来。

(2) 程序运行中操作系统的活动。当程序运行起来后,操作系统仍然处于运行和准备运行状态,它陪伴和支持其他程序工作。这一点许多人不理解。

操作系统提供干预程序运行的手段。例如,当屏幕上正在显示信息时,可以用诸如Pause键暂停,直到按另一键再继续;程序运行中可以用Ctrl+Break键强行终止其运行并回到人机交互状态;无论程序运行到何处,都可以用Ctrl+Alt+Del组合键进行操作系统的重新引导。这些按键或组合键的功能不属于应用程序，也不可能属于编辑、编译等程序，它属于操作系统。

上述现象也说明，操作系统超越应用程序在管理键盘，用户的一切按键动作，首先是由操作系统截获的。那么应用程序中 input、scanf 之类的输入语句的实现，也必须有操作系统的键盘管理程序的支持。又如 C 语言中的语句 read(0, &c, 1), FORTRAN 语言中的语句：

```
    read(5,101)x
101 format(1x,2F10.4)
```

是不是也必须有操作系统支持？逻辑设备号 0 和 5，是谁最终把它转化为某台物理设备，比如键盘？显然，这里存在一个超越用户程序的设备管理者，这就是操作系统。输入输出设备是由操作系统管理的。在执行上述语句的过程中，操作系统分配设备资源，支持用户方便地使用设备。

在多用户环境下，用户程序之间难免有资源要求冲突，比如一个系统中，40 个用户共用一台打印机。谁来协调可能的冲突呢？只能是操作系统。本书后面将要展开讨论的种种技术，可以说都是操作系统协调资源使用冲突的技术。

既然有资源要求冲突，每个程序不可能永远有足够的资源在使用。有足够资源时程序运行，缺乏资源时必须停下来。因此，一般程序运行都是走走停停的。程序的走走停停也只能由操作系统控制。

程序运行中可能出现错误，比如要读写磁盘，可是没有插盘片，或者没有关驱动器门。应用程序只管读写，一般不去关注驱动器门是否关闭。操作系统报告错误，提示用户处理。

程序运行中，如果遇到异常现象，如死机和停电等，必须求助于操作系统再启动。

(3) 程序运行结束后操作系统的活动。应用程序运行结束后，屏幕上会回到程序加载前的状态。如果是从桌面进入的，又回到桌面状态；如果是以命令行方式进入的，将回到命令状态，出现下一个命令提示符，可以运行别的程序了。磁盘上可运行的程序很多，大大小小各式各样，可以选择运行任何程序。当然刚刚结束运行的程序又可以再次启动执行。这说明已经运行结束的程序不会妨碍别的程序执行。这也说明，下一个提示符的出现，表明操作系统已经把刚才运行程序所占的内存空间收回了，所占用过的系统其他资源也收回去了。

1.1.3　操作系统的微观特征

研究操作系统的微观特性是有趣的，只有了解这些特性，才能知道计算机是怎样工作的。

1. 并发性(concurrency)

并发的意思是存在许多同时的或平行的活动。输入输出操作和 CPU 的计算重叠进行；采用多道程序设计技术，在内存中同时存在几道用户程序，当一个程序需要输入输出了，马上调度另一个程序在 CPU 上计算，它们宏观上同时处在运行状态，即这些程序都已经开始了计算,但是又还未完成。这些都是并发的例子,并发实质上是让计算机同时处理许多件事情,就像人可以同时处理诸多问题那样。

实现并发给操作系统增加了极大的复杂性:如何从一个程序切换到另一个程序?如何保护一个程序不被另一些程序影响?程序如何在相互依赖的活动之间实施同步?

2. 共享性(sharing)

并发活动可能要求共享资源和信息。共享可以解决数据冗余,消除重复;解决相关程序访问数据库的一致性;降低成本。

与共享有关的问题是需要解决资源分配、对数据的同时存取、程序的同时执行以及保护程序免遭损坏等。

3. 不确定性(non-determinacy)

一个程序在某个数据集合上运行,无论今天还是明天进行,都应得到相同结果。从这个意义上看,操作系统应当是确定的。但是另一方面,它又必须对系统中以不可预测次序发生的事件进行响应,所以它又是不确定的。操作系统自引导后将遭遇许许多多"事件",这些事件包括用户和程序对资源提出要求、程序运行时产生错误、从外部设备来的中断等。这些事件组成的序列数量很大,不可能期望操作系统只对特定的事件系列分别进行处理。操作系统应能够处理任何一种事件序列,从而引起操作系统自身运行的随机性。

4. 虚拟化(virtual)

操作系统中常常把某个物理实体虚拟化,即把它变成多个逻辑上的对应物。物理实体是实际存在的,而后者是用户感觉上的,是虚的。虚拟化技术是操作系统中多处使用的重要技术,有利于实现资源的并发共享。

(1) 在处理机管理中,用分时技术,让多个进程宏观上同时处于运行状态,即都已经开始运行又还未结束的状态。虽然瞬时只有一个在运行,但在短时间内都有机会运行。这样就把一台物理的CPU变成了多台(每个进程一台)逻辑的CPU。

(2) 在存储管理中,用虚拟存储技术或进程对换技术,让进程能够在各自的地址空间中运行。程序的地址空间甚至可以大于物理内存的容量。实际上存储管理可能只是把进程当前要访问的程序和数据驻留内存。多个进程能够同时在各自的地址空间中运行,好像都拥有一个独立的内存。不过这是逻辑上的内存,物理内存还只有一个。这里也把一个物理的内存变成了多个逻辑的内存了。

(3) 在设备管理中,通过SPOOLing技术可以把一台慢速的I/O设备变成每个进程一台的虚拟设备。例如,一台打印机可以变成每个进程一台的逻辑打印机。

实际上,整个操作系统就是把一台物理的计算机变成多台逻辑的计算机。分时系统中,每个用户都感觉自己独占的是整台计算机,实际上是各自一台逻辑上的计算机。

逻辑上的计算机(CPU、内存、设备)跟物理的计算机(CPU、内存、设备)有什么不同?被操作系统虚拟化的计算机更好用了,功能更强了,但速度比物理计算机慢一些。

操作系统的上述特点中最基本的是并发性与共享性。操作系统要做的事就是如何描述、控制并发活动,为并发活动提供必要的生存环境,解决并发活动的资源共享问题。

1.1.4　操作系统的基本技术

从上面的讨论中已经知道，操作系统是一个很复杂的系统，在整个计算机系统中担负了很繁重的任务，那么它采用了哪些技术？这正是本书在以下的各个章节中要向读者介绍的。将要讨论如何描述和管理 CPU 上的并发活动，怎样做存储器管理，怎样管理设备，怎样组织文件并把信息存储于磁盘上等。在操作系统众多技术中，多道程序设计(multiprogramming)是一项最基本的技术。操作系统的并发性与共享性来自于多道程序设计，多道程序设计是操作系统一切复杂性的来源。

在只有一个 CPU 的情况下，只要内存中同时存放两道以上可运行程序，当运行的程序需要输入输出时，立即调度另一个程序运行，这一技术就称为多道程序设计。

多道程序设计技术考虑到程序的输入输出时间远大于程序的运行时间，充分发挥输入输出设备与 CPU 可以同时工作的特性，把以往逐个程序单道运行方式因输入输出而使 CPU 空闲的时间利用起来，因而显著地提高系统资源的利用率，缩短作业的平均周转时间，增加系统的吞吐量。

图 1.4 的例子说明多道程序设计技术可以提高效率。假定系统中有一个 CPU，两台输入输出设备，内存中同时有程序 1 和程序 2，t_1时刻两个程序同时到达，程序 1 首先被调度，它们并发执行。

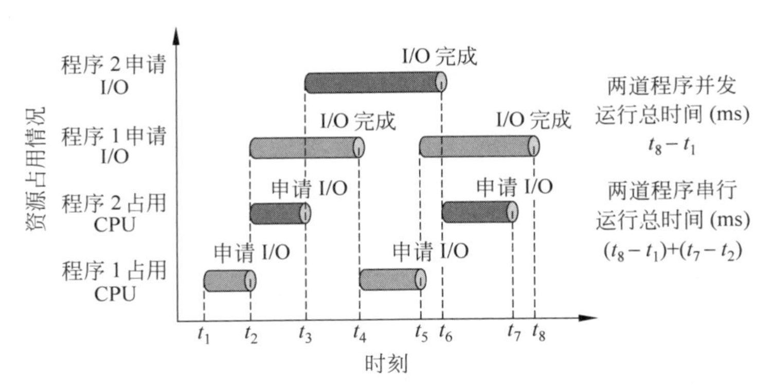

图 1.4　采用多道程序设计技术时两个程序的时序

程序 1 的运行时间为 t_8-t_1，程序 2 的运行时间为 t_7-t_2，串行运行时，总运行时间为 $t_8-t_1+t_7-t_2$；若采用并发方式运行，则总运行时间仅为 t_8-t_1，显然可以缩短作业总的周转时间。

在基于 Web 的操作系统网络课件中，引论部分有上述多道程序设计的例子。课件中用动画方式演示了两道程序并发执行的时序。读者可以从课件主窗口单击“操作系统引论”到“操作系统的形成”，再从“多道程序设计”到“例子”观看演示。

1.1.5　多道程序设计的实现

多道程序设计的好处易于理解，要实现这种技术却很困难。一个很好的管理人员靠他的聪明才智在宏观上可以同时做许多事。操作系统要怎样才能够在只有一个 CPU 的情况下,同时运行多个程序呢?

首先,要规定某种策略,在各运行程序间进行调度,解决 CPU 的切换,一会儿运行这个程序,一会儿运行另一个程序,这叫做 CPU 管理。每一个运行的程序实体都是走走停停的,要对它们进行描述和管理,叫做进程(process)管理。还要为进程运行提供必要的生存环境。

其次,作为进程环境的一部分,为各个参与多道运行的程序分配内存,并提供程序对于其逻辑地址访问的正确物理地址定位,实施各个内存区的保护,这叫做内存管理。

再次,要保证进程运行中所需的资源,包括提供所需的设备。因此要进行设备的登记、分配和启动传输等。为了提高设备效率,要充分运用系统的中断功能、数据缓冲功能,对系统中各种中断和事件进行管理,这叫做设备管理。

最后,各个进程都往往有信息要进行存储、转存和交换,要设置大容量文件信息系统。操作系统要保证文件易于按名存取,方便使用,要保证文件的安全性、保密性,还要保证文件系统的可靠性。

为了实现多道程序设计,必须解决以上一系列问题,这就必将增加操作系统的复杂性。

1.2 操作系统发展简史

通常把1945—1955年电子管时代的计算机叫做第一代电子计算机。1955—1965年晶体管时代的计算机叫做第二代计算机。1965—1980年使用集成电路的叫第三代计算机。此后的计算机称为第四代机。第一代机没有操作系统,第二代末期才在当时领先的计算机上出现操作系统。此后的40多年来操作系统伴随整个计算机技术的发展而发展,成为计算机的灵魂和计算机的代表。几个典型的操作系统设计者对计算机的发展做出了重大贡献,陆续获得过计算机界的最高奖——图灵奖。操作系统产业造就了连续多年排行世界富豪之首的微软公司的比尔·盖茨。

1.2.1 从无助的人工操作到作业自动定序

1. 程序员操作无助的年代

20世纪60年代之前没有操作系统,处于计算机的手工操作阶段。由于历史原因,我国这个时期被延续了十几年。到20世纪70年代计算机还没有操作系统,而且只在国防科研、中科院和部分高校里配置少量计算机。早期的计算机不但编程困难,上机也困难。编程做科学计算和机房的管理都只能由专业人员担任。比如,笔者当时在某国防尖端科研所从事理论计算,1973年配置的 DJS 121 机,虽然已经是晶体管的,属于第二代计算机了,但没有操作系统。直到1976年引进了 ALGOL 60 编译,可以支持工程人员用高级语言,但仍然没有操作系统。这时计算机的布局如图1.5所示。

DJS 121 内存容量为8K个单元,可扩充最多达16K个单元,每个单元31b,可以存放一条指令或者一个数。CPU 速度为每秒执行3万条指令,所有指令都是单地址指令,仅能做科学计算。整个计算机的工作都由程序员在控制台前操纵。

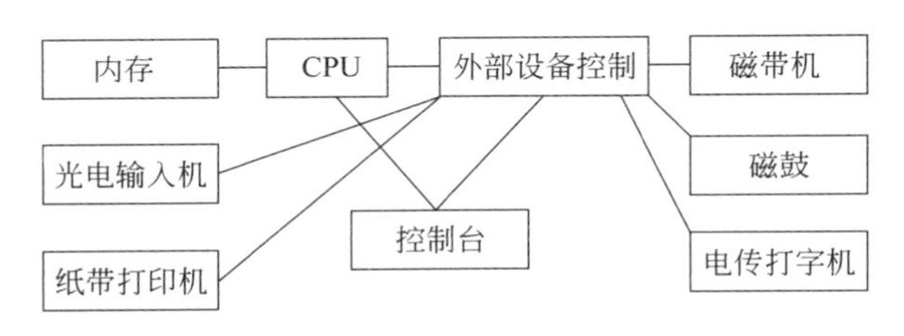

图1.5 早期计算机的布局

上机操作的过程是，首先程序员用穿孔机把自己的程序和数据穿在纸带上，或者由专设的穿孔员担任这一工作，这已是一件很麻烦的事情。当时计算机的操作说明书要用好几页交代怎么穿孔。

穿孔纸带上当前位置用5个孔位的编码表示一个数字或字母。例如，00001既代表数字5，也表示字母T，如果输入时先按下键盘上的命名为“符号键”的键，再输入5，纸带上这个00001就代表数字5；输入时先按下键盘上的命名为“字母键”的键，再输入T，纸带上这个00001就代表字母T。编码被打孔记录在纸带上。1有孔，0不打。每打一个符号，纸带卷就转动一格，到下一个数字字母位置。纸带格式有如图1.6所示的严格要求。

空白	Y源程序	S数据	空白	GY源程序	GS数据	空白	J	空白

图1.6 一个ALGOL源程序的纸带格式

其中，每个空白段要1m以上。输入Y和S分别表示程序部分和数据部分的开头。在源程序和数据输入完毕时要后跟5个以上的“字母键”，以作为某个区域的结束。要小心谨慎，万一有错，用笔记下来，集中以GY打头重新输入改正后的源程序行，以GS打头重新输入改正后的某些数据。J表示整个程序输入完毕，最后要2m以上的空白。实际上错误经常发生，不该打孔的地方要把孔贴掉，应该是1的而没有孔的地方要补一个孔，每人手里常常是一些多处手工修补的纸带。而为了节省，先用成本低一些的白纸带，待改好后，再复制到黑纸带上，黑纸带才是光电输入机能够识别的。

穿孔得到一条正确的程序纸带后就可以申请安排上机了。

在控制台上操作的过程是，指挥外部控制器用光电输入机把纸带上的代码读到内存，特别简短的也可经电传机送入内存。指挥控制器控制运算器根据代码内发出的从哪里取数和做什么运算的命令。运算器接到命令后进行指定的运算操作，控制器再发出把运算结果送到某个单元或通过输出部分打印的命令。控制器和运算器(后来叫CPU)按照存储的程序连续工作，直至打印完运算结果并停机。程序员取下输出结果，清理现场并离开。机房管理员再通知下一个技术员用机。

这种工作方式的串行性和资源独占性特点是显然的。而对于程序员来说，在计算机面前的孤立无助是最伤脑筋的。在计算机价格昂贵，要为之建大楼，严格保卫，总台数很少的情况下，有的计算站不得不实行24小时工作制，机房管理员、算题的技术人员都吃尽苦头。在计算机面前，什么都得事必亲躬：亲自装纸带；亲自启动纸带机把程序读到内存指定的地方；启动计算；管理输出；随时注视着控制台氖灯以观察计算机的状态。由于当时没有程序的编辑工具和调试工具,程序的许多问题都是在计算机上计算时才暴露出来。暴露出来的问题又难以立即联机修改,一般只能机下分析,再修改,再申报机时,再计算。

机下分析也不轻松。所得到的打印纸带上除了符号 0～9,什么都没有。真是天书一卷,只有编程的工程人员自己慢慢地去看。例如,一个空对空导弹设计计算,处理的是导弹追踪飞机目标的运动过程。解算的是一组符合质点运动的理论力学、飞行动力学和自动控制理论的微分方程组。在初始发射时的位置、速度、距离和重量等边界条件下,随时求得导弹的瞬时位置、距离等一批参数。程序中安排好记录这些参数相对次序,在计算的同时按某个时间间隔 Δt,或人工控制,从纸带上把它们的瞬时值打印出来。

打印的数据是否正确呢?工程人员要将纸带上的数据在坐标纸上描图,如描出飞行的弹道图。根据图形做分析,可能还要与其他方方面面的技术人员讨论。如果结果与实验数据不一致,与预期目标不一致,就要找出问题。而问题可能出在前面的每一个环节上,包括编程、穿孔和调试的各个步骤。计算机又是铁面无私的,错一个符号也可能会导致差之毫厘谬之千里。一个程序往往长时间处在“试算调试”阶段,算题周期很长。

2. 20 世纪 50 年代后期作业自动定序

最早的操作系统出现在 IBM 701 和 IBM 704 上,那是 20 世纪 50 年代中后期的事。所解决的问题是,减少作业装入计算机的时间和把作业以及结果从计算机上卸下来的时间。因为随着计算机运算速度的提高,停机的人工操作时间比例越显得突出。这时操作系统试图使作业间的转接流畅而把闲置时间减至最少。这些系统改变单个作业处理为多个作业成批处理方式。编制 IOCS 将一批作业输入到磁带上,当一个作业结束时,返回到操作系统程序的某一个位置而将下一个作业从磁带装入内存。这种方式后来又发展到用一台性能较低的计算机专门做将作业从慢速的卡片机之类输入设备先行输入到磁带的工作,磁带上的作业再由大型机去处理。专门做输入或输出的计算机被叫做卫星机。大型机只与快速的磁带机打交道,显著地缩短了作业的转接时间。

为了适应作业自动定序,作业能够由计算机自动启动运行的操作方式,相应地,用户提交作业时要用作业控制语言(JCL)加以说明。当 1954 年第一个高级语言 FORTRAN 在 IBM 计算机上出现后,作业往往以卡片方式书写,每张写一个语句,按顺序排列的卡片叠组成一个完整的程序和所用到的数据。在其前后分别用诸如 $JOB BEGIN、$JOB END 之类单独的卡片把作业界定起来,便于作业自动定序程序识别。

到了 20 世纪 50 年代后期,大型计算机供应商提供具有下列特性的操作系统。

(1) 单道批处理(除了 OS,内存只能有一道用户程序)。

(2) 标准输入输出例行程序,因此用户不必参与输入和输出过程的机器级编码的烦琐细节。

(3) 程序间转接的能力,减少启动一个新作业的开销。

(4) 错误恢复技术,当一个作业异常终止后便自动“清除”,避免影响后续作业。只要操作员稍加干预,下一作业便可开始。

(5) 作业控制语言,允许用户在定义作业时说明大部分细节和作业所要求的资源。比如先编译这个源程序,没有错误便接着运行。如果遇到错误,便后续运行一个能够正确运行的程序。

20 世纪 50 年代末期的典型操作系统应该是英国曼彻斯特大学的 ATLAS，它是带有假脱机（SPOOLing）的批处理系统，也是首先采用了请页式虚拟存储管理的操作系统。

1.2.2　20 世纪 60 年代中期的 IBM OS/360

20 世纪 60 年代初期，计算机有了进一步发展，CPU 更快了，主存容量更大了，体系结构上有了通道，中断功能更成熟了。软件方面有了 ALGOL 60、COBOL 和 PL/1 等高级语言，因此吸引了更多的用户。这时人们较多地关注在昂贵的硬件上怎样提高作业的吞吐量，即在单位时间内能够尽可能完成更多作业，多道程序设计的思想应运而生。它注意到 CPU 的速度远高于外部设备速度，在单道处理系统中，因 I/O 而闲置的 CPU 可能损失大量的处理机周期这一事实，把多个程序同时驻留内存，当运行程序 I/O 时，立即运行另一个程序。

当时一些计算机厂商纷纷推出各自的多道批处理系统，参与竞争的有 IBM、CDC、Honeywell 和 RCA 等。但是大多数厂商都有两条完全不兼容的生产线。一条是生产基于数字的大型科学计算用机，诸如 IBM 7094。另一条生产基于字符的商用计算机，诸如 IBM 1401，银行和保险公司主要用它来从事磁带归档和打印服务。这期间事务处理的一项辉煌成就是美国航空公司 SABRE 订票系统的实现和成功运行，它是世界上第一个大型事务处理系统。但是厂商开发和维护两种不同产品太昂贵，而用户则需要不同计算机的兼容性来保证自己的投资利益。

1964 年 4 月，IBM 公司通过推出 System/360 解决这一矛盾并获得成功。这是操作系统发展史上值得大书特书的一页。360 是一个软件兼容的计算机系列，其低档机与 1401 相当，高档机则比 7094 的功能还要强很多。这些计算机有相同的体系结构和指令集，保持软件兼容，既可用做科学计算，也可以做事务处理。它们只在价格和性能（存储容量、处理机速度、I/O 设备数量）上有差异。360 机还是第一个采用集成电路的计算机，以 IBM 360/90 为例，处理器速度达到执行指令的时钟周期仅 60ns，即有了每秒千万次级主频。其内存 512～16 384KB，已是兆字节容量，可连 112 个终端。IBM 360 成了第三代计算机的领头羊。

系列机概念和采用多道批处理技术的 OS/360 取得了极大成功，计算机功能和性价比有了很大提高，又有兼容性保证，便吸引了其他厂商的大批用户。技术上，OS/360 把内存分区，有分区保护硬件，使得多个程序安全地同驻内存参与多道程序设计。使用了 SPOOL 技术，作业可被源源不断地读到磁盘上，为多道程序设计准备原料。

OS/360 的问题是，由于要照顾吸纳其他各种操作系统的功能，支持各种程序运行，满足所有人的需要，因此尺寸庞大，开发它用了 5000 人·年。处理技术系统太庞大了可靠性就很低，有很多软件故障，每出新版本均要改正上千个错误。OS/360 被业界当作软件危机的典型事例。OS/360 的研发原计划是在 1965 年完成，但由于 IBM 内部的部门变动和缺乏大型软件系统开发管理的经验，直到 1967 年才完成。主要设计者之一的布鲁克（Fred Brooks）1975 年写的一本描述他们开发 OS/360 的经验的书的封面是一群史前动物陷入泥潭而不能自拔的惨状，表达了开发中遇到的困难。他有一个著名的关于软件工程的论断：Adding manpower to a late software project makes it later(往一个已经延误的软件项目加入更多的人力将使得项目更加延误)。这一论点也通常被称为 Brook's Law。布鲁克从此热心于软件工程研究，并在该领域做出了重大贡献。布鲁克因开发 OS/360 和软件工程方面的成就而获得 1999 年的图灵奖。

20 世纪 60 年代中期多道批处理系统的出现标志着操作系统已经成熟。当时的一些系统已经具有当今仍在使用的一些技术如下：

(1) 多道程序设计；

(2) 多重处理(双 CPU)；

(3) 分页和虚拟存储；

(4) 用高级语言写操作系统。

1.2.3 从 CTSS、MULTICS 到 UNIX

1. CTSS 和 MULTICS

多道批处理系统提高了计算机的效率，但是采用自动计算的方式，程序员提交作业给计算中心后要在几个小时后才能得到计算结果，甚至只因一个符号错了导致编译没有通过，两分钟就被叫停了，也要等到几小时后才能知道。许多程序员怀念过去的上机方式，那时可以一人独占一台计算机几个小时，积累一些经验后可以在计算机面前调试程序。

程序员的这种需求很快得到响应，分时系统(timesharing)出现了。它实际上仍然是多道程序系统，但是程序员的上机方式和程序进入的方式不同了。每个用户都有一个联机终端，经终端输入程序和数据。程序员独占终端，随时可以启动运行程序，获得运行结果，进行交互调试，或者打断程序的运行。主机则分时地为各个终端用户程序服务，每个程序都会在一个短时间内得到一次运行机会，这样每个人都好像独占了整个计算机。当然用户也可以停下来思考、喝水或者跟别人讨论问题。

最早和最有名的分时系统是麻省理工学院(MIT)的 CTSS，那是在 1962 年开发的。最初实现于 IBM 7090 机上。该计算机有 32 000 个单元(每个单元占 36 个二进制位，可以存一个数据，或者存一条指令)内存，操作系统占 5000 个单元，留下 27 000 个单元给用户，可支持 32 个用户同时用机。CTSS 很成功，使得它一直用到 1972 年。但是分时系统直到第三代计算机广泛采用了必需的保护硬件后才逐渐流行开来。

在 CTSS 成功研制后，MIT、贝尔实验室和通用电气公司 GE，决定联合开发一种"公用计算机服务系统"，即能够同时支持数百名分时用户的一种计算机，以满足整个波士顿所有用户的计算需求。该系统被叫做 MULTICS(MULTiplexed Information and Computing Service)。它提出了计算机领域的许多新概念，如保护环概念、文件的多级目录结构、多级反馈队列的 CPU 调度等，该系统几乎完全用高级语言 PL/1 编写，约三十万行代码。在操作系统历史上也是有重大影响的。但是其研制难度却超出了所有人的预料。贝尔实验室和通用电气都先后退出了。MULTICS 最终被成功地应用在 MIT 的实际工作环境的少数系统中。

CTSS和MULTICS的主要领导者，MIT的科巴托(F. J. Corbato)教授，1990年也获得了图灵奖。

2. 1968年的T. H. E

由Dijkstra等人开发的这款操作系统是用于Dutch计算机上的一个批处理系统。针对当时提出的软件危机，它采用了清晰的层次结构，同时把操作系统本身也设计为一套协作进程。并首次提出和运用了信号量同步机制，避免死锁的银行家算法，采用动态优先级的CPU调度算法等技术。

3. 20世纪70年代小型计算机上的UNIX

作为第三代计算机的又一典型代表是DEC公司的PDP系列小型计算机，以其性价比高而热销。20世纪60年代末70年代初推出PDP-11。后来又推出其VAX系列计算机。致使DEC公司在相当一个时期成为计算机领域仅次于IBM的第二大厂商。

汤普森(Ken Thompson)退出MULTICS回到贝尔实验室后，在一台废弃的PDP-7上开发了一个简化的、单用户的、用汇编语言写的MULTICS，让这台计算机得以重新运转起来。布来恩·柯尼汉(Brian Kernighan)等人将这个系统笑称为UNICS，后来叫UNIX。丹尼斯·里奇(Dennis Ritchie)及其团队的加入，使UNIX有条件配置到当时最好的PDP-11/45和70机型上。汤普森曾试图用他的一种高级语言——B语言改写，但没有达到预期目标。里奇帮助汤普森改进了B语言，起名为C。他们用C语言重写UNIX后取得了极大成功。UNIX具有内核小，可靠性高；流式逻辑结构的层次文件系统；有功能强大又使用方便的shell；管道和重定向使得所用程序可以只读写标准输入输出；用高级语言书写便于阅读和移植等突出特点。1974年，里奇和汤普森发表了一篇UNIX里程碑式的论文《The UNIX Time-Sharing System》而震动业界。高校纷纷找他们索要UNIX，因当时AT&T无销售计算机资格，因此就免费赠送。此后UNIX取代PDP-11机原有操作系统，PDP机也成了当时主流机型。1978年，科尼汉和里奇发表了C语言标志性著作《The C Programming Language》，使C语言也随之流行起来。汤普森有UNIX之父的誉称。汤普森和里奇由于开发UNIX和C语言而获得1983年图灵奖，这是操作系统领域的第一个图灵奖。两人还先后获得其他许多奖项，汤普森也成了美国科学院和工程院两院院士。

UNIX的发展可分为5个阶段：初创期，以UNIX第6版为代表；成长期，以UNIX第7版为代表；发展期，以XENIX 2.0为代表；标准化期，以UNIX SVR 4.0和OSF1为代表；现在这个因特网时期的UNIX，是Linux与之共存的现代UNIX。图1.7给出了UNIX主要版本的发展沿革情况。在图1.7所示的UNIX家族中，标为V1、V6、…、V10的系列属于AT&T。BSD是加州大学伯克利分校的版本。4xBSD广泛安装在学院中，在操作系统设计原理的发展中有广泛影响，大多数UNIX的增强首先出现在BSD版本中。4.4BSD是其最终版本。XENIX是UNIX的微型计算机版本。

Solaris是Sun公司基于SVR4的UNIX版本，它提供了SVR4的所有特征以及许多更高级的现代操作系统的特征，如完全可强占，多线程化的内核，完全支持SMP以及文件系统面向对象接口。Solaris是目前使用最广泛、最成功的商业UNIX实现版本，包含

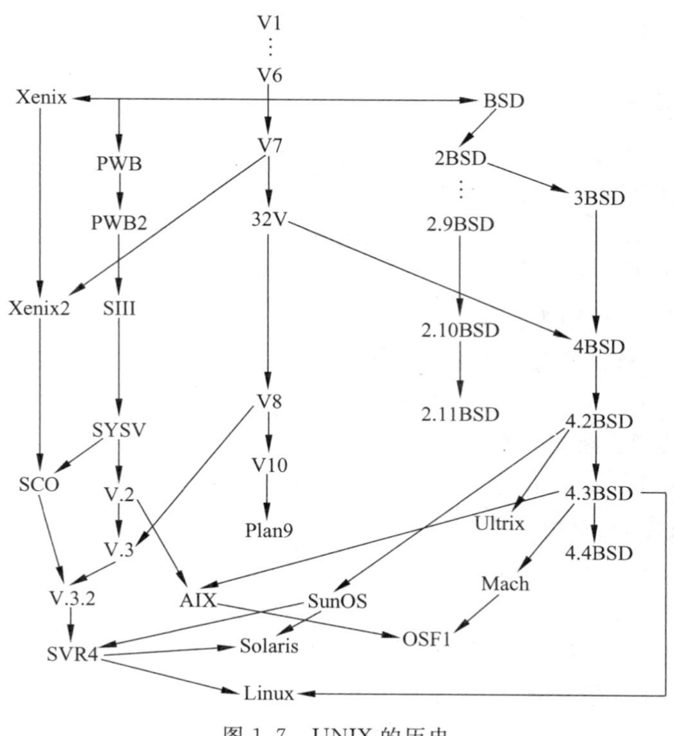

图 1.7　UNIX 的历史

600 多项创新功能的企业级操作系统 Solaris 10 开源,引起全球软件界和教育界的极大关注。

1.2.4　个人计算机上的 DOS 和 Windows

1. DOS

1981 年 IBM PC 个人计算机问世,标志着计算机走向大众时代的开始,操作系统是委托微软公司开发的,叫 PC-DOS(disk operating system)。十几年间,微型计算机的处理器经历了从 Intel 8086、80286、80386、80486 到 80586 的世代更迭。

个人计算机并非始于 IBM,配的操作系统是 CP/M。当 IBM 看到个人机的前景后,则推出其 IBM PC。硬件上把原来别人用的 8 位芯片改用 16 位的,主频 4.7MHz,属第四代大规模集成电路计算机。软件上兼容 CP/M,以吸纳原有 CP/M 的用户。例如,在文件卷上保留两个 FCB 就是纯粹为了这种兼容性,此后并没有人用第二个 FCB。操作系统是委托 Microsoft 公司开发的 PC-DOS,微软公司用在其他计算机上则叫 MS-DOS。IBM 还采取了一个重要策略,那就是公开 DOS 的技术细节,比如公开内存中断向量表、磁盘上 DOS 引导扇区以及 FCB 的每一个字节的含义是什么。还为个人用户配备了大量的工具软件以及众多游戏。这些举措非常成功。大批用户、厂商和技术人员都转向个人计算机。

MS-DOS 在不断地适应硬件发展和改进自身性能过程中,其版本演变情况如表 1.1 所示。

表 1.1　DOS 的版本演变

时　间	MS-DOS	PC-DOS	技术特点
1981.10	1.0	1.0	基本磁盘操作系统
1982.5	1.25		支持双面盘
1983.3	2.0	2.0	加入 UNIX 的许多特色，比如支持子目录
1983	2.01		支持国际码
1983.10	2.11	2.10	支持半高盘
1983	2.25		支持扩展字符集
1984.8	3.0	3.0	支持 1.2MB 软盘，支持大硬盘
1984.11	3.1	3.1	支持 PC 网络
1986.3	3.2	3.2	支持 3.5in 软盘
1987.4	3.3	3.3	较成熟可靠版本，支持 32MB 硬盘分区
1988	4.0	4.0	支持 PC shell 菜单界面
1991.6	5.0	5.0	支持 1MB 以上的扩展内存
1993.4	6.0	6.0	主存优化、通信、防病毒
1994.8	6.22	6.22	推出中文版

技术公开给 IBM 公司也带来了负面效应，一批兼容商仿 IBM 推出兼容机蚕食 IBM 的市场。IBM 除了用法律保护自己，又决定推出一款新的与其大型计算机兼容的系列微型计算机 PS/2，要微软公司替他写操作系统 OS/2。但 IBM 追求与其大中型计算机兼容，使得"OS/2 过于庞大、笨重和复杂"[①]。OS/2 并没有像预期那样在市场上大量地流行起来。

2. Windows

随着计算机软硬件技术的不断发展，20 世纪 80 年代中期以后，Apple 公司首先推出了基于图标(icon)可视化操作的操作系统 Macintosh，并引入了多媒体技术。用户可以以所见即所得的方式，用鼠标单击图标选择执行自己需要的程序。Macintosh 曾被评为美国 1987 年最佳微型计算机。但因 Apple 经营决策原因，该计算机并未能主导市场。

微软公司也于 1983 年着手研发图形界面的操作系统，开始并不成功。直到 1993 年 Windows 3.1 版才比较成熟，它以简体中文版进入中国市场后，便主导了微型计算机市场。此后又有 Windows NT，Windows 95，Windows 98，Windows 2000，Windows XP 等。其版本演变情况如表 1.2 所示。为节省篇幅，各个版本都具有图形操作界面这样一个基本特点，表中就没有写了。

2007 年 1 月 30 日微软宣布了其下一代操作系统 Windows Vista。据报道，这是基于 64 位(兼容 32 位)的操作系统，CPU 采用双核结构(也可单核)，建议内存 1GB，128MB 图形显示缓存，40GB 以上硬盘，有 DVD 光驱。Windows Vista 第一次引入了 Life Immersion 概念，即在系统中集成许多人性化的因素。使得操作系统尽最大可能贴近用户，方便用户。

① 引自比尔·盖茨的《未来之路》第 3 章。

表 1.2 Windows 主要版本演变情况

时 间	名 称	技术特点
1985 年	Windows 1.x	图形用户界面（因在 XT 机上运行速度慢,未流行）
1992 年	Windows 3.1	多任务、资源编辑、消息驱动、多媒体
1995 年	Windows 95	32 位,长文件名,即插即用,网络
1996 年	Windows NT 4.0	成熟的网络操作系统
1998 年	Windows 98	增强 Internet 网络功能
2000 年	Windows 2000	集合 Windows NT 和 Windows 98
2002 年	Windows XP	有更多多媒体和人性化服务功能
2007 年	Windows Vista	更多人性化服务和安全功能
2009 年	Windows 7	适用于家庭和商业环境,笔记本电脑,平板电脑
2012 年	Windows 8	触控式交互系统

在 Windows Vista 中,用户使用文明笔进行办公。桌面图标的单击区域由原先的图标范围扩大到块状热区。Vista 系统全面支持手写输入功能,它自带了笔迹识别软件,即使没有专门手写辨识软件也能进行书写。英文单词的手写连续输入的智能辨识程度也有所增强,这就改善了操作环境。

系统采取了多项安全措施。同时在保持分层结构的同时,简化昂贵的安全结构。新增的安全措施包括:登录和智能卡身份认证技术,双重认证机制。USB 设备控制器,防止数据通过数码相机和 U 盘外泄,以及防止可能感染病毒的文件进入公司。硬盘加密功能,特别是便携式计算机等需要带出公司的计算机上硬盘的加密。这些措施都将改善 Windows 的安全环境。

Windows 8 的使用范围在中国受到限制。2014 年 5 月 16 日,中国政府曾经通过政府采购网发布《中央国家机关政府采购中心重要通知》,其中规定“所有计算机类产品不允许安装 Windows 8 操作系统。”

微软公司推出的 WRK(Windows Resource Kernel)计划,从 Windows 内核中抽取一些最基本的模块,如内存和文件管理,CPU 调度等,公开它们的代码,把“即插即用”等代码略去。WRK 用于教学,是一个基于 Windows 2003 的可以运行的系统,也可以安装在虚拟机环境,学生还可以调试修改。WRK 计划目前已在清华大学、北京大学等一些高校陆续推行。

1.2.5 云计算时代的操作系统

1. 云计算的产生背景及发展趋势

计算机的架构继 20 世纪 80 年代从大型计算机多用户分时共享到个人计算机的变革,再到 90 年代网络客户端一服务器的大转变之后,最近几年正在进行的又一次巨变是云计算(cloud computing)。由因特网(Internet)结构变成了因特网+移动网(Internet+mobile-net)结构。有人称它为 IT 领域的第三次浪潮。

因特网本来已经给人们带来了极大方便,足不出户便能通天下。但是好日子刚刚开头，依然有“不断紧跟”的压力。因为通信的需要，因为要到全球浩瀚的信息海洋去搜索自己所要信息，所以必须逐步提升个人计算机的处理速度。机器主频从几十兆赫陆续更新到2.4吉赫。大量的邮件要借助Outlook等软件加以组织，而且随着多媒体应用的普及，邮件附件包含更多图片，尺寸越来越大了。自己PC上硬盘也在不断升级，其容量从10MB、64MB，陆续达到500GB。而后又配移动硬盘，其容量从20GB，陆续到1024GB（TB）。USB移动存储，从32MB开始，陆续增到4GB、8GB。不但如此，为了做信息的长期保存，还得买来空白光盘进行光盘刻录。面对不断升级的软件的下载更新，防不胜防的来自网络的病毒侵袭，对自己本地的计算机，作为因特网一个终端结点的PC的管理，依然存在巨大的挑战。家里的台式机，笔记本计算机，上网本，放在各自房间，还要穿墙打洞用网线把它们连接起来。时间和精力的投入，资金的投入，都是可观的。对于企事业单位而言，随着经济的发展，地域和人员的增加，不断更新其硬件软件的压力就更大了。

这种矛盾推动着因特网向云计算发展。因特网还是因特网，依靠它把全世界的计算机，包括同构的和不同逻辑结构的一些网络连接起来，构成信息共享的基础平台。把数据和对数据的处理集中起来，形成庞大的服务器群。让用户端尽可能地简化，家庭和办公室都采用无线网络，免去网线连接的不便。这就是所谓“网络云化”和“云计算”。

2006年8月9日，谷歌首次提出“云计算”的概念。随后，谷歌与IBM开始在美国几所著名大学，提供相关的软硬件设备及技术支持，开展各项以大规模分布式计算为基础的研究，推广其云计算计划。

云计算从其概念的提出到现在还只有七八年时间。但是发展势头迅猛。VMware在2009年4月发布了vSphere，称之为世界上第一个云操作系统。2009年7月，谷歌和微软也先后宣布了自己的云操作系统，谷歌的叫Chrome OS，微软的称为Windows Azure。到现在云计算的领跑者谷歌公司，其云计算中心已经集中了100万台以上的服务器，可以帮助用户轻易地从上亿个网页上找到所需要的信息，形成了强大的云端服务能力。Apple公司2010年推出iPad，2011年推出iPad 2及iPhone系列产品，在用户端有了配置iOS操作系统的理想终端机，2011年11月，iOS曾经占据全球智能手机市场份额的30%，在美国的市场占有率更高达43%。有了云端强大的存储与处理能力，和终端移动式的便捷运用，标志着计算机云时代的到来。目前，市场占有率较高的同类终端产品还有谷歌公司的安卓（Android）系统。但是据报道，安卓操作系统的安全性较差，染病毒比较多。

在中国，云计算是国家重点扶持的项目。2008年2月1日，IBM宣布将为中国建立第一个云计算中心，此后中国主要IT厂商都在积极进行云端基础建设。2011年5月31日浪潮发布了它的“云海OS”，这是第一款国产的云计算中心操作系统，采用“linux+Xen”开放标准技术路线，支持分布式计算、分布式存储等，有较好的性能和可用性、成本也较低。2013年10月30日，浪潮公司又发布了其全新升级的云海OS V3.0。2014年9月华为公司发布了Fusionsphere 5.0云操作系统，并在40多个国家和地区部署，该操作系统支持搭建云计算架构。“加强云计算平台建设”已被明文列入我国从2011年起的“十二五”发展规划中。2013年8月，亚洲最大的云计算基地，中国电信内蒙古云计算基地开始运营，该基地拥有10万个机架，可以安装200万台服务器，进行大规模计算和数据存储（据CCTV 2013年8月17日报道），说明中国云计算事业正在蓬勃发展。

2. 云计算的信息消费理念

云计算由一系列可以动态升级和被虚拟化的资源组成,这些资源被所有云计算用户方便地通过网络访问共享,用户无须掌握云计算的技术,只需要按照个人或者团体的需要租赁云计算的资源。

打个比方,管道煤气出现后,把气源虚拟化了,用户可以甩掉煤气罐,只要将煤气管道接入到家里并安装一个用气量表,就可以方便地随心使用煤气。厨房变得简洁宽敞了。云计算把计算能力作为一种像煤气一样的公用事业提供给用户,是云计算思想的起源。在云计算环境下,计算和存储都集中到服务器云端,用户端被大大瘦身简化。家里不再需要高档机,不再需要大硬盘,取消了网线,计算机在哪里都能工作,手机也可以上网了。这就像家里使用煤气、水电一样,无须煤气罐,无须水箱,简洁方便。当然它是通过互联网进行传输并且是适当收费的。这将大大促进云信息的消费。信息消费有广泛的层次,除了数据信息层面,还可以是信息服务,也包括硬件、软件的提供,比如出租服务器等。

2013年8月国务院颁发了关于促进信息消费扩大内需的国发〔2013〕32号文件,确定了信息消费年增20%以上,到2015年超过3.2万亿元的目标。这意味着以云计算为技术支撑的信息消费将成为国民经济新的支柱性行业之一。

3. 云计算架构与信息服务的特征

云计算的称谓很好地体现了它的特点。据说最初用云字,是因为在图上,通常用一朵云代表Internet。云字,可以理解为包含了无限量的网络存储和计算能力。还有计算和存储像云一样漂浮、虚幻的意思。对用户来说,不知道网络上的存储与计算在哪里进行和怎样进行。实际上计算被分布在大量的分布式网络计算机上。计算一词体现了计算机的本质特征,最初的计算机就是跟计算数学相连的,世界上第一台计算机是为了进行弹道计算设计的。计算机科学本质上是关于算法的科学。云计算把计算机再一次跟计算紧密地联系起来。计算机的计算既包括传统的数值计算,也包括种种逻辑的,离散结构的计算。到因特网上去做信息搜索,就需要许多计算。云计算架构如图1.8所示,它把种种可接入的信息设备,包括服务器、硬盘阵列、计算机、笔记本计算机、移动设备、手机等,以有线和无线方式勾连起来,形成一个具有强大计算处理和服务能力,且运用方便的整体。

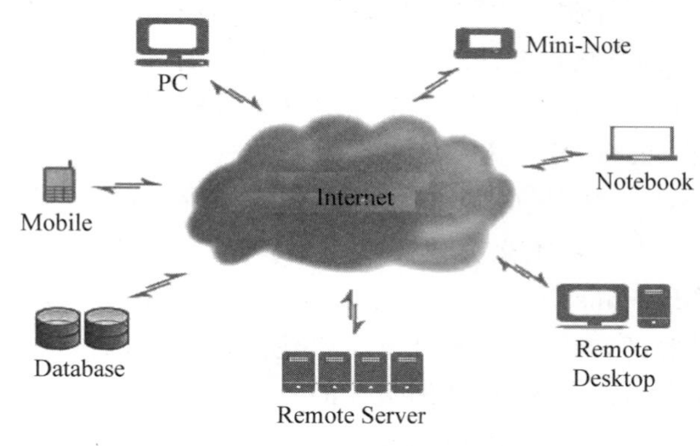

图1.8 云计算示意

云计算有以下一些特征。

1）服务的自助化

比如云计算为客户提供应用服务目录，客户可采用自助方式选择满足自身需求的服务项目和内容。用户无须跟服务提供商交互就可自助地得到计算资源能力。

2）云服务无处不在

云计算的组件和整体构架由网络连接在一起，通过网络向用户提供服务。而客户可借助不同的终端设备和移动网络，通过标准的应用实现对网络的访问，从而使得云计算的服务无处不在。

3）云服务是全天候的

只要愿意，凌晨 2 点起床看实况转播的球赛，悉听尊便。有人把无处不在的、24 小时全天候的网络生活称之为云生活。

4）资源的透明化

对用户而言，云计算各个层面的资源是透明的，无限大的，用户无须了解内部结构，只关心自己的需求是否得到满足即可。还以网易邮箱为例，在客户端对于邮件的附件，既可以下载，也可以进行打开、预览、存网盘等操作。对于同一个附件文件所做的不同操作，会用到不同的资源，有的是客户端资源，有的驻留在云端。但是用户可以不管用到什么资源，不必关心所用资源在哪里，你想做什么操作随意做好了。

5）资源配置动态化

根据消费者的需求动态划分或释放不同的物理和虚拟资源，当增加一个需求时，可通过增加可用的资源进行匹配，实现资源的快速弹性提供；当用户不再使用这部分资源时，可释放这些资源。比如网易给注册用户的邮箱尺寸就是根据用户的实际需求增大的。邮件都被保存在网易的云服务器里，当邮件越来越多，超过一定容量时，它会提示要扩容了，这时只要在它给的交互界面上确认一下，邮箱容量就会增大。云计算实现了 IT 资源利用的可扩展性，实现了按需弹性伸缩的资源快速部署。

6）服务可计量化

在提供云服务过程中，针对客户不同的服务类型，通过计量的方法来自动控制和优化资源配置。即资源的使用可被监测和控制，因而像供应煤气水电那样，是一种即付即用的服务模式。

而在最终客户端的变革上，人们应该把大拇指竖给 Apple 公司的斯蒂夫·乔布斯。他的 iPhone 和 iPad 给我们带来了简洁实用和美的享受。

4. 云操作系统在云计算系统中的地位

可以类比传统计算机中的情况，云操作系统在云计算系统中依然处于关键地位（图 1.9）。最底层通过网络连接了大量的计算资源和存储资源，不但有传统意义上的物理资源，还有一类特别重要的虚拟化资源。这些基础资源以“资源池”的方式存在，云操作系统管理所有这些基础资源，可以实现资源按需动态配给。

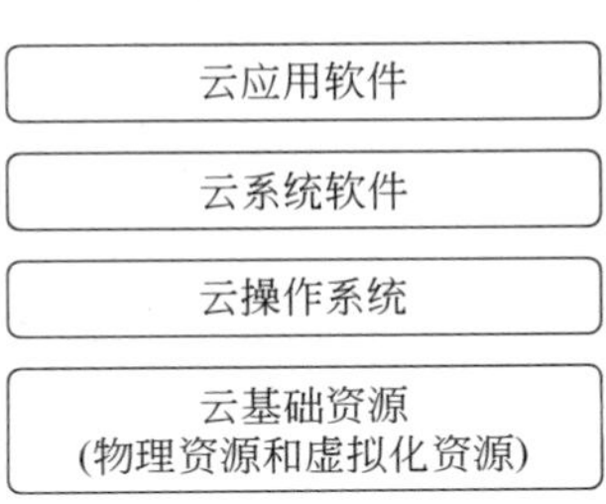

图 1.9　云操作系统在云计算系统中的地位

云操作系统即采用云计算、云存储方式的操作系统，数据存储其上,应用也运行在这个操作系统之上,传统PC、笔记本计算机等都变成了只用于输入和输出的终端。云操作系统技术并不成熟,尚处在群雄逐鹿的研究阶段。比如,Google、VMware和微软都分别提出了自称是云操作系统的产品,但是结构差异很大。关于云操作系统究竟是什么样子,在"耕'云'者"们之间,思路并不统一。为此更应该关注这一领域的动态。

目前关于云操作系统的结构大体上有两种,一种云操作系统把物理的IT资源统统整合为一个整体,对外表现为一个统一的、庞大的系统。用户端也跟这个云操作系统直接打交道,无须安装,也无法安装其他操作系统。云用户面向云操作系统开发自己的应用软件,就像以往在单机上开发自己的应用那样。按照这种实现策略,操作系统内部调度效率会比较高,但是面临需要重新开发大量应用软件的难题。另一种实现则认为,不要打破传统服务器及其操作系统格局,让传统操作系统继续管理它的一台服务器,云操作系统则在其上管理一个数据中心。云操作系统将数据中心的资源整合起来,在需要的时候,将这些资源进行分割或者聚合,以对外提供服务。用户所获得的是一种临时和虚拟的用机环境。这种实现的调度效率会比较低,但是大量的应用程序都可以继续使用。目前,VMware和微软以及我国浪潮、曙光都采用后面这种思路。图1.10给出了两种实现的差异。

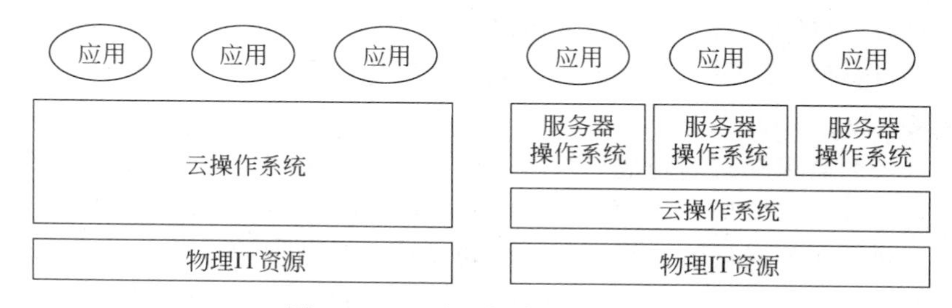

图1.10 两种云操作系统的差异

在云操作系统的管理和支持下,云计算系统可以提供多个层次的服务。一是经云应用软件层提供的"软件即服务SaaS",云系统软件层的"平台即服务PaaS",基础资源也可以提供服务,比如出租服务器,这类服务称为"基础设施即服务(IaaS)"。在服务层级的提供上目前各方差异不大。

5. 云架构下终端操作系统的特征(结合ios讨论)

云环境下终端操作系统有一些与以往PC操作系统不同的特征。

1) 有了更好的网络与多媒体功能

跟以往的PC相比,上网更快更方便了,可以对电子邮件进行搜索、检查和整理,可以用微信和语音方式与友人网上联络。有丰富的(30万个)应用软件的使用环境,涵盖了电子阅读、语音、视频、电影电视、游戏、交通导航、商品查询选购等。有了更清晰的照片、视频功能,可以查看世界地图,熟悉每个地方,可以对照片和地图进行无级地缩放。对于通讯录、日历等个人信息提供管理支持。使得云终端操作系统更适合于家庭娱乐和电子商务应用环境。

2) 移动支持

这种计算机用无线通信方式跟外界相连。跟手机一样可以在有通信信号的任何地方使用。一种典型运用是以 WiFi 方式接入电信运营网络。苹果公司同时推出 iPhone 和 iPad 两类产品，因而这种计算机跟手机之间已经没有界限。

比较多的使用方式是室外经光缆接入互联网，再用无线路由器连接成一个室内的无线局域网，让 iPhone 和 iPad 等计算机在室内任何位置都可以使用。这可以节省运营费用。在计算机云架构下，计算机不只是摆在家里的书桌上，也到了每个人的书包和口袋里。家里的每个人，包括老人和小孩，都可以移动式上网办公或娱乐，因此需要不限时地无线连通。可以配置一套比如 D-Link 公司的 DL-524 AirPlus G 802.11g/2.4GHz 无线路由器，组成无线局域网。配置好以后称为 D-Link_DIR-600M 无线网络。台式机、笔记本计算机、手机都被无线联通起来。

3）云端大型服务器和云操作系统支持

云架构下操作系统功能将在云端和终端结点间分布。计算机云结构的支柱是云端有大型的服务器群以及其上将服务器群整合起来的云计算中心管理系统，担负起信息的处理和存储任务。云终端所有与网络有关的云存储和云计算都必须在云端大型服务器和云操作系统支持下才能完成。

4）指尖触屏式简单的操作界面

打开电源后，程序图标都在屏幕桌面上，想运行哪个程序，只要用一个手指（通常用食指较为方便）触摸相应的图标，程序就会启动。要是可运行程序图标不只一屏，比如右侧还有一屏，只要用一个指头把当前屏幕往左侧划拉，右侧那一屏就会呈现出来。一个指头轻轻地左右划拉，便拉动着屏幕左右移动。

在观赏照片、阅读文档或者查看地图时，常常需要放大来看，加大字号，放大照片，修改地图的比例。只要用两个指头（通常是大拇指和食指）在屏幕上相向拉开，就能够加大字号，放大照片，更精细地观看地图。两个指头在屏幕上相对地靠拢，屏幕上的照片就缩小了。通过一根手指对窗口进行拖放，用两根手指放大或者缩小照片。

指尖触屏操作方式新颖简洁，使得计算机的使用异常简单，任何人都可以使用它，享受到实惠和亲切感。

5）瘦身

比如 iPad 2 的厚度只有 8.8mm，重量 601g，屏幕却有 9.7in，甚至省去了键盘、鼠标和 USB 接口。但其功能类似于一台普通笔记本计算机。

对外接口单一，各种处理强烈地依赖于因特网和云端，不具备（或者说不需要）程序开发环境，缺乏本地数据交换能力。

6）双核结构

双核结构可以将处理器的速度提高一倍，减少发热量，降低能耗。iPad 2 用 1.0GHz 的芯片，双核的性能竟然可以与 1994 年前最快的超级计算机相当。

7）支持多任务

iOS 从 4.0 版起允许用户在运行某个程序时被挂起而启动运行任何另外一个程序，此时 CPU 转道。但它会在内存保留当前任务的现场，可以随时接着运行。考虑到屏幕小，在 7.0 版之前不提供多窗口。目前的 7.0 版也开始有了多窗口功能，可以同时平行地呈现 3 个运行程序的窗口，其余已经启动程序的运行窗口，可以用手指左右划拉操作陆续呈现在屏幕上。

8）操作系统被固化

iOS被固化在iPad的ROM中，这省去了操作系统开机和启动的长达一两分钟的时间，并增加了可靠性。Apple公司也提供系统从网络上自动升级。就固化这一特征而言，云架构的操作系统吸纳了嵌入式系统的特征。

9）以台式机和笔记本计算机为后援机

因为瘦身的需要导致硬盘容量只有16GB、32GB，为弥补容量和运行环境的限制，iPad 2允许绑定指定的台式机或者笔记本计算机作为自己的备份机。提供同步机制，可以把台式机或者笔记本计算机上的程序、照片等写到iPad 2，也可以把iPad 2上的数据和运行环境传回指定机备份。可以做人工备份，也可以让操作系统自动备份。

6. 云终端操作系统iOS的版本演进

用于iPhone和iPad上的操作系统iOS，与苹果的Mac OS X操作系统一样，同样属于类UNIX的操作系统，是云操作系统的客户端部分。iOS的版本演变情况如表1.3所示。

iOS每个版本的推出都是为了增加适应云计算环境的新功能和改善用户界面。比如，iOS 4的基本改进是增加多任务功能。iOS 5设立统一的信息发布中心，提供免费的无线信息发送，无广告的Safari浏览模式，让iPad更方便地往云端备份和交换数据，即让iPad有了更多"云功能"。iOS 6又提供200多项新功能，包括电子地图，语言助手，将照片发到微博上，把中国的"百度"作为其内置的搜索引擎之一，进一步改进了其中文输入法。iOS 7则采用扁平化风格设计，重绘所有系统app应用。iOS允许用户和第三方通过"越狱"方式开发运用其app应用。

表1.3 iOS版本的演变

发布时间	版本	发布时间	版本
2008.11	2.2	2011.10	5.0
2009.6	3.0	2012.3	5.1
2010.6	4.0	2012.9	6.0
2010.9	4.1	2013.9	7.0
2010.11	4.2	2014.7	7.1.2
2011.3	4.3	2015.1	8.1.3

iOS有一些特别针对网络云环境的安全措施，比如iOS支持加密网络通信，它提供app用于保护传输过程中的敏感信息。如果设备丢失，可以利用"查找我的iPhone"功能在地图上定位设备，并远程擦除所有数据。一旦失而复得，还能恢复上一次备份过的全部数据。由于技术的融合，目前一些国产手机也有了类似安全举措。可以远程控制让手机变成"砖头"，即锁住它，不再能用，甚至在锁住前先拍照，以积存关键信息。

1.2.6 操作系统的发展动力

从上述简短的历史回顾中，读者已经看到，操作系统的发展是跟整个计算机的发展同步的,操作系统的发展史就是计算机发展史,有以下几个因素推动着操作系统不断发展。

(1) 硬件的发展要求有相应地能够管理新硬件和发挥新硬件作用的操作系统。不同的硬件产品,不同的体系结构,都要求有与之适应的操作系统。以微型计算机为例,有了个人计算机,就有单用户的MS-DOS。开始只有5.25in软盘而无硬盘,后来有了10MB硬盘、3.5in软盘。每次有了新硬件,操作系统必须要能管理这些硬件,都得相应地升级推出新版本。当时MS-DOS差不多每半年就推出一个新版本。Intel的CPU发展到了80286,有了保护模式,只能访问1MB内存的MS-DOS虽几经改进,也显得力不从心,不能发挥80286的技术性能,此后便推出了Windows操作系统。

(2) 软件技术的发展推动着操作系统的发展。比如20世纪60年代出现的多道程序设计技术,通信、虚拟存储、SPOOLing等技术催生了多道批处理系统和分时系统。反过来说,操作系统也为软件的发展提供了温床。

(3) 用户需求不断增长。例如,用户要求有图形式的人机界面,1987年便产生了Macintosh,而后又有了Windows。UNIX也配有X Window。

(4) 市场竞争。今天,推动操作系统发展的上述因素仍然存在。硬件的发展遵循着摩尔定律,软件也走向工程化、对象化,人的需求永无止境。2007年初,微软公司已经宣布了它的64位、双核操作系统Windows Vista。

1.3 操作系统的基本类型

根据计算机系统结构的不同,使用环境的差异,操作系统通常可以分为批处理系统、分时系统、实时系统、个人机系统、网络操作系统和分布式操作系统,近几年又有了云操作系统。众多与专用硬件结合,执行特定应用的嵌入式系统可以看作实时系统的一种。有的书上也有多媒体操作系统、智能操作系统之说,在此以为那是就功能来说的,暂不必单独列出。

1.3.1 批处理系统

硬件为一台高性能的主机(快速CPU和大容量RAM),配备快速的直接存取存储设备(DASD),或者配备卫星机承担输入输出工作,以便有能力担负大量的并发计算。这种环境配备的操作系统称为多道批处理系统(batch processing operating system)。多个用户的作业由操作员合成一批,经输入设备或卫星机送至DASD设备上,作业调度程序依据某种策略必要时将其中一个作业子集调入内存,并发执行,竞争共享系统的资源。图1.11就是早期的一个典型的多道批处理系统,档次较高的IBM 7094作为主机,而用一台档次较低的计算机专门做输入输出,主机只与高速设备打交道。

这种系统的特点:一是成批多道;二是作业的自动控制方式,在作业运行期间,用户不能干预作业的运行(用户作业的周转时间通常以小时为单位);三是这种系统特别追求作业的大吞吐量和系统资源的利用率。银河巨型计算机(以VAX11小型计算机为卫星机),大型计算中心或者银行的中心机(如IBM大型计算机序列),其上所配的操作系统都是多道批处理系统。

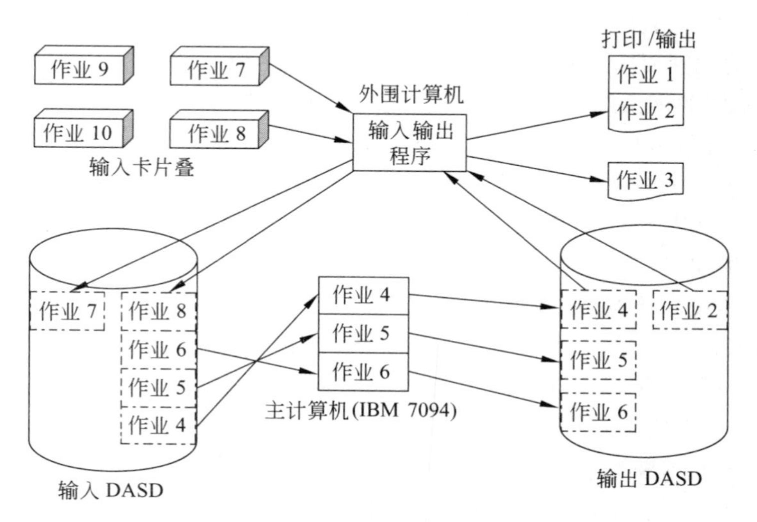

图 1.11　一个早期典型的批处理系统

1.3.2　分时系统

硬件为一台高性能的主机(快速 CPU 和大容量 RAM),同时连接几十台终端与之进行信息交换,如图 1.12 所示。每个用户在终端前输入程序,操作系统负责把所有用户的程序同时驻留内存,让这些程序并发执行。系统设置一个运行时间片,轮流让每个程序运行一个时间片,时间片用完立即切换到下一个程序。如果运行中的程序因为自身的原因(如启动输入输出)而无法继续用完其时间片,也立即切换。

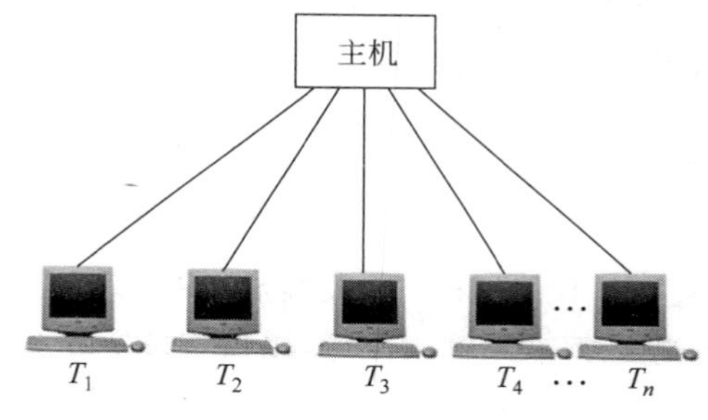

图 1.12　分时系统结构

这种系统有以下特征。

(1) 多路性。主机同时连接多台终端,同时为多个用户服务。

(2) 同时性。各个终端同时工作,每个用户都没有滞后感。

(3) 交互性。用户在终端用机以交互方式(或问答方式)跟操作系统打交道。每发出一条终端命令,系统将及时执行,报告执行结果,或报告异常状态,等待用户新的命令。用户命令的响应速度通常在秒级。程序在执行时,用户可以干预程序的执行。

(4) 独占性。只要时间片设置得适当的小,比如 20ms,那么如果不计系统调度开销,1s 之内可以支持 50 个终端各用一个时间片。只要主机足够快,用户完全不会感觉系统怠慢他。每个人都会感觉自己独占了整个计算机一样。

最早的分时系统(time sharing operating system)是麻省理工学院的CTSS,现代的分时系统的代表当属UNIX。在学校里,学生编写的程序短,上机的时间集中,分时系统特别适合这种场合。

1.3.3 实时系统

为实时过程控制系统或者实时信息处理系统配置的操作系统称为实时系统(real time operating system),它是系统的核心和灵魂。这种系统除了具备一般操作系统的功能和特点外,最突出的特点有两个。

(1) 响应及时。通常被控过程的响应周期,无论是数据采集还是计算、发出控制指令,都在毫秒级。

(2) 安全可靠。无论是航天航空装置的控制,还是军事武器控制或生产过程控制,都要求十分可靠,不允许受到攻击。

例如,在武汉钢铁公司直径1.7m的轧机上配套的计算机和常德—长沙—株洲的500kV高压输电线配套的计算机上所配的操作系统,都是实时操作系统。

笔者曾为水利部门研发了一个水文流速仪检定系统,计算机控制检定车在长90m的水槽上做符合国家标准的运动,带动3台待检测的流速仪在水下运动。实时读出流速仪的相关数据,以断定仪器是继续使用还是修理或报废,这也是实时系统。微型计算机上的程序要随时接收操作人员的命令和干预,转发命令给控制小车运行的单片机和负责采集数据的单片机,组织和保持与单片机的通信,接收单片机传来的种种实时信息。

许多实时系统程序都被固化嵌入到手机、洗衣机等产品的硬件系统中,形成大量的嵌入式实时操作系统。正因为这样,中兴通信、华为、海尔这几家电子企业同时也是我国最大的软件企业。

1.3.4 个人机操作系统

个人机操作系统是处在办公桌、家庭的台式PC、笔记本计算机、上网本、一体机、平板电脑上的操作系统。其特点如下。

便于携带和安装。最早的PC-DOS仅以一片5in 360KB软盘存储,使用时才从软驱上安装。当下的Windows往往以镜像克隆方式存放在一片光盘上,需要时可以从光驱快速安装到硬盘上。对个人机硬盘进行分区,将各分区格式化,指定一个活动分区,在活动分区上安装操作系统,联网,安装必要的软件,是玩转个人机的基本操作。

单用户使用,但支持注册多个用户,可以进行用户切换。在经历了一段时间单任务处理后,现在的个人机都有多任务并发处理能力。

交互式用机方式,使用方便。有命令行方式和图形化操作界面。交互响应及时,响应延时通常都在用户能够接受的两三秒之内。

有良好的多媒体环境,并配有丰富的游戏和应用软件供选用。

有良好的网络功能。现在的个人计算机通常也是因特网的一个结点机。

现在的个人计算机有了极强的存储和处理能力。功能上已经达到20世纪90年代前期大中型计算机的功能。可以配备良好的程序开发工具和环境,支持面向对象的、多媒体的、在网络前端和后台运行的程序的开发。

Windows 系列操作系统是当前个人计算机操作系统的典型代表。

1.3.5 网络操作系统

将两台以上的计算机,按照某种拓扑结构(总线型、星状、环状等),用网络硬件(网卡、网线、集线器、服务器等)连接起来,实现多机互访、资源共享等功能,便形成了计算机网络。图1.13是一个总线型的局域网结构示意图。图中每台计算机都被称为网络中的一个结点,任何两个结点之间都可以通信。

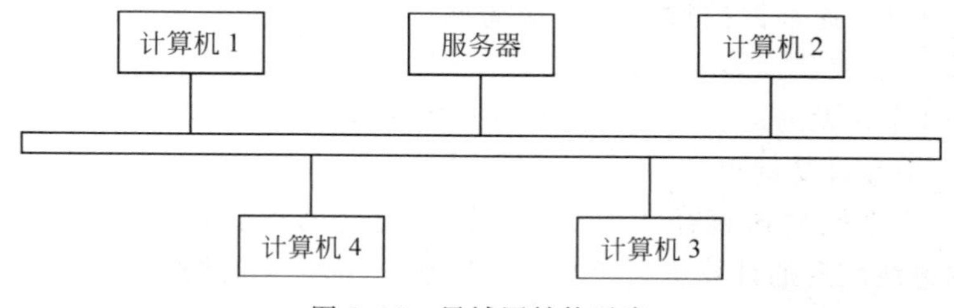

图1.13 局域网结构示意

在网络上有一台计算机一般具备比较好的配置,称其为服务器,在整个网络系统中起骨干作用,其余的计算机被叫做工作站。整个网络配有网络操作系统(network operating system),安装在服务器和工作站上。网络操作系统统一管理整个网络的资源,支持用户共享这些资源。UNIX、Windows NT 及 Windows 家族随后的成员,是网络操作系统的典型代表。

1.3.6 分布式操作系统

在硬件连接上,分布式系统与网络是相同的。分布式操作系统(distributed operating system)与网络操作系统的主要区别如下。

(1) 分布性。在分布式系统中,各个结点主机都不再有自己的操作系统,在任何一台计算机上也没有集中管理全系统的操作系统。在不同主机之间共享系统中的资源,是通过分布到各台计算机上的程序实现的,由这些程序的综合组成的分布式系统,可以自动平衡负载,在各结点间划分任务。

(2) 对称性。各台计算机,包括属于分布式操作系统的部分都是对等的,无主从之分。

(3) 协同性。在结点之间以协商方式共享资源。但是对于用户来说,结点之间的协商是透明的。

1.3.7 云操作系统

云操作系统,主要指云计算中心的云平台综合管理系统。它管理海量的存储资源和计算资源,包括经网络连接的服务器群和大数据存储阵列等基础的物理资源以及大批虚拟化了的非物理资源，在对资源有效管理的同时，为上层云软件服务提供支持。云终端也有与之相呼应的云终端操作系统，是云服务的用户接口，可以看作云操作系统的一部分。

云操作系统是实现云计算功能的关键。从前端看，云计算用户能够通过网络按需获取资源，并按使用量付费，如同打开电灯用电，打开水龙头用水一样，接入即用；从后台看，云计算能够实现对各类异构软硬件基础资源的兼容和调度，实现资源的动态配置和流转，保证云计算的三大服务(IaaS、PaaS、SaaS)的实现。其有四大基本功能：一是管理和驱动海量服务器、存储阵列等基础硬件，将一个数据中心的硬件资源逻辑上整合成一台服务器；二是为云应用软件提供统一、标准的接口；三是管理海量的计算任务以及资源调配；四是保证云系统的可靠与安全。举例说，如果云用户请求使用一个文字处理软件，云操作系统将分配适量的虚拟 IT 资源，在这些资源上安装传统的虚拟操作系统(如 Windows)，然后在该操作系统上安装相应的软件(如 Office Word)。这实际上是向云用户提供了一台虚拟化了的传统 PC。云操作系统兼有分布式系统、网络操作系统和个人机系统的特点，并有进一步的升华。

云操作系统的用户端采用手指触屏操作方式。打开电源后，程序图标都在屏幕桌面上，想运行哪个程序，只要用一个手指(通常用食指较为方便)触摸相应的图标，程序就会启动。要是可运行程序图标不只一屏，比如右侧还有一屏，只要用一个指头把当前屏幕往左侧划拉，右侧那一屏就会呈现出来。一个指头轻轻地左右划拉，便拉动着屏幕左右移动。

在观赏照片、阅读文档或者查看地图时，常常需要放大来看，加大字号，放大照片，修改地图的比例。只要用两个指头(通常是大拇指和食指)在屏幕上相向拉开，就能够加大字号，放大照片，观看地图更精细。两个指头在屏幕上相对地靠拢，屏幕上的照片就缩小了。通过一根手指对窗口进行拖放，用两根手指放大或者缩小照片，这更符合人的行为习惯。使用计算机从此前的键盘加鼠标简化到弹指一挥间地简单，实现了人机交互方式的又一次飞跃。

谷歌的 Chrome OS，微软的 Windows Azure，浪潮的云海 OS，可以看作云计算中心操作系统的代表，而苹果 iOS 和谷歌的安卓操作系统是云终端操作系统的代表。

1.4　操作系统结构

1.4.1　整体式系统

最常用的组织方式是整体式系统，它常被人们形容成“大棒式结构”，实际上就是“无结构”。整个操作系统是一堆过程的集合，每个过程都可以任意调用其他过程。使用这种技术时，系统中的每个过程都有一个完好定义的接口，规定入口参数和返回值，而且相互间的调用不受约束。这种结构从信息隐藏的观点看，它没有任何隐藏，每一个过程都对其他过程可见。这种系统效率比较高，UNIX 内核就曾用这种结构。但局部错误容易在系统中传播，影响调试周期，增加维护难度。

多数 CPU 有两种状态：核心态供操作系统使用，在该状态下可执行所有的计算机指令;用户态供用户程序用,输入输出和某些其他操作在该状态下不能执行。

操作系统以用户态的系统调用方式向用户程序提供服务,系统调用执行过程如下:参数先装入预定的寄存器或堆栈中,然后执行一条特殊的中断指令,即访管调用(supervisor call),将操作转向核心,如图1.14所示。

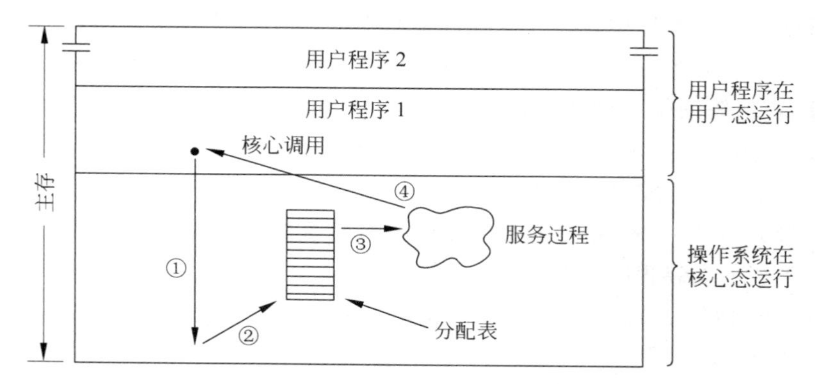

图1.14 用户程序访管调用操作系统服务

在图1.14中,①是用户程序陷入核心,将计算机由用户态(user mode)切换到核心态(kernel mode)或管态(supervisor mode),也将控制转到操作系统;②是操作系统确定所请求的服务编号,以确定执行哪条系统调用;③是操作系统执行服务过程;④是控制返回到用户程序。

这种组织方式提出了一种操作系统的基本结构。

(1) 处理服务过程请求的一个主要程序。

(2) 执行系统调用的一套服务程序,每一个系统调用都由一个服务过程完成。

(3) 支持服务过程的一套公用程序,如从用户程序取得数据等。可将各种过程分为三层模型,如图1.15所示。

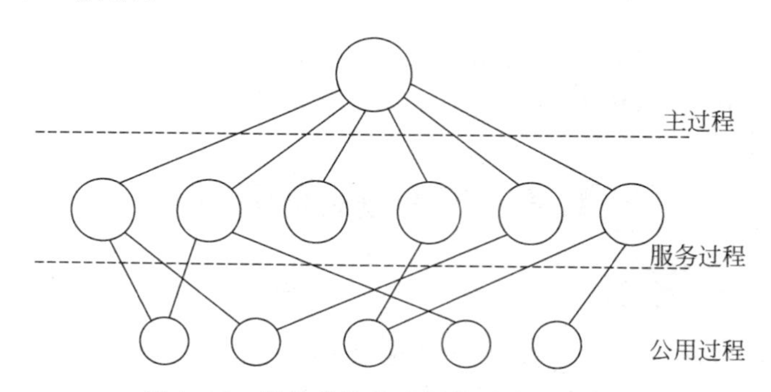

图1.15 简单的整体式操作系统结构模型

1.4.2 层次式系统

把图1.15中的系统进一步通用化,就变成层次式系统,上层软件都基于下一层软件之上,信息隐藏在这些模块内部,只允许从顶向下调用这些模块,而不许反向调用。

E. W. Dijkstra 在 1968 年开发的 T. H. E 系统，是按此模型构造的第一个操作系统。T. H. E 系统是一个简单的批处理系统。该系统共分为 6 层，如图 1.16 所示。

5	操作员
4	用户程序
3	输入输出管理
2	操作员—进程通信
1	内存和磁盘管理
0	处理器分配和多道程序

图 1.16 T. H. E 层次结构模型

处理器分配在第 0 层中进行，在中断发生或定时器到时时，由该层软件进行进程切换。第 0 层是由一些连续的进程所组成的，这些进程编写时不用再考虑在单处理器上多进程运行的细节。也就是说，在第 0 层中提供了基本的 CPU 多道程序功能。

内存管理在第 1 层中进行，它分配进程的内存空间。第 2 层软件处理进程与操作员控制台之间的通信。在第 2 层上，可认为每个进程都有自己的操作员控制台。第 3 层软件则管理输入输出设备和相关的信息缓冲区。在第 3 层上，每个进程都与有良好特性的抽象的输入输出设备打交道，而不必考虑外部设备的物理细节。第 4 层是用户程序层，用户程序不用考虑进程、内存、控制台或输入输出设备等细节。系统操作员进程位于第 5 层中。

20 世纪 60 年代末，由麻省理工学院、贝尔实验室与通用电器公司合作开发的 Multics(多路信息计算系统)采用了通用层次化的概念。它由许多同心的环构造成，而不是采用层次，内层环比外层环有更高的级别。当外环的过程调用内环过程时，它必须执行一条等价于系统调用的 TRAP 指令，在执行 TRAP 指令前，要进行严格的参数合法性检查。在 Multics 中，操作系统是各个用户进程的地址空间的一部分。

T. H. E 分层方案实际上只是在设计上提供了一些方便，而 Multics 的环状方案却得以实现，而且由硬件实现。环状方案的一个优点是它很容易扩展。

1.4.3 虚拟机

常规多道程序系统中，几个进程共享单机资源，每个进程都分到实机资源的一部分。每个进程所看到的“计算机”，无论在大小和能力上都比实机小。

VM/370 系统与常规系统不同，引入了虚拟机概念，它提出如下设计思想。一个分时系统应该提供两方面功能。

(1) 支持多道程序设计。

(2) 提供比裸机具有更方便的扩展界面的计算机，即虚拟机。VM/370 将这两者隔离开来，创建了一种虚拟机多道程序系统，图 1.17(a)所示为传统多道程序系统，图 1.17(b)所示为虚拟机多道程序系统。

这个系统的核心被称为虚拟机监控程序(virtual machine monitor)，它在裸机上运行并且具备了多道程序功能。该系统向上层提供了若干台虚拟机，如图 1.18 所示，不同于其他操作系统的是，它们仅仅是精确复制的裸机硬件，如虚拟处理机、虚拟存储器、核心态/用户态、输入输出功能、中断及其他硬件所具有的全部内容。虚拟机可能比支持它们的实机容量大得多。但是这些虚拟机不包含文件系统。

由于每台虚拟机都与裸机相同，所以每台虚拟机可以运行一台裸机所能够运行的任何类型操作系统。不同的虚拟机可以运行不同的操作系统。有一些虚拟机运行 OS/360

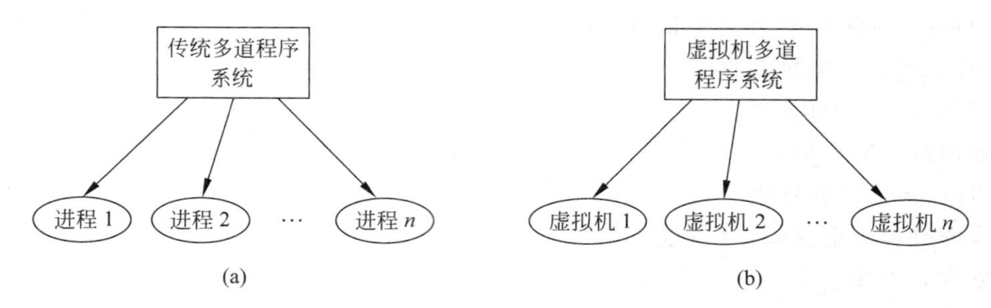

图1.17 传统多道程序系统与虚拟机多道程序系统

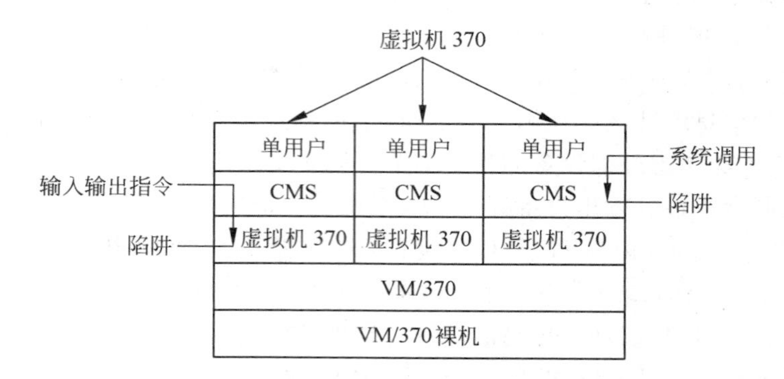

图1.18 带CMS的VM/370结构

的后续版本从事着批处理或事务处理,而另一些虚拟机运行DOS单用户、交互式系统供分时的用户使用,这个系统称为会话监控系统(conversational monitor system,CMS)。

CMS的程序在执行系统调用以扩展系统功能时,它的系统调用陷入其虚拟机中的操作系统,就像在真正的计算机上执行一样。然后CMS发出硬件输入输出指令,在虚拟磁盘上读或执行为该系统调用所需的其他操作。这些输入输出指令被VM/370捕获,作为对真实硬件模拟的一部分,VM/370随后就执行这些指令,如图1.15所示。系统调用不是直接调用VM/370,这样,将多道程序的功能和扩展计算机的系统调用功能完全分开后,它们各自都更简单、更灵活和易于维护。

有的国产高性能计算机则采用龙芯多核虚拟机结构

龙芯的多核架构采用了可伸缩、高带宽的分布式CMP结构。这个结构集中了mesh网络和交叉开关的优点,同时,每个核都可以选择不同应用需求的处理器核,可以是64位的龙芯通用处理器核,也可以是专用的计算型处理器核,通过配置不同的核可满足不同的应用需求。图1.19所示为龙芯多核结构示意。

龙芯多核处理器结构对虚拟机实现专门的硬件支持以提高虚拟机程序的效率。核心不但能译码MIPS指令,同时也能译码虚拟机指令,从而可支持Linux上的虚拟机程序。通过这样的结构,龙芯上将不仅能运行x86应用程序,也能运行Windows操作系统,为实现应用的跨平台提供了保障,如图1.20所示。

F
S
W
N
8x8开关
F
S
W
N
1.2
1.2
1.2
1.2

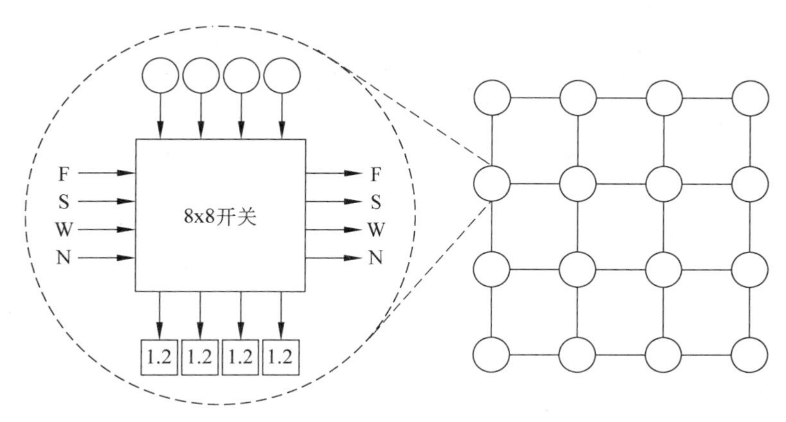

图 1.19　龙芯的多核处理器架构

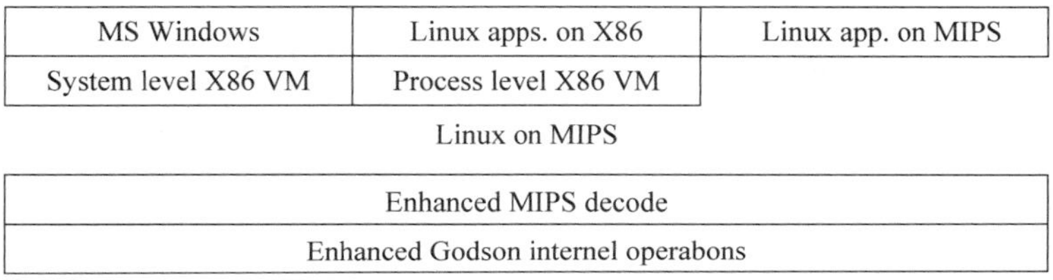

MS Windows
Linux apps. on X86
Linux app. on MIPS
System level X86 VM
Process level X86 VM
Linux on MIPS
Enhanced MIPS decode
Enhanced Godson internel operabons

图 1.20　龙芯的虚拟机结构

1.4.4　客户机/服务器系统

VM/370 把大部分传统操作系统的代码分离出来放在了更高的层次上，即 CMS 上，系统由此得以简化。现代操作系统的一个发展趋势是，进一步发展这种将代码移到更高层次的思想，即尽可能多地从操作系统中去掉东西，只留下一个很小的内核(kernel)。通常采用的方法是，由用户进程来实现大多数操作系统的功能。为了得到某项服务，比如读一文件块，用户进程(client process，客户机进程)把请求发给服务器进程(server process)，随后服务器进程完成这个操作并送还回答信息。

这样的模型如图 1.21 所示，操作系统内核的全部工作是处理客户机与服务器之间的通信。操作系统被分成了多个部分，每个部分仅仅处理一个方面的功能，如文件服务、进程服务、终端服务或存储器服务等。这样每个部分更小，更易于管理。而且，所有的服务都以用户进程的形式运行，它们不在核心态下运行，所以不直接访问硬件。这样处理的结果是，如果文件服务器中发生错误，则文件服务器有可能崩溃，但是整个系统不会崩溃。

客户进程
客户进程
进程服务器
终端服务器
…
文件服务器
内存服务器
用户态
内核
核心态
客户通过向服务器进程发送消息来获得服务

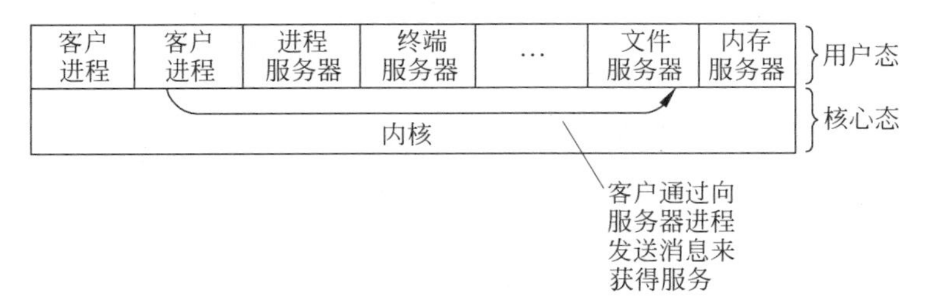

图 1.21　客户机/服务器模型

客户机/服务器模型的另一个优点是,它适用于分布式系统(见图1.22),如果客户机通过消息传递与服务器通信,那么客户机不需知道这条消息是在本地机处理的还是通过网络发送给了远程的服务器。在这两种情况下,客户机对它们的处理都是相同的:发送一个请求,接收到一个应答。

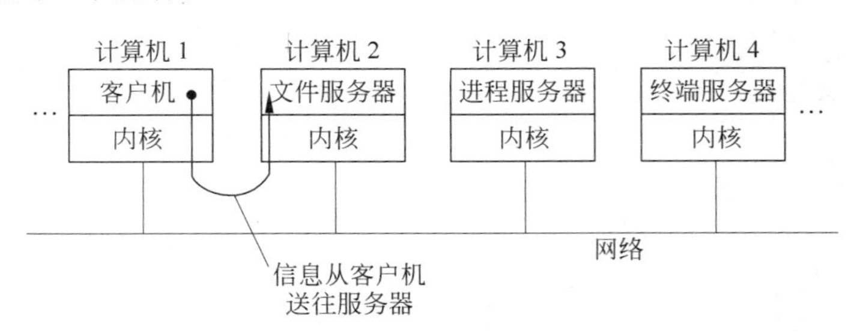

图1.22 分布式系统中的客户机/服务器模型

有一些操作系统的功能(如在物理的输入输出设备寄存器中写入命令字)单靠用户空间的程序是很难完成的。有两种解决这个问题的方法。

(1) 建立一些运行于核心态的关键的服务进程(例如,输入输出设备驱动程序),它们拥有访问所有硬件的绝对权利,但它们仍然使用通常的消息机制与其他进程通信。

(2) 在内核中建立起最小的机制(mechanism),从而把策略(policy)留给在用户空间中的服务进程。例如,内核可能会向某一个特定的地址发一条消息,它可以被理解为取该消息的内容,并把它装入到某一台磁盘上的输入输出寄存器,用来启动一个读盘操作。在此例中,内核甚至不对该消息的内容进行合法性的检查,而只是把它们机械地复制到磁盘寄存器(显然,需要使用某种机制,用以限制此种消息只能发给被授权的进程)。把机制与策略分离是一个很重要的概念,这个概念在操作系统的许多方面都经常地被使用。

图1.23所示的是许多企业、学校、机关采用的信息化技术结构框架。配置一个吉比

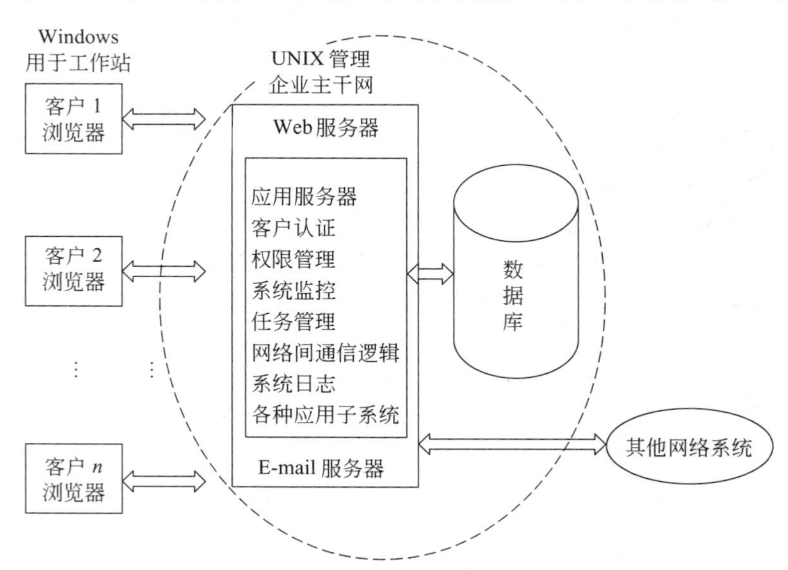

图1.23 基于B/S模式的企业信息化技术框架

特主干网，包括多个服务器和大型数据库，由 UNIX 或 Linux 管理。配置大量的微型计算机工作站，其上配置 Windows 2000，供广大最终客户使用。企业可能还有过去安装而且仍然还在运转的其他网络，也被软硬件集成在主干网上，共享系统资源。

1.4.5　云计算分布式系统结构

处于云计算中心的云操作系统功能模块包括大规模基础软硬件管理、虚拟计算管理、分布式文件系统、业务/资源调度管理、系统安全控制等几大部分。以浪潮云海 OS 为例，它统一管理云计算系统中各种异构虚拟化平台，提供弹性、按需的虚拟资源服务。图 1.24 给出了浪潮云海 OS V3.0 云操作系统的模块结构。

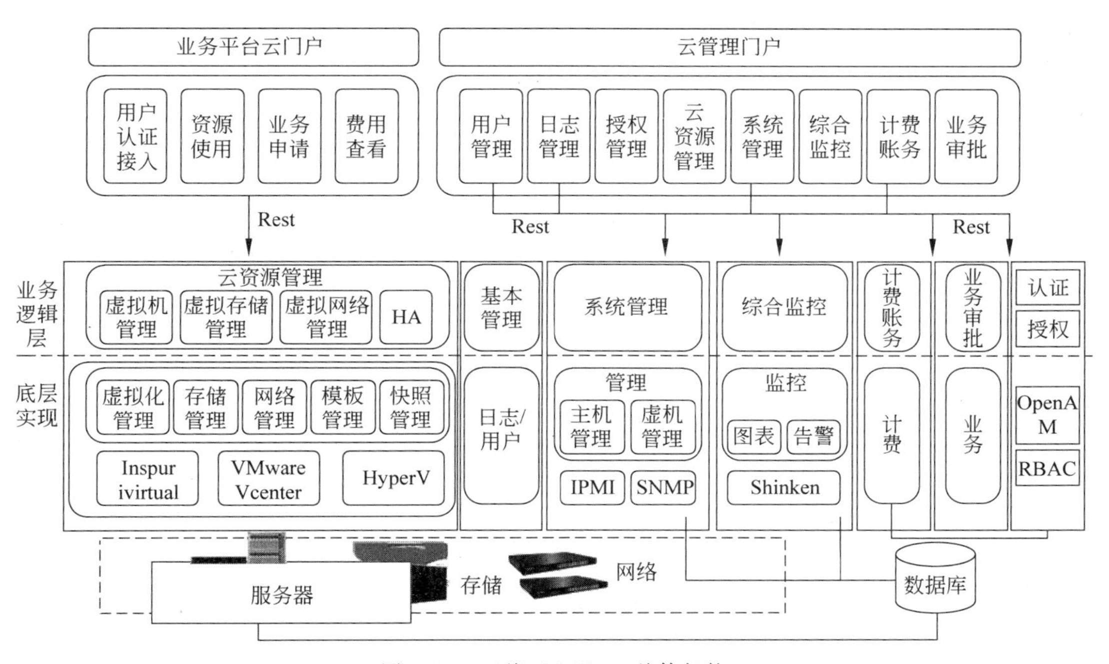

图 1.24　云海 OS V3.0 总体架构

系统采用模块化设计思想，按照功能职责切分模块。自上而下分为门户层、业务逻辑层、底层实现层。各个模块的基本功能如下。

云门户：面向云客户，采用多租户隔离的概念。

云管理门户：面向行业云运营方，对整个云平台的资源、用户和业务流程进行管理。

云资源管理：该模块在物理资源管理层的基础上，管理数据中心的虚拟机、虚拟网络、虚拟数据中心等软件定义的虚拟资源。物理资源管理指管理数据中心的物理服务器、路由器、交换机、物理存储服务器、存储设备，把物理服务器、存储、网络资源抽象成计算资源池、存储资源池、网络资源池，实现对物理资源的抽象封装。

基本管理：负责认证与授权、日志管理、用户管理、序列号管理、系统配置功能。

系统管理：对云数据中心各类异构物理设备、虚拟资源的配置管理、基本信息查看、远程操作、节能管理、故障告警管理等。

综合监控：采用分布式监控架构，实现对云环境中的物理资源、软件资源及虚拟资源的监控管理。可采集服务器、网络设备、存储设备，数据库、Web服务、操作系统、虚拟资源等各类软硬件资源的状态及性能数据、告警数据，并进行分析和统一展现，为数据中心的智能化运维管理提供依据。

计费账务：对组织和终端租户的资源使用量，包括CPU、内存、辅存等，进行精确的统计计费。

业务审批：根据业务流程审批用户的资源申请。可自定义审批流程，也可以启用或者禁用审批流程。

授权认证：包括认证和授权两部分功能，通过定义系统管理员、组织用户、组织管理员等不同角色，构造权限集合树，实现对不同角色的权限定义、修改、查看和重定义。实现用户的认证和单点登录功能，保证各个子系统的统一认证访问。

云海OS采用"基本模块+可变模块"的设计理念。可以根据不同的需求组成不同的云计算系统。系统中除了置于底层的"基本模块"，其他如云资源管理、物理资源管理、监控、计费账务、业务审批模块都是可选组装模块。可根据客户的定制需求，组装出具备不同功能的产品。比如，"基本模块+云资源管理"组装成云资源管理系统；"基本模块+管理+监控"组装成具备监控和物理设备管理功能的云计算系统。模块间的耦合关系如图1.25所示。

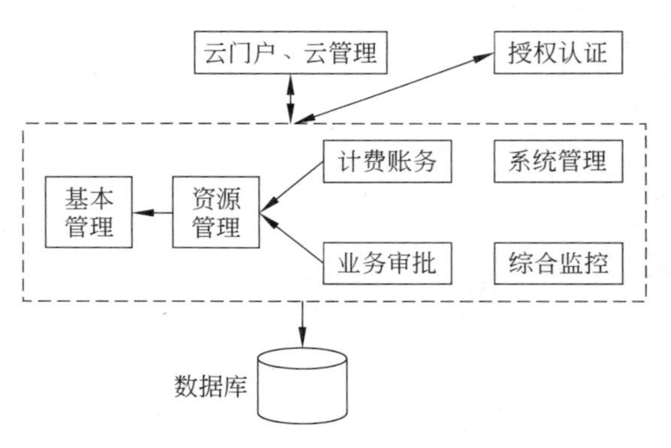

图1.25 云海OS松耦合模块关系

"高内聚、低耦合"的模块布局，有利于满足云计算系统资源使用可弹性伸缩，按需部署，计算和存储能力按需交付的基本要求，也便于增值模块开发，满足用户个性化需求。因此云海OS架构具有分布式、易于扩展的特点。

1.5 操作系统基本概念

现代的计算机系统已经有了与过去很不相同的特点。单一计算机系统今天已发展到联接因特网使用；双(多)CPU和多核的计算机能够进行大规模并行处理；64位寻址的RAM容量大大地扩充了，64位操作系统已经应运而生；云时代实时分布处理，推动云计算分布式操作系统的发展。

综观现代操作系统，如UNIX/Linux、Windows等，它们与硬件的发展和新应用相对应，既适应单CPU系统，又适应多CPU、多核系统。能充分利用已大大提速了的计算机速度，管理高速网络连接，管理品种性能和容量不断增加的内、外存储设备，向应用程序提供多媒体应用，提供因特网和Web访问的新运行平台，支持云计算的软、硬件系统结构。

但是不管具体操作系统多么复杂，一些基本概念是共同的。在讨论操作系统具体技术之前，先概要地了解现代操作系统的一些重要概念，包括中断驱动、核心态与特权指令、内核与微内核、系统调用、进程结构、多线程结构和对称多处理、操作系统的用户界面，这些概念不但与以下章节操作系统实现技术有关，也涉及操作系统的结构。

1. 中断驱动

中断是CPU对于某个外部事件的响应。比如，某个应用程序运行中CPU启动了打印后，CPU不必陪伴打印，可以转而运行别的程序。打印机独立地与CPU同时工作，只是在完成打印后向CPU发一个中断信号，引起CPU进一步关注。中断机制让CPU摆脱了慢速外部设备的拖累。对外部设备的管理，包括对外部设备中断的处理，是操作系统的任务之一。每个具体的计算机系统所必须面对的几十种外部设备中断的处理程序，这些属于操作系统的程序，都是靠中断驱动的。

系统中有些事件与时间有关，比如闹钟。又比如做CPU调度时，给运行程序分配CPU的运行时间片，则以时钟到期中断驱动。操作系统巧妙地利用了中断机制实现多道程序并发运行。

除了硬件中断，操作系统还利用陷入(trap)，制造一些软性中断，比如，为了实现虚拟存储，让尺寸比物理内存大的程序能够运行，设置“找不到物理内存地址”中断，让相应的虚拟存储处理程序得以运行，实现扩充内存的目的。

中断驱动机制在操作系统中得到了最充分的利用，既是许多程序的驱动源，也是操作系统设计的概念。

2. 核心态与特权指令

操作系统与用户程序同时驻留内存，操作系统处在核心空间，用户程序处于用户空间，但是二者间无法建立物理围墙。为了把二者隔离，不让用户程序访问操作系统，以保护操作系统安全，CPU设立了两种执行状态：核心态和用户态，或者叫管态/目态。操作系统在CPU核心态执行，用户程序在CPU用户态执行。在核心态执行的程序享有特权，可以访问整个内存和执行一组特权指令。用户程序只能在CPU用户态执行，无权访问除了自己的用户空间以外的其他部分，更不能访问核心空间，不能执行特权指令。

特权指令包括CPU状态转换、按绝对地址访问内存单元、启动外设、给专用寄存器置值、屏蔽一切中断、停机等。

3. 内核与微内核

操作系统程序总体上尺寸很大，设计者往往把它们分为两类，其中最重要的一部分，包括中断处理、CPU的多道调度、内存管理、设备管理、文件系统，无论何时都必须常驻内存，处于运行状态，这部分程序和相应的数据结构称为操作系统的内核(kernel)。另外一类程序则不需要总是处在运行状态，它们可以以实用程序的方式或者系统进程的方式驻留在辅存，待需要运行时才调入内存。这种设计理念可以给用户腾出更多可用内存，同时增加操作系统自身的可靠性。从UNIX开始,把其内核精简到不足1万行C语言代码。但是随着计算机运行环境的改变,版本的演进,功能的增加,内核依然越来越大。迄今为止的大多数操作系统都有一个很大的内核。

微内核结构(microkernel architecture)只给内核分配一些最基本的功能,包括地址空间、进程间通信(IPC)和最基本的调度,这样内核的尺寸就可以小下来,增加其可靠性。操作系统其他功能(比如设备与文件操作)都是由可以运行在用户态下的系统进程提供的,可以与其他应用程序一样对待,这些进程有时也称为服务程序。微内核方法可以简化操作系统的实现,提供灵活性,很适合于分布环境。实质上,微内核可以以相同的方式与本地和远程的服务进程交互,使分布系统的构造更为方便。

本书10.3节具体介绍了Windows系统的微内核结构。

4. 系统调用

在多用户或者多任务环境下,用户程序不能直接使用系统资源,只能向资源管理者操作系统提出申请,系统调用就是操作系统内核向用户程序提供使用系统资源的接口。每个操作系统都要提供至少几十条系统调用。虽然操作系统标准化文本使用系统调用一词,并且规定了必须提供的系统调用的名称,参数个数和类型,返回值及类型等,但也有的系统叫"动能调用"(如MS-DOS)、"API函数"(如Windows)。Windows的API函数有几百条之多。

根据操作系统管理的软硬资源不同,系统调用可以分为不同的类别。

1) 文件操作类

文件的创建、读、写、打开、关闭、删除操作,文件重命名或者改变文件路径名,更改文件访问属性等。

2) 设备管理类

使用设备的操作,通常也是以文件操作的形式提供的,设备被当作一类特殊的文件。

3) 存储管理类

报告用户程序占用内存区的起址、大小,申请扩大内存等。

4) 进程(线程)控制类

报告进程号、调度优先级等进程调度管理信息,提高(降低)进程优先级,创建与撤销子进程等。

5) 进程(线程)通信类

用于进程间传递软信号或者批量消息。有的系统也向用户程序提供用于进程(线程)同步的系统调用。

程序员在编写程序时,可以不加说明地直接使用系统调用。例如,源程序中可以有语句:

```
read(fd, buf, 8);
```

其功能是从以文件描述符fd所代表的打开文件中,从当前读写位置读出8个字节,送到内存中以buf为起址的区域。程序中不必对read做其他说明和定义。

本书9.4.5节具体介绍了关于UNIX文件操作的一组系统调用。

编译程序在加工源程序时,在系统调用语句处会生成一条请求访管指令(trap),并准备传递相应的参数给内核。执行此指令时CPU转向核心态,根据系统调用开关表,正确地转去执行操作系统内核预定的系统调用程序模块。在内核系统调用程序执行末了,CPU返回用户态,并带返回参数给用户程序,执行后续指令。本书1.4.1节图示了系统调用的执行过程。

5. 进程结构

进程(process)是一个正在执行的程序。不但应用程序以进程身份运行,操作系统中的程序也可以以进程身份运行。这些系统进程既可以处于CPU核心态运行,也可以处在用户态运行,既可以在内存,也可能被对换至辅存的对换区。这样的系统从底层往外看,其结构为硬件→操作系统内核→系统进程→用户进程。

6. 多线程与超线程结构

多线程(multithreading)技术是指把执行一个应用程序的进程划分成多个可以同时运行的线程。而线程(thread)是进程的一个执行分支。它包括处理器上下文环境(包含程序计数器和栈指针)和栈中自己的数据区域。线程顺序执行,并且是可中断的。如果一个线程执行时被中断,处理器可以转到另一个线程执行。

通过把一个应用程序分解成多个线程,可以控制应用程序的模块性,控制相关事件的处理顺序。

多线程对执行许多本质上独立、不需要串行处理的任务的应用程序是很有用的。例如监听和处理很多客户请求的数据库服务器。在同一个进程中运行多个线程,在线程间来回切换所涉及的处理器开销要比在不同进程间进行切换的开销少。

超线程技术充分发挥现代计算机芯片(比如Intel的奔腾4)的新特点,使之在一个CPU上能够同时执行两个线程,让硬件效率得以充分发挥。

7. 对称多处理与多核结构

这是一个与硬件直接关联的概念。此前,所有单用户的个人计算机和工作站都只包含一个微处理器。随着性能要求不断增加以及微处理器价格的不断降低,特别是继续按照以往的思路,以提高集成度来提高速度和容量所遇到的温度将指数提高的严重问题,计算机厂商生产了拥有多处理器的计算机。为实现更高的有效性和可行性,可使用对称多处理(symmetric multiprocessing, SMP)技术。SMP技术还可以与超线程技术相结合。这不仅指计算机硬件结构,而且指反映该硬件结构的操作系统行为。

SMP有一些显著特征:系统中有多个处理器,这些处理器共享同一个主存储器和输入输出设备,它们之间通过通信总线或别的内部连接方案互相连接,所有处理器都可以执行相同的功能(即对称处理),某台处理器出问题不会导致系统瘫痪。

SMP操作系统充分利用所有的处理器管理进程和调度线程,比单处理器结构有更多潜在优势。

(1) 可以增加并行性,把可以同时进行的工作安排到不同的处理器上并行进行。这比单CPU的多道程序设计实质上瞬时只能执行一道程序的情况相比,可节省许多用于上下文转接开销,提高了调度效率。

(2) 提高了可靠性。由于所有的处理器都能执行相同的操作,单个处理器的失效不会使计算机停止运行,只是性能降低而已。

(3) 可以在已有处理器基础上增量扩展,组织阵列式计算,增强系统功能。

(4) 厂商可以根据用户不同的使用环境,灵活配置处理器数量。

当然,这些只是潜在的优点,而不是完全有保证的。操作系统必须提供开发 SMP 系统中并行性的工具和函数。

多处理器的存在对用户是透明的,这是 SMP 很具有吸引力的一个特征。操作系统负责在单个处理器中调度线程或进程,并且负责处理器间的同步。另外一个不同的问题是给一群计算机(多机系统)提供单一系统的外部特征。在这种情况下,需要处理的是一群实体(计算机),每一个都有自己的主存储器、辅助存储器和其他输入输出模块。

SMP 的问题是成本高、功耗大。近几年又出现了双核与多核结构(Multi-core Architecture)。双核结构就是在一个 CPU 里面布置两个执行核,即两套执行单元,如 ALU、FPU 和 L2 缓存等,其他部分则双核共享。由于使用的是一个 CPU,功耗与单 CPU 一样,但是多个核却可以实现指令级真正的并行。Intel 公司的奔腾 4 就是双核芯片。

第 10 章 Windows 实例有关于它的对称多处理器结构的分析。

8. 用户界面

操作系统提供用户与之打交道,使用系统资源的界面称为操作系统的用户界面或人机接口。每个系统都会提供一至若干种用户接口,现代操作系统大体上有下列几种用户界面。

1) 命令行与 Shell 接口

这种系统以键盘作为标准输入设备。操作系统在屏幕上提供约定的提示符,用户可以随之输入系统命令或者实用程序的路径名。在用户输入回车符确认命令无误后,系统开始执行对应的程序,然后报告执行结果。进而给出下一个命令提示符,准备接收下一条命令。这是问答式交互方式。

命令行人机界面以 UNIX 作为典型代表。它不但提供了一组丰富的命令和实用程序,也提供了功能完善的命令行编辑程序,支持用户对命令行进行编辑。UNIX 有功能强大的命令解释程序 Shell,它提供命令历史机构,让你很容易调出以往执行过的命令重复执行,而不需要重新输入。它支持命令行中包含如“*、&、%、$、#、?、|、!!”等“元字符”的使用,支持输入输出重定向,支持从文件或者信息流中提取、过滤、排序等操作。Shell 还具有 for、while、case 等控制流结构,使得 Shell 同时也是功能强大的命令语言和程序开发环境。它以命令和实用程序作为 Shell 程序语句基本的构成要素。Shell 继承了以往作业控制语言的特点,不同的是,作业调度程序依据作业控制语言加工的是作业,而 Shell 以运行程序为加工对象。

2) 图形用户界面

这种界面采用高分辨率图形显示器,以鼠标为主加上键盘作为输入设备,包含多窗口程序设计环境。系统应用重叠型窗口、弹出式菜单、图标和剪贴板功能,提供一个可视化的、所见即所得的用户界面。这种系统典型代表首先是苹果公司的 Macintosh,而后是微软公司的 MS-Windows。计算机的图形操作方式比命令行更人性化了。要运行的程序以图标形式放在“桌面”上，想运行什么程序就用鼠标选择对应图标，点击图标就可以启动程序运行，不知道程序的名称也不要紧。这就像超市里面摆放了许多货物，想要什么尽管拿好了，货物叫什么名字都可以不那么关心。只不过为了兼容原先用惯了命令行上机方式的用户，还为他们保留了“命令提示符”的接口。计算机有了图形接口后，从此便由以往的板着面孔变得亲切起来。

3）网络浏览器和门户网站界面

随着国际互联网的诞生和普及，计算机不再是孤立的信息孤岛，每台计算机都是国际互联网大家庭中的一员，与计算机打交道就是与国际互联网打交道，出现了网络用户界面。技术上以超文本标记语言 HTML 及超文本传输协议 HTTP 为技术基础的网络浏览器，就是这种人机界面的代表。好的浏览器不但提供快速查询，还可以联想查询、智能查询。不但注意效率，也很在意界面的人性化。通过浏览器，与政府行政部门、电视台、大企业、金融机构、电子商铺、学校、研究院所、图书馆等的门户网站相连。足不出户就可以连通全世界，遨游无限的信息海洋。这类系统依然使用鼠标加键盘作为输入设备。目前流行的所有操作系统几乎都提供这种人机界面。

4）手指屏幕触摸

这种计算机的典型代表是苹果公司 iPad 2 的操作系统 iOS，本书已经在前面作了介绍。通过一根手指对窗口进行拖放，用两根手指放大或者缩小照片，这种用机方式更符合人的行为习惯。使用计算机从此前的键盘加鼠标简化到弹指一挥间地简单。键盘和鼠标都被简化掉了，实现了人机交互方式的又一次飞跃。

没有了键盘，要输入字符怎么办？在需要输入文字的时候，会自动逐个弹出 3 个软键盘，分别用于手写笔输入、英文和汉字输入。每个软键盘都有两个输入方式转换键。其中一个是数字和符号输入键，另一个用于手写输入和英语或者汉语输入的三个软键盘转换。比如要在 Safali 中回复 E-mail，屏幕上立即会自动弹出一个带有书写板的软键盘，支持用手指触屏书写输入文字。手指的动作随时会被转换成可能的英文或者汉字，呈现在右侧的显示表格内，供点触选用。被选中者随后将被自动送达至需要它们的地方。

英文和汉字输入软键盘上键位的布局跟大家已经用习惯了的物理键盘相同。汉字输入时不但支持单词联想，拼音输入法还有一定的学习功能，它会记住你刚刚组的词。

有了上述 3 个软键盘，就完全弥补了缺少物理键盘的不足，还把输入变得更加灵活了。在不追求量大而高速输入的情况下，已经足够用了。

1.6　重点演示和交互练习：多道程序设计

1. 观看程序单道执行

MS-DOS 是个单用户、单任务的操作系统。主机任何时候只能接纳和运行一个程序。在 Windows 中保留了 MS-DOS。从桌面执行“开始”|“程序”|“附件”|“命令提示符”菜单命令，便进入了 MS-DOS。该系统以命令提示符为交互界面。显示命令提示符 C:\>，读者可以逐条地写出程序名字，要求系统为之执行。例如，输入 CD，要求系统报告用户的当前目录；输入 DIR，要求报告当前目录所包含的文件（包括子目录）名；输入

DATE,要求系统报告当天日期等。

系统将会以一问一答的方式跟用户交互。用户以命令提示符作为发命令的依据,以"回车符"作为命令结束符;系统则在用户的"回车符"后开始执行用户指定的程序。当前程序没有执行完就不会给下一个提示符,因而不能输入另一条命令。程序单道地、串行地执行。

最后,在命令提示符下输入命令 EXIT,退出 MS-DOS,回到 Windows 桌面。

2. 观看多道程序同时执行

在 Windows 环境下可以有多种方式同时启动多个程序执行。例如,现在用 Word 在写文档,同时又启动了"媒体播放器"在播放音乐,Word 和"媒体播放器"都在工作。也可以先后启动 Word 执行两次,一次是编辑第 1 章文稿,另一次是让 Word 调出初版时的第 1 章,以便对照修改。可以让两个 Word 的窗口平铺在显示屏幕上,由此可以确信一个 Word 程序同时对应两个任务。不过两个窗口都要交互输入,而"输入焦点"只有一个。只要用鼠标单击当前需要输入的窗口,就可以激活它,从而取得输入焦点。

许多读者都有陆续启动 3 个以上程序同时执行的体验,一面看新闻,一面听音乐,一面还要与朋友通过 QQ 进行联络。

3. 观看多道程序并发执行模拟演示

同时执行的程序在只有一个 CPU 的情况下,瞬时只能执行其中的一个程序,由此它们的执行有并发性、宏观性。每一个程序都是走走停停的,操作系统利用外部设备与 CPU 可以同时执行这个事实,进行调度,实现程序的并发。

在基于 Web 的操作系统网络课件中,引论部分有多道程序并发执行的例子。课件中用动画方式演示了两道程序并发执行的时序。读者可以进入操作系统教学网站,单击主窗口中的"操作系统引论"|"操作系统的形成"|"多道程序设计"|"例子"观看演示。

4. 多道程序设计调度实践

假定有两个程序 A 与 B,它们的行为如下:

程序	I/O	CPU	I/O	CPU	
A	10	10	10		
B		10	10	10	单位:ms

它们同在有一个 I/O 接口和一个 CPU 的计算机上。试按照多道程序设计的方式并发运行,画出调度时序图,计算它们各自的和总的周转时间,并与按照单道串行方式运行时总的周转时间比较,对所得到的结果加以讨论。

小　　结

本章从计算机系统平台、资源管理和调度 3 个方面讨论了操作系统的功能,给出了操作系统的定义,说明了操作系统在计算机系统中的地位以及对于用户的重要性。

本章分析了操作系统的运行特征,指出了一开机就运行,且始终在运行,与用户程序一起运行并为用户程序服务的特点。并通过实际操作去感受操作系统的运行特性。

本章分析了操作系统并发性、共享性、随机性和虚拟性的微观特性，指出操作系统的基本技术是多道程序设计，通过实例演示说明这种技术确实可以提高系统效率。但是采用多道程序设计技术极大地增加了操作系统的复杂性。读者应掌握采用多道程序设计技术时调度周转时间的计算方法。

本章介绍了操作系统的简要发展史。提到了一些在计算机和操作系统发展史上，有重大影响的操作系统名字，它们是 ATLAS、CTSS、OS/360、MULTICS、T. H. E、UNIX、DOS、Windows 等。简要介绍了各自的开发背景和主要技术。本章还介绍了因为在开发操作系统和软件技术方面的重大贡献而获得诺贝尔奖的一些计算机科学家的名字。按笔者的理解总结了操作系统的发展动力。

本章讨论了新兴的云计算和云操作系统的发展背景以及相关的概念和技术。以云海 OS 为例，介绍了云计算中心所用云操作系统的功能和结构。希望读者关注这一领域的进展。

本章还讨论了操作系统的分类，指出各种操作系统的基本特点。按照通常的分类方法，把操作系统分作 7 类，即多道批处理系统、分时系统、实时系统、个人机系统、网络操作系统、分布式操作系统以及移动云操作系统。后续章节将具体讨论操作系统怎样描写和管理并发活动，怎样管理内存，怎样管理辅存和各种设备，怎样组织文件等技术。

本章的交互练习主要是多道程序设计。为了比较，首先进入命令行方式，进行单道程序交互运行。而后在 Windows 环境下，真实地启动两个以上程序并发执行，察看多个程序宏观上同时运行的情况。重点是后来多道程序并发执行的调度时序图的绘制和周转时间的计算。一个程序自身的行为是依一定的逻辑顺序展开的，比如没有完成 I/O 就不能做后续在 CPU 上的计算。但是一个程序 I/O 时，另一个程序是可以计算的。利用这一特性，让设备与主机尽可能同时忙碌起来，达到提高资源利用率和加快作业周转的目的。

习　题

1.1　什么是操作系统？它的功能是什么？

1.2　多项选择题。

(1) 操作系统与硬件的关系是(　　)。

A. 硬件是操作系统得以运行的物质基础

B. 操作系统是最靠近硬件的一层软件

C. 操作系统管理硬件的工作

D. 操作系统扩充硬件的功能

E. 操作系统使硬件的使用变得更加方便

F. 有了操作系统才能使硬件得到利用

(2) 操作系统与其他软件的关系是(　　)。

A. 一般地说，没有操作系统的支持，任何其他软件都不能工作

B. 操作系统以子程序调用为其他软件提供使用计算机资源的接口

C. 操作系统以系统调用为其他软件提供使用计算机资源的接口

D. 操作系统在启动了一个用户程序运行后,还会继续运行

E. 操作系统与当前正在运行的用户程序在微观上交替运行

1.3 试从功能和程序特征两个方面,简述操作系统与其他软件系统有何区别。

1.4 就正在使用的计算机或了解的计算机,具体说明操作系统向用户和上层软件提供了什么样的使用界面?

1.5 什么是并发性?什么是共享性?为什么说操作系统的最基本的特性是并发性和共享性?

1.6 什么是多道程序设计技术?在只有一个CPU的情况下,怎样能够实现同时运行多个程序?

1.7 有3道程序X、Y、Z,其构成如表1.4所示。

表1.4 程序X、Y、Z的构成

程序	输入	计算	输出
X	10	10	10
Y	10	10	10
Z	10	10	10

它们同在一个有一个CPU、一台输入设备、一台输出设备的系统中运行。

试问:

(1) X、Y、Z并发执行,总的周转时间是多少(不计系统开销)?

(2) 画出调度时序图。

1.8 为了实现多道程序设计,操作系统必须解决哪些基本的技术问题?

1.9 操作系统按照其使用环境可以分为哪几类?各有什么特点?

1.10 为什么说分时系统给用户的感觉是独占了整台计算机?

1.11 网络操作系统与单机操作系统是什么关系?

1.12 试比较分布式操作系统与网络操作系统的异同。

1.13 图1.26是操作系统内核4部分的一种可能的分层结构,试简述各个模块的功能和这样分层的理由。

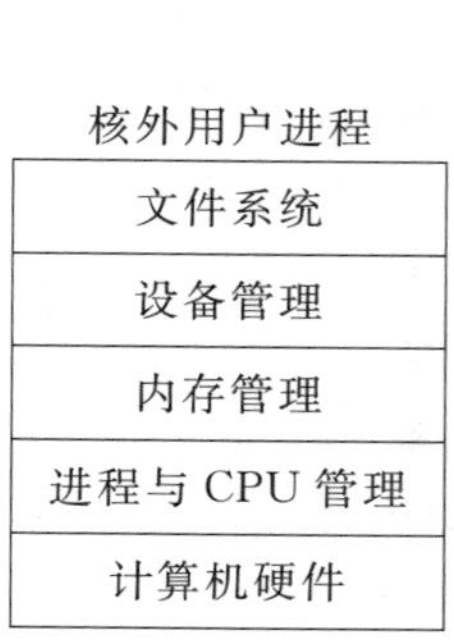

核外用户进程

文件系统

设备管理

内存管理

进程与CPU管理

计算机硬件

图1.26 操作系统内核的一种分层结构

1.14 现代操作系统采用面向对象的设计概念,试根据操作系统的功能特点,列举若

干认为应该设置的操作系统对象。

1.15　现代计算机系统中，为什么要为操作系统设置 CPU 的核心态？试列出 4 条只能在核心态执行的特权指令。

1.16　什么是系统调用？试分析在系统调用执行过程中，实现 CPU 状态转换的过程。

1.17　试分析云计算的特征和云计算中心操作系统应有的功能。

1.18　试以自己的使用体验，列举云终端操作系统的特征，并提出改进意见。

1.19　延续了许多年以提高芯片集成度来提高其速度和容量，并遵循摩尔定律发展的设计思路，为什么近几年不再继续采用，而代之以多核结构？

1.20　试列举自己在平时的生活和学习中曾经使用到哪些基于云计算和云存储的服务。

第2章 进程及其管理

CHAPTER

进程概念是操作系统中最基本、最重要的概念。现代计算机系统通常都是多道并发系统，在这样的系统中，并发性与并发活动对资源的共享性是两个基本的系统特征。因此，掌握并发进程的特性，对于了解现代计算机系统的微观结构与动态运行过程十分重要。

操作系统一切活动都是为了运行用户程序，而进程是程序运行的基本单位。操作系统的一切活动都是围绕进程来展开的，因此，掌握进程的概念对于理解操作系统各个部分的工作和各项技术极为重要。

2.1 进程的概念及其引入

2.1.1 并发程序的特征

1. 间断性

程序在并发执行时，由于它们共享资源，而资源数量又往往不能保证每一个程序不受限制地占用，故每个程序在CPU上运行，都是走走停停的。

2. 失去封闭性

程序在并发执行时，由于它们共享资源或者合作完成同一项任务，致使相互间形成制约关系。

例如，有一个多用户的分时售票系统，各终端程序共享票号单元 X。任意第 i 个终端程序设置临时工作单元 R_i，采用下述程序可实施卖票管理。

```
Ri =X;
if (Ri>0)
{
Send (Ri);              /* 卖票 */
Ri--;
X =Ri;
}
```

该终端某时刻究竟卖出第几号票，是否有票可卖，都不是孤立的，必须受其他终端的制约。

3. 不可再现性

程序在并发执行时,由于失去了封闭性,也将导致失去其可再现性。例如,有两个程序 A 和 B,他们共享一个变量 n,程序 A 每执行一次,都要做 $n=n+1$ 操作;程序 B 则每执行一次,都要执行 print(n)操作。程序 A 和 B 可能以不同的速度运行。这样可能出现下述两种不同情况(假定当前变量 n 的值为 100)而得到不同的结果。

(1) 程序 A 的 $n=n+1$ 在程序 B 的 print(n)之前,此时程序 B 打印 n 值为 101。

(2) 程序 A 的 $n=n+1$ 在程序 B 的 print(n)之后,此时程序 B 打印 n 值为 100。

上述情况说明,程序在并发执行时,其计算结果与并发程序的执行速度有关。虽然程序执行时的环境和初始条件都相同,但得到的结果却可能不相同。从而使程序失去了可再现性。

既然并发程序有这些特征,单用程序的概念已不足以描写并发活动了,必须引入一个新的概念,才能描述和用来管理程序的并发活动。这个新概念就是进程。

2.1.2 进程的定义

进程可以有以下多种定义。

(1) 进程是程序的一次执行。

(2) 进程是可以和别的计算并发执行的计算。

(3) 进程可定义为一个数据结构及能在其上进行操作的一个程序。

(4) 进程是一个程序及其数据在处理机上顺序执行时所发生的活动。

(5) 进程是程序在一个数据集合上的运行过程,是系统进行资源分配和调度的一个独立单位。

我国操作系统领域里的专家学者,综合各方面论点,给出以下定义:进程是一个有一定独立功能的程序在某个数据集合上的一次运行活动。

从定义可以看出进程有以下 5 个特征。

(1) 动态性。进程是程序在并发系统内的一次执行,一个进程有一个产生到消失的生命周期。

(2) 并发性。正是为了描述程序在并发系统内执行的动态特性才引入了进程,没有并发就没有进程。

(3) 独立性。每个进程的程序都是相对独立的。每个进程可以按照自己的方向和速度独立地向前推进。

(4) 制约性(异步性)。进程之间的相互制约主要表现在互斥地使用资源和相关进程之间必要的同步和通信。

例 2.1 按给定数据(a,b,c)求 $ax^2+bx+c=0$ 的根的 C 语言程序如下:

```
⋮
x1 =(-b+sqrt(b*b-4*a*c))/(2*a);
x2 =(-b-sqrt(b*b-4*a*c))/(2*a);
⋮
```

若分别给出数据(a_1,b_1,c_1)、(a_2,b_2,c_2)、(a_3,b_3,c_3),3次运行该程序,则对应3个进程。

例2.2　UNIX提供后台执行程序的方式,只要在程序行末尾加符号"&"后再启动执行,UNIX便会在执行程序前首先报告本次执行的进程号。例如:

```
%date&                              //后台启动程序 date
  1234                              //本次执行到 date 的进程号为 1234
  sun Feb 8 23:02:57 EDT 2004       //date 的执行结果
%date&                              //再次后台启动 date
  1235                              //本次执行到 date 的进程号为 1235
  sun Feb 8 23:03:05 EDT 2004       //date 的执行结果
%
```

以上说明即便是不需要给定入口数据的程序,每次执行也都对应不同的进程。

2.1.3　进程与程序的联系和区别

进程与程序的联系和区别如下。

(1) 进程是程序的执行,进程属于动态概念,而程序是一组指令的有序集合,是静态概念。程序就像是菜谱,而进程是按菜谱炒菜的过程。

(2) 进程是程序的执行,或者说是"一次运行活动",因而它是有生命过程的。进程的存在是暂时的,而程序的存在是永久的。

(3) 进程是程序的执行,因此进程的组成应包括程序和数据。除此以外,进程还由记录进程状态信息的进程控制块PCB组成。

(4) 一个程序可能对应多个进程。

2.2　进程的描写

2.2.1　进程实体

怎样表示进程?什么是进程实实在在的东西?进程是某个程序在一个特定的数据集合上的一次运行活动,进程实体中应包含程序和数据。既然进程是一个动态的概念,组成进程实体的还应包含描写进程动态变化的一个实实在在的东西,这其实就是一个不断变化着的数据结构,叫做进程控制块(process control block,PCB)。进程实体的描述如图2.1所示。

2.2.2　PCB

为了描述和控制进程的运行,系统为每个进程定义了一个数据结构——PCB。

系统创建一个进程就要为它设置一个PCB,用于对该进程进行控制和管理。进程任务完成后,由系统收回其PCB,该进程便消亡。系统将根据其PCB来感知相应进程的存在。

在一个实际系统中,PCB的总数通常是一定的,总数目规定了该系统允许拥有的最多进程数,系统将所有PCB形成一个结构数组放在操作系统区。

PCB是进程的重要组成部分,是操作系统能“感知”进程存在的唯一标志,它和进程是一一对应的,操作系统正是通过管理PCB来管理进程的。

在实际系统中,PCB是记录型数据结构。它用于描述程序在并发系统执行时的动态特性,如图2.2所示。

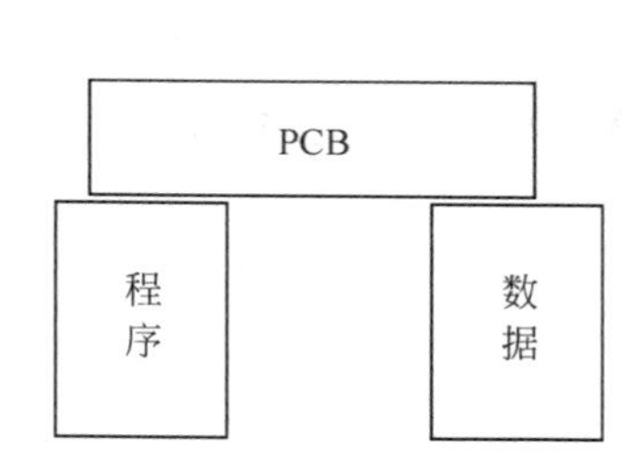

图2.1 进程的实体描述

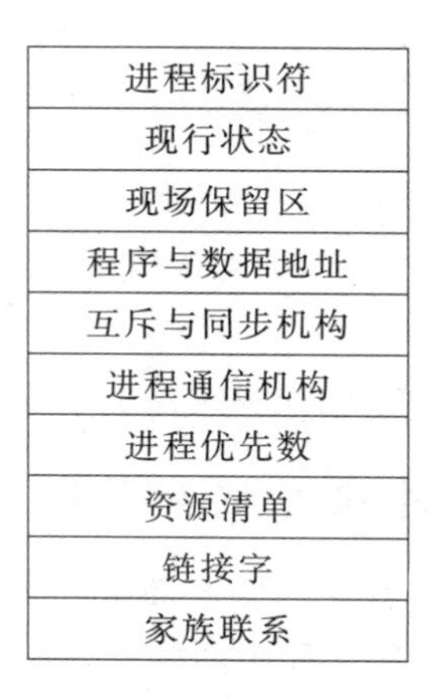

图2.2 PCB结构

2.2.3 PCB队列

系统中通常按照进程的状态类型组成队列或链表,图2.3是就绪队列。

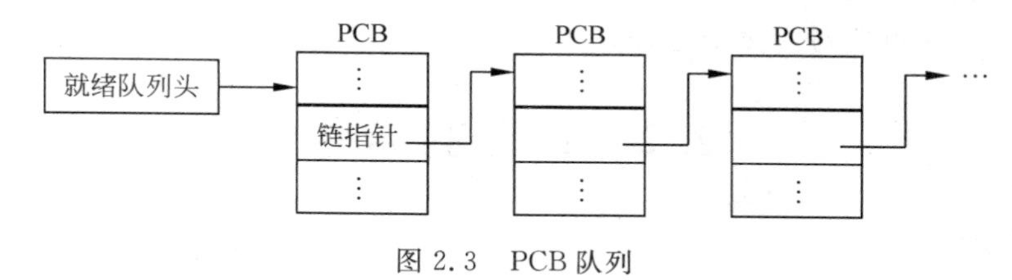

图2.3 PCB队列

2.3 进程状态及转化

2.3.1 进程状态

每个操作系统必须为进程至少设置3种不同的状态:运行、就绪、等待。

(1) 运行状态。当一个进程正在处理机上运行时,则称此进程处于运行状态。

(2) 就绪状态。一个进程获得了除处理机外的一切所需资源,一旦得到处理机即可运行,则称此进程处于就绪状态。

(3) 等待状态。一个进程正在等待输入输出或等待某一事件发生而暂时停止运行,这时即使把处理机分配给该进程也无法运行,则称此进程处于等待状态。

在实际系统中,可能要为进程设置更多的状态,以反映进程走走停停的动态特性。

2.3.2　进程状态转化

每个进程必定处在不断变化的状态中，如图 2.4 所示。

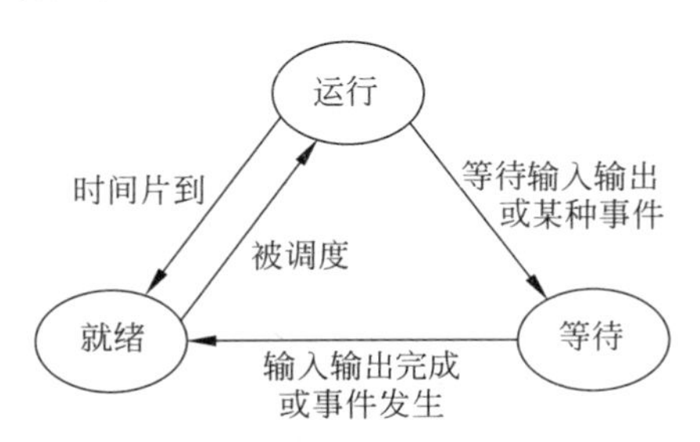

图 2.4　进程的 3 种基本状态的转化

2.4　进程管理

2.4.1　进程管理原语

1. 创建原语

一个进程可调用它创建一个新进程。创建原语的主要工作是为被创建进程建立一个 PCB，初置 PCB 参数；分配唯一的进程标识号；分配内存和其他必要的资源；置进程的状态为就绪态。

2. 撤销原语

一个进程在完成任务后，应予以撤销，以便及时释放其所占有的各类资源，包括它的 PCB 在内，都应该由操作系统及时回收。撤销原语在撤销指定进程的同时，也应撤销其所有的子进程，以免后者成为不可控的。

3. 挂起原语

当需要把某进程置于挂起就绪状态或挂起阻塞状态时可调用挂起原语。它有如下几种方式。

(1) 把发命令进程自身挂起。

(2) 挂起具有标识符的进程。

(3) 将某进程及其全部或部分子进程挂起。

2.4.2　创建进程的时机

批处理系统的每一个用户作业、分时系统的每一个键盘命令对应的程序、操作系统内部的某些程序模块(如管理作业流和管理输入输出的程序模块)都是以进程的形式参与系统的并发执行的。在这些程序运行之前，系统都要为它们创建进程。

在实际系统中，创建进程有两种方法。一是由操作系统中的初启程序以特殊方式创建系统的第一个进程，如 UNIX 系统的进程 0。二是由父进程通过相应的系统调用(如 fork()、create()等)创建子进程。系统内通常有两类进程，即系统进程和用户进程。

(1) 系统进程的程序实体是操作系统中的程序模块。这些进程一经创建便与系统共存亡,不被撤销且常驻内存,它们在进程调度程序的统一调度下,主动地和不知疲倦地为用户服务。

(2) 用户进程包括用户作业对应的进程和其他系统程序(如编译程序)对应的进程。这些进程是动态地产生和消亡的。一般来说,一个用户作业在开始进入内存运行时只创建一个进程,但不排除该进程在运行过程中创建新的子进程。

例 2.3 假定 UNIX 下某命令文件 mysh,包含下述 3 条命令(3 个有独立功能的程序):

```
who | ls -l        //查看几人已注册
pwd                //查看注册目录
date               //报告日期
```

在让 mysh 取得运行权后,命令解释程序 shell 将为它创建一个进程运行:

```
%mysh&
3421
⋮
```

在 mysh 本次以进程号 3421 执行期间,shell 还将陆续创建 who 进程、ls 进程、pwd 进程和 date 4 个进程,其中 who 与 ls 进程并发。这 4 个进程运行完成后,mysh 才能结束。因此它们一定会与进程 mysh、shell 同在,并发地执行。而且,这 4 个进程都以 shell 为父进程。

2.4.3 创建进程的基本操作

无论用何种方法创建进程,其基本操作都是相同的,如图 2.5 所示。

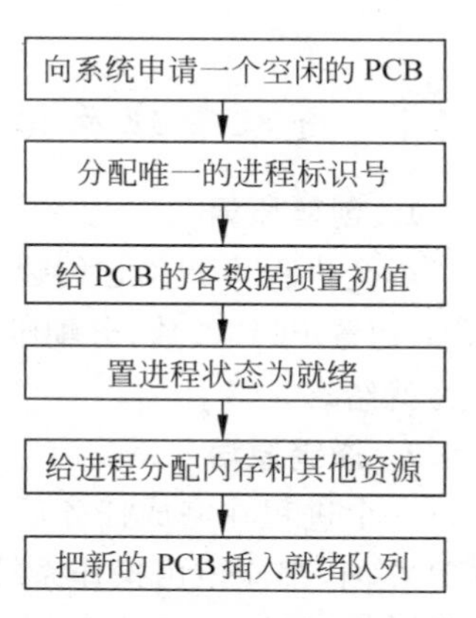

图 2.5 创建进程的基本操作

2.5 进程互斥与同步

2.5.1 进程互斥与同步的概念

进程互斥(mutual exclusion)指的是多个进程之间要排他地使用临界资源(critical resources,CR)。

什么是临界资源?就是一次只允许一个进程使用的资源,即不能同时为多个进程共享的资源。也就是说,如果一个进程已开始使用这个资源且尚未使用完毕,则别的进程不得使用,若另一进程也要使用,则必须等待,直至前者使用完毕并释放之后,后者才能使用。从共享的角度讲,临界资源是互斥共享资源。在计算机系统内有很多这样的软、硬件资源。例如,许多外部设备,如输入机、打印机和磁带机等,都属“硬”临界资源。这些资源必须互斥使用的道理是明显的。系统内许多由多个进程共享的变量、数据、表格、队列等则是“软”临界资源的例子。

进程同步是指系统中往往有几个进程共同完成一个任务，因此它们之间必须协同配合，需要交换信息进行进程间的通信，要不断调整它们之间的相对速度。

2.5.2　临界区准则

把进程中访问临界资源的代码段称为临界区(段)。无论用什么方法解决临界区问题，必须满足下列准则。

(1) 每次至多只允许一个进程处于临界区之中。

(2) 若有多个进程同时要求进入它们的临界区时，应在有限的时间内让其中之一进入临界区而不应该相互阻塞，以至于各进程都不能进入临界区。

(3) 进程只应该在临界区内逗留有限时间。

2.5.3　临界区的软件解决方案

1. 简单标记法

这种方法为临界区设个标志字 gate，其值为 1 表示已有进程处在临界区中，值为 0 表示临界区尚无进程占用。为了互斥地使用临界区，进入临界区的进程要作上一个已在临界区的标记，将 gate 置为 1，每个进程在欲进入临界区之前，都要检查这个标记 gate，如果已经被别的进程置 1，就知道已经有进程处在其中，不再进入临界区。每个进程的临界区程序框架为：

```
while (gate ==1);          //查看别人是否已在临界区？在则踏步等待；否则进入
gate =1;                   //在进入临界区的门口先置标记 gate，以便阻止其他进程进入
cs;                        //执行临界区代码
gate =0;                   //退出临界区时清除标记 gate，以便其他进程进入
```

这种方法初看起来是可以的，只要每个进程都完整地执行了上述代码，确实能够保证最多只有一个进程处在它的临界区中。问题是，在多道程序设计环境下，执行到任何一条语句都可能因为时间片到期导致 CPU 转道，去执行另外的进程。例如，进程 1 在发现标记 gate 为 0，准备进入临界区时，尚未完成将标记置 1，处理机就被转道运行进程 2。进程 2 也发现标记 gate 为 0，从而先于进程 1 进入自己的临界区。在进程 2 执行临界区代码期间，也可能被中断，进程 1 再次被调度恢复运行，继续去执行临界区代码。于是进程 1 和进程 2 同处临界区，出现了所谓的“与时间有关的错误”。结论是，简单标记法不能够实现临界区。

2. Dekker 算法

这种方法是在简单标记法的基础上，增加一个优待标记，只让受到优待的一个进程进入临界区，以避免出现多个进程同处临界区的局面。

假定进程 Pi 和进程 Pj 有互斥共享的临界区，下面来讨论它们的程序结构。我们着重讨论 Pi，至于 Pj 则相应地有对称的结构。

用标志 flag[i]来标示进程 Pi 是否要求进入临界区或已经处在临界区中执行。其值为 1 时表示它有进入要求或已在临界区中，其值为 0 则在临界区外。设优待标记 turn，其值为进程号，用以指出应由哪个进程进入临界区，初值可任意设定。若 turn=i，则应由进

程Pi进入临界区。某进程欲进入临界区时在作上自己的flag标记后,要看是否有其他进程也作了标记并得到了优先权,如果是,则踏步等待;否则可以进入临界区。在退出临界区时,要放弃优待标记,清除自己的flag标记。

以下是进程Pi和Pj的临界区代码。

```
int   flag[i]=flag[j]=0;
int    turn;
```

进程Pi的程序结构为

```
do
     {
          flag[i]=1;
          while ( flag[j]==1 && turn==j );     //若另一进程已做标记并受优待则踏步等待
          进程i的临界区代码csi;
          turn=j;                               //退出临界区时让出优待标记
          flag[i]=0;                            //清除临界区标记
     } while (1);
```

进程Pj的程序结构为

```
do
{
          flag[j]=1;
          while ( flag[i]==1 && turn==i );     //若另一进程已做标记并受优待则踏步等待
          进程j的临界区代码csj;
          turn=i;                               //退出临界区时让出优待标记
          flag[j]=0;                            //清除临界区标记
} while (1);
```

上述方法可以实现临界区,读者不妨用临界区准则逐条加以验证。

软件解决办法要求暂时无法进入临界区的进程在临界区外踏步等待,在互斥进程较多时,这种忙等待将导致处理器时间的大量消耗,现在已很少采用。

2.5.4 用屏蔽与开放中断指令实现临界区

UNIX内核有多处采用屏蔽与开放中断指令实现临界区。在临界区代码的前面设置一条指令,先保存CPU现有的中断优先级,接着提高CPU执行优先级达到最高级,以屏蔽所有中断的发生。从而使得依赖于中断驱动的所有程序,包括进程调度程序都不会运行,以此达到阻止其他程序插入临界区运行的目的。在临界区代码后面再紧跟一条指令,把CPU的中断优先级恢复到以前的级别,并开放中断,让CPU可以响应中断,其他程序有机会执行。

典型的临界区代码之一是进程调度程序本身的一段代码。这段代码考察并比较现有各个就绪进程的优先级,以便从就绪进程队列选择一个优先级最高的进程,准备随后把CPU分配给它。该程序段的执行必须保持完整性,不允许其他进程,包括操作系统进程运行。保证进程就绪队列在挑选期间没有任何改变，才能保证选择的唯一性和效率。换句话说，在这个比较挑选过程中，通过屏蔽中断的机制，短时间内独占 CPU，排斥其他任何程序运行，维护就绪队列的当前状态不变。

再强调一下，屏蔽一切中断是特权指令，只能由操作系统内核在 CPU 的核心态下执行。处于用户空间的用户程序没有这种权利，无法用这一机制实现临界区。

2.5.5　上锁与解锁指令

对每一个共享的数据结构或设备，为了互斥地使用，都设置一个单独的锁字节，如 x。x=0 表示资源可用；x=1 表示资源已经在使用。每个进程在对资源进行操作之前必须完成上锁操作 lock(x)。

(1) 考察锁字节 x 的值(是 0 还是 1)。

(2) 将锁字节 x 置 1。

(3) 如果原来的值为 1，则返回到第(1)步。

进程使用资源完毕，执行解锁操作 unlock(x)，把锁字节 x 置 0。

注意：正像前面软件解决办法强调对标记 gate 的操作要完整那样，这里的 lock(x)对 x 的考察和置 1 操作也必须完整。大多数现代计算机都有一条类似于 test and set(测试并建立)的指令，具有 lock(x)的功能。每条指令执行时只有在最后一个执行周期才可能响应中断，可以保证 lock 前两步执行的完整性。也就是说，用硬件可以实现 lock 和 unlock。

有了上锁与解锁指令，临界区的实现就很简单了。在每个使用临界资源的进程中，只要用一对 lock 和 unlock 把临界区框起来就行了。例如，三个进程可用按下列结构建立临界区：

进程 P_1	进程 P_2	进程 P_3
⋮	⋮	⋮
lock(x)	lock(x)	lock(x)
CS1	CS2	CS3
unlock(x)	unlock(x)	unlock(x)
⋮	⋮	⋮

其中，CS1，CS2，CS3 分别为各自的临界区代码。

不过上述用指令实现的 lock、unlock 结构仍然还是忙等待的，欲进入临界区而无法进入的进程必须在 lock 处不断地查询锁字节的值，造成 CPU 时间的浪费。以下介绍信号量机制，它将让无法进入临界区的进程在临界区外阻塞等待。信号量机制不但用于实现临界区，也是实现进程同步的有效机制，因而被广泛使用。

2.5.6　信号量与 P、V 操作

1. 定义

(1) 信号量(semaphore)。信号量(又叫信号灯)由内存中相邻的两个单元组成，用以描述某种资源的可用程度，其中一个单元为信号量的值，代表该资源的可用数量。另一

个单元是在该资源上等待的进程队列指针。例如,可以用C语言的一个结构类型semaphore来定义一个信号量。

```
struct semaphore{                          //定义信号量
int count;                                 //信号量所代表的资源
    queueType queue;                       //定义一个等待队列
}
```

按用途可将信号量分为以下两种。

① 二元信号量:它仅允许取值0与1,主要用作互斥操作。

② 一般信号量:它允许取值为整数,主要用于进程间的一般同步问题。

信号量仅能由P、V同步原语对其进行操作(简称P、V操作)。

(2) P、V操作。P、V操作是作用于信号量上,用于实现互斥与同步的有效工具。它们的定义如下。

① P操作:

```
void p(semaphore s)                        //P操作的代码
{
    s.count--;                             //占有资源,信号量的值减1
    if(s.count<0)                          //资源不够
    {
        place this process in s.queue;     //调用者排入等待队列
        block this process                 //阻塞进程
    }
}
```

② V操作:

```
void v(semaphore s)                        //V操作的代码
{
    s.count++;                             //释放资源,信号量的值加1
    if(s.count<=0)                         //发现等待队列有等待者
    {
        remove a process P from s.queue;   //唤醒等待队列的一个进程
        place process P on ready list;     //将它置为就绪态
    }
}
```

从定义可知,P操作代表进程对资源的测试,有资源则占有,没有资源则等待,放弃对CPU的竞争,造成“让权等待”局面。V操作代表对资源的释放,同时考察是否有在等待队列上等待的进程,如果有则唤醒一个。让权等待比忙等待方式的CPU利用率高些,使得P、V操作被广泛使用。

2. 用P、V操作实现互斥

假定multex是一个信号量,由于每次只允许一个进程进入临界区,如果把临界区看作资源,那么它的可用单位数为1,所以multex的初始值应为1。下面用multex这个信

号量在 n 个进程间实现互斥。

设有 n 个进程，用数组 proc(i)表示，在每个进程中，在临界区前执行 p(multex)，如果 multex 的值为负，则进程被挂起；如果 multex 的值为 1，则 multex 被减为 0，进程立即进入临界区，由于 multex 不再为正，因而其他任何进程都不能进入自己的临界区。

程序如下：

```
/* 程序 mutualexclusion */
const int n= /* 进程数 */;
semaphore multex=1;           //初始化信号量的值为 1
void proc(int i)              //所有各个进程的代码，i=1,2,…,n
{
        while(1)
        {
                p(multex);
                CSi;
                /* 临界区 */
                v(multex);
                /* 其余部分 */
        }
}
void main()
{
        parbegin (proc(1), proc(2),…, proc(n));
        //表示 n 个进程可以并发执行的一种程序结构
}
```

信号量 multex 初始化为 1，因此，第一个执行 p(multex)的进程可以立即进入临界区，并把 multex 的值置为 0。任何试图进入临界区的其他进程，都将发现第一进程忙而被阻塞，把 multex 的值减 1。在 n 个进程中可以有任意数目的进程试图进入，每个此类不成功的尝试都会使 multex 的值减 1。当最初进入临界区的进程离开时，multex 增 1，一个被阻塞的进程(如果有的话)被移出与该信号量相关联的阻塞队列，并被置于就绪状态。当操作系统下一次调度时，它可以进入临界区。

这样，互斥信号量相当于一把锁，只要一个进程用 P 操作把 multex 减为零，便阻塞了其他所有进程进入临界区。直到进程退出临界区，做 V 操作时才唤醒一个等待者，允许唤醒进程进入临界区。

3. 使用 P、V 操作应注意的事项

(1) P 与 V 必须成对出现。既然 P 操作代表对某种资源的占有，同一个信号量上的 V 操作是释放这种资源，那么它们就必须在数量上相等，才能保持资源的动态平衡。

(2) P、V 操作都是原语。P、V 操作必须保持完整性，把它们当作“原子”操作，不允许在进程对某个信号量执行 P、V 操作期间又插入别的进程执行。通常把它们设计成不可被中断的。

为什么 P 操作不能被中断？用反证法分析两个进程 P_1、P_2 的互斥结构便可明白。

```
进程 P1                              进程 P2
  P(s)                                 P(s)
  CS1      //进程 1 的临界区           CS2      //进程 2 的临界区
  V(s)                                 V(s)
```

假定V(s)操作时是可以被中断的,若进程 P_1 运行到P(s)时被中断,比如说在执行了其中信号量s减1操作后,s的值为0,此时被中断,调度转向 P_2 运行。则 P_2 执行P(s)时必定要在信号量s的等待队列上等待,此时信号量s的值为-1。当调度再次让 P_1 运行时,进程 P_1 恢复P(s)操作的断点,执行代码:

```
if(s.count<0)
    {
        place this process in s.queue;      //调用者排入等待队列
        block this process                  //阻塞进程
    }
```

因条件成立,P_1 也要加入等待队列。此后 P_1、P_2 均无其他进程唤醒,而造成死锁。

再来考察V操作的完整性。也用反证法来证明。例如,分析三个进程 P_1～P_3 的互斥结构。

```
     进程 P1              进程 P2              进程 P3
      P(s)                 P(s)                 P(s)
      CS1                  CS2                  CS3
//进程 P1 的临界区    //进程 P2 的临界区    //进程 P3 的临界区
      V(s)                 V(s)                 V(s)
```

假定P(s)操作时是可以被中断的,任意假定进程 P_1 在离开临界区做V(s)操作时,刚刚做完信号量值增1操作后被中断,此时信号量s的值为1。进程 P_2 在做了P操作后,进入其临界区CS2,此时s的值为0。进程 P_3 欲进入其临界区,在做了P操作后,在信号量s的等待队列上等待,s的值为-1。此时如果调度恢复进程 P_1 继续执行V操作的下列代码:

```
if(s.count<=0)                                //发现等待队列有等待者
{
        remove a process P from s.queue;      //唤醒等待队列的一个进程
        place process P on ready list;        //将它置为就绪态
}
```

进程 P_1 将把等待者 P_3 唤醒,进入其临界区CS3,于是出现了 P_2、P_3 同时驻留于临界区的混乱局面。

以上举出的特例说明,P、V操作一旦被中断,将可能导致混乱,从而证明了P、V操作的不可分割性。

2.5.7 经典同步问题

通常被称为经典同步问题的是生产者—消费者问题、读者—写者问题、5个哲学家就餐问题，以及吸烟者问题、理发师问题等。掌握了这些问题的解决技术，其他的同步问题也就不难解决了。

1．生产者—消费者问题(producer-consumer problem)

1）问题的描述

设有若干个生产者进程 $P_1, P_2, P_3, \cdots, P_l$，若干个消费者进程 $C_1, C_2, C_3, \cdots, C_m$，它们通过一个由 n 个货架缓冲区组成的有界缓冲池联系起来。每个缓冲区存放一个"产品"，生产者进程不断地生产产品，并把它们放入缓冲池内，消费者进程不断地从缓冲池内取产品并消费这个产品。这里既存在同步问题，也存在互斥问题。同步存在于P、C两类进程之间：当缓冲池已放满了产品(供过于求)，生产者进程必须等待；当缓冲池已空(供不应求)，消费者应等待。互斥存在于所有进程之间，各自需要独占使用缓冲区。

2）用P、V操作实现同步(互斥)算法

(1) 共享的数据结构如下。

① 信号灯sk，可能值为0、1、…、$n-1$。代表有多少空货架，它是生产者资源。初值为 n。

② 信号灯sh，可能值为0、1、…、$n-1$。代表有多少货物可取，它是消费者资源。初值为0。

③ 信号灯multex，可能值为0、1，是生产者、消费者使用缓冲区的互斥信号量，初值为1。

④ i：指针，标明可放货物的位置，初值为0。

⑤ j：指针，标明可用货物的位置，初值为0。

(2) 生产者进程的程序描述如下：

```
L开始生产：
生产一个产品
    P(sk)                     //有空货架可用否？
    P(multex)                 //占用这个空货架缓冲区
    把产品放入Buf[i]这个空货架
    i=(i+1) mod n             //放货指针向前走1格
    V(multex)                 //释放这个货架缓冲区，唤醒等待进程
    V(sh)                     //唤醒消费者进程
goto L开始生产
```

(3) 消费者进程的程序描述如下：

```
L开始消费：
    P(sh)                     //有货物可取否？
    P(multex)                 //占用这个有货缓冲区
    取Buf[j]中的产品
    j=(j+1) mod n             //取货指针向前走1格
    V(Multex)                 //释放这个货架缓冲区，唤醒等待进程
    V(Sk)                     //唤醒生产者进程
goto L开始消费
```

2. 读者—写者问题(readers-writers problem)

1) 问题描述

一个数据文件、记录或者共享缓冲区(统称为数据对象),可能被多个进程共享。其中,有些进程要求读,而另一些进程要求对数据对象进行写或者修改。允许多个读者进程同时读一个数据对象,因为读文件操作不会使数据产生混乱。但决不允许一个写者进程和其他读者进程或者写者进程同时访问数据对象。这里既有同步也有互斥。

在实际应用中,可能有3种不同的规则。

一是在既有写者等待写又有读者等待读时,不规定读和写的优先权。有了对读写对象的使用权时,谁先等待谁就先用。这是一种看似公平的无优先的读写问题,或称为第一类读写问题。

二是在既有写者等待写又有读者等待读时,规定读者优先。在有了读写机会时,让读者先读,这样读者会读到原来的数据,减少数据丢失。这被称为读者优先的第二类读写问题。

三是在既有写者等待写又有读者等待读时,先写而后读。这样可以让读者读到最新更新的数据。这被称为写者优先的读写问题,或第三类读写问题。

下面讨论无读写优先的读写问题。另外两类读写问题留给学有余力的同学作为思考。

2) 用P、V操作实现同步(互斥)算法

为实现读者进程和写者进程的互斥,设置互斥信号量wmultex,初值为1。设置整型变量readercount,以表示正在读的进程数目,初值为0。由于只要有一个读者进程在读,便不允许写者进程去写。因此,仅当readercount=0时,表示没有读者进程在读,第一个读者进程才需要P(wmultex)操作。若P(wmultex)操作成功,读者进程就可以去读,相应地,readercount+1。同理,仅当读者进程在执行了readercount−1操作后其值为0时,表示已经是最后一个读进程了,才执行V(mmultex)操作,以便让写者进程写。又因为readercount是一个可被多个读者进程访问的临界资源,因此要为它设置一个互斥信号量rmultex,初值为1。下面是读者—写者进程的程序描述。

(1) 共享的数据结构如下。

① 信号灯wmultex,可能值为0、1。用于实现读者写者互斥,初值为1。

② 信号灯rmultex,可能值为0、1。用于实现读者之间互斥使用读者计数器readercount,初值为1。

③ 整型变量readercount,用于对同时在读的读者计数,初值为0。

(2) 读者进程的程序描述如下:

```
L开始R:
P(rmultex);
    //占用读者临界资源 readercount,controller.enterRead ();
if ( readercount==0 ) P(wmultex);
    //若当前为第一个读者进程读,则封锁写者;否则进入同时读
```

```
readercount＝readercount＋1；
V (rmultex)；
  读操作；                  //实现了允许多个读者同时在此读
P(rmultex)；
readercount＝readercount－1；
if (readercount＝＝0) V(wmultex)；
    //若当前为最后一个读者进程读，则唤醒写者；
V (rmultex)；
    //释放读者临界资源 readercount，controller. leaveRead()；
Goto L开始R；
```

(3) 写者进程的程序描述如下：

```
L开始W：
  P(wmultex)；
    //封锁其他写者或读者，controller. enterWrite()；
  写操作；
  V(wmultex)；
    //唤醒等待的某个写者或读者 controller. leaveWrite()；
Goto L开始W；
```

上述程序在信号灯 wmultex 上实现了读写互斥，写写互斥，也实现了无读写优先。用读者计数器 readercount，可以做到只是第一个读者封锁写者，其余读者可以绕过 P(wmultex)而进入读，故多个读者可以同时读。

3. 5 个哲学家就餐问题(dining philosophers problem)

1) 问题描述

有 5 个哲学家，围坐在一张圆桌前，桌子上有 5 把叉子分别放置在每两个哲学家之间。每个哲学家经常在思考，饥饿时就试图去取其左右最靠近他的叉子，只有他拿到两把叉子时才能就餐。就餐完毕后，放下叉子又继续思考。每把叉子都是临界资源，在一段时间内只允许一个哲学家使用，因而同时最多只能有不相邻的 2 人就餐。如果 5 个哲学家各自拿起了同一侧的叉子，便出现谁都无法就餐的死锁局面。问题是要适当地设计他们的同步算法，使每个哲学家都会在有限时间内有用餐机会。

这里的同步关系是，哲学家当没有刀叉或只有一把可用时，必须等待；就餐者就餐完毕放下刀叉时，要唤醒近邻等待就餐的哲学家。

2) 用 P、V 操作实现同步(互斥)算法

可以采取几种方法解决哲学家的同步问题，这里采用奇偶号哲学家分别对待的方法。规定：奇数号哲学家先拿起他左边的叉子，然后再去拿他右边的叉子；偶数号哲学家则刚好相反，先拿起他右边的叉子，然后再去拿他左边的叉子。这样可以避免循环等待而造成死锁。

(1) 共享的数据结构如下。

① 刀叉：$f[i]$，i=1、2、3、4、5，第 i 个哲学家的左刀叉为 $f[i]$，右刀叉为 $f[i+1]$。

② 信号灯：$s[i]$，i=1、2、3、4、5，分别代表 5 把叉子是否可用，初始值都为 1。

(2) 奇数号($i=1,3,5$)哲学家的进程的程序描述如下：

```
L开始：
思考问题；
感到饥饿；
P(s[i])；                  //等待拿左侧第 i 把叉子可用
拿起左叉；
P( s([i+1 mod 5])；        //等待拿右侧叉子
拿起右叉；
就餐；
放下右侧叉子；
V( s[i+1 mod 5])；         //唤醒可能等待的右侧哲学家
放下左侧叉子；
V( s[i])；                 //唤醒可能等待的左侧哲学家
goto L开始；
```

(3) 偶数号($i=2,4$)哲学家的进程的程序描述如下：

```
L开始：
思考问题；
感到饥饿；
P(s([i+1 mod 5])；         //等待拿右侧叉子
拿起右叉；
P(s[i])；                  //等待拿左侧第 i 把叉子可用
拿起左叉；
就餐；
放下左侧叉子；
V(s[i])；                  //唤醒可能等待的左侧哲学家
放下右侧叉子；
V(s[i+1 mod 5])；          //唤醒可能等待的右侧哲学家
goto L开始；
```

2.6 进程间的通信

进程间的通信通常被划分为两类：一类是传递少量信息以控制进程走走停停，只能解决进程的互斥与同步问题，称为低级通信；另一类是在进程间可传送大批量数据的称为高级通信。前述临界区问题以及基于信号量的同步问题，都属于低级通信范畴。本节介绍几种常用的进程间高级通信的方法，即软中断通信、共享存储区(剪贴板)通信、管道通信、消息队列与信箱通信。

2.6.1 软中断通信

UNIX 提供了软中断信号机制来实现同一个用户的诸进程之间的通信。利用它，进程之间可以发送少量信息并进行适当处理。同组进程之间可以互相发送信号。软中断是对硬件中断的一种模拟，发送软中断信号就是向某进程 proc 结构(PCB 的常驻主存部分)中的相应项发送一个用 0～19 之间的整数表示的信号。

这些软中断信号可以分为以下几类。

(1) 与终端操作有关的软中断，如挂断、退出等。

(2) 为进程而引入的软中断。

(3) 错误使用了系统调用或系统调用期间发生不可恢复的情况(如某些资源用完)。

(4) 与进程终止有关的软中断。

(5) 用户态下进程之间发生的一些软中断。

系统规定 0 是没有软中断发生，超过 19 的软中断信号系统不予理睬，从而发送无效。接收进程在收到软中断信号后，在它得以在 CPU 上运行时，将按照事先的规定，去执行一个软中断处理程序。这种通信方式在进程间仍然只交换少量信息，但它不再只控制走走停停，进程可以做多达 19 种不同的事情。

proc 结构中的 p_sig 是一个 32 位长、专门用来保存软中断信号的单元，它的第 0～18 位分别对应 1～19 号软中断。如果某位是 1，表示收到了相应的软中断信号。一个进程有可能收到多个不同类型的软中断，内核允许每次只处理一个软中断信号。较小序号的软中断信号被优先处理，其他的软中断只有在进程下次被调度运行时才可能被处理。

2.6.2 共享存储区(剪贴板)通信

进程在通信前，向系统申请建立一个可供共享的存储区，并得到代表该区域的描述符。而后它把该描述符传给相关进程。这些进程便可以向该区域进行读写，从而达到交换大批数据的通信目的。

这种通信模式需要解决两个问题，一是怎样提供能够共享的内存区，另一个是读写共享内存的同步与互斥问题。通常操作系统以系统调用方式提供共享内存区，如 UNIX 的 malloc 调用，MS-DOS 的 TSR 技术可以给进程分配一块空间。至于怎样去读写，则要由程序开发人员去解决了。

Windows 的剪贴板是共享存储区通信的特例。剪贴板是系统预留的一块全局共享内存区，用于暂存在各进程间要交换的信息。提供数据的进程创建一个剪贴板内存区，将要发送给其他进程的数据写入其中。接收数据的进程获取剪贴板内存句柄(handle)，从中读取数据。Windows 的剪贴板通信有以下一些特征。

(1) 被交换的数据对象是多媒体的，包括文字、图像等多种形态的数据对象。因而可交换的数据量也是相当大的，比如一幅全屏幕点阵图像。

(2) 剪贴板内存区被创建后，可以提供系统中任意进程读，因此它是广播式通信的一种。

(3) 读者也可以是发送者自己，如文字编辑进程 Word，可以把某段文字送往剪贴板，而通过粘贴操作把剪贴板中的内容插到别处，从而达到搬动数据块的目的。

(4) 创建好的剪贴板的有效时间，要到下一次再创建剪贴板从而有新内容写入，或者直到关闭 Windows 为止。

(5) Windows 既提供了在多种场合交互使用剪贴板的便利，也提供了一组关于剪贴板的 API 函数(在 USER32.dll 中)、消息和预定义数据格式,给编制利用剪贴板通信的程序使用。内核解决对剪贴板的写者与写者互斥以及读写同步,程序开发人员无须再做具体控制,从逻辑层面去使用就行了。

2.6.3 管道通信

UNIX 始创了管道通信机制。管道是一个临时文件,一个进程写,另一个进程读,从而达到在进程间交换大批信息的目的。如命令行:

```
cat f1 | grep string            //用了一个管道文件
```

或

```
cat f1 | grep string | wc -l    //用了两个管道文件
```

以上就是使用管道的例子。进程 cat 收集文件 f1 的信息,经管道|送给进程 grep,后者读管道,从中查找含有模式 string 的那些行。wc 统计有几个这样的行。内核解决并发执行的读者写者同步,使用者只顾以任意顺序读写即可。同步机构保证逻辑上写者超前,读者滞后。传递的信息量不受管道文件大小的限制,因为只要读者随后把此前写入的内容读出,写者又可以从头再写。这种机制既简单又有效。在上述例子中,文本文件 f1 的大小没有限制。

本书 UNIX 实例分析的第 9 章有关于管道通信机制更详细的介绍和程序实例。

2.6.4 消息通信

1. 消息通信

每条消息是一组格式化的数据,其中包括管理信息和消息正文。内存中开辟若干个消息缓冲区,用以存放消息。每当一个进程要向另一个进程发送消息时,便向系统申请一个消息缓冲区,把已经准备好的消息送到缓冲区中。然后把该消息缓冲区插入到接收进程的消息队列中,最后通知接收进程。接收进程收到通知后,从本进程的消息队列中摘下一个消息缓冲区,取出所需的信息。再把信息缓冲区归还给系统。系统负责管理公用的消息缓冲区以及消息的传递。一个进程可以向多个进程发送消息,也可以接收多个进程发来的消息。

消息通信机制涉及下列数据结构。

(1) 消息缓冲区,包括指向发送进程指针、指向下一个消息缓冲区的指针、消息长度、消息正文。

(2) 消息队列头指针,通常是进程 PCB 的一项。

(3) 互斥信号量,用于实现对消息队列的互斥访问。

(4) 同步信号量,用于消息计数。

发送进程在发送消息前,先把消息放到自己的一个发送区中,再调用发送原语 send 将其发送到消息缓冲区,并挂到接收进程的消息队列中。接收进程则调用接收原语 receive,把属于它的消息从缓冲队列中摘下,将消息复制到自己的消息接收区中。进程 A 向进程 B 发送消息"hello!"的通信过程示意于图 2.6 中。

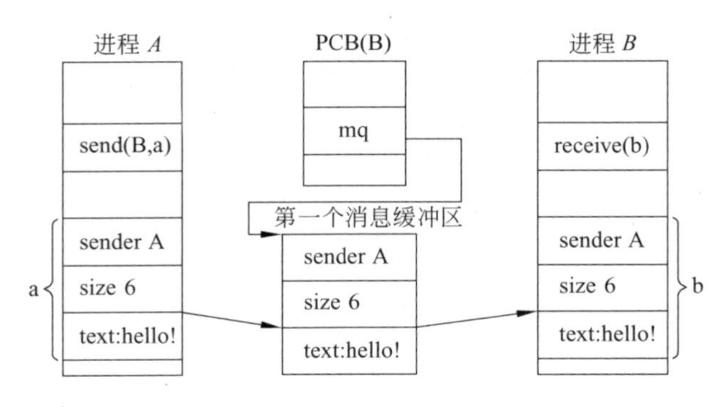

图 2.6　消息缓冲通信

2. Windows 的消息通信机制

(1) 消息及消息驱动。Windows 中的消息是以下列结构形式组织的数据结构。

```
typedef struct tagMSG
  {
    HWND        hwnd;              //消息所属窗口的句柄
    WORD        message;           //消息正文
    WOKD        wparam;            //附加的消息参数(16 位)
    LONG        lparam;            //附加的消息参数(32 位)
    DWOKD       time;              //此消息存入消息队列的时间
    POINT       pt;                //此消息产生时的鼠标坐标
}MSG;
```

每个 MSG 结构用来记录一条消息。Windows 中可以有许多消息。Windows 系统一方面以传递消息的方式来实现进程间的相互通信。另一方面操作系统把各种事件都转化为消息，通知相关程序一一处理，使系统按照用户要求有序地运转。事件发生的原因可能是用户移动了鼠标，单击鼠标按钮，按下某个键盘按键，改变窗口大小，可能是时钟到期，也可能是程序发送消息给自己(例如要求重画或更新窗口)或者是别的程序送来消息。这样，应用程序、用户、Windows 系统三者间都可以实现通信。因此消息还是 Windows 系统中的驱动源。

(2) 消息的产生和消息队列结构。Windows 系统中设置一个系统消息队列，并为每个应用程序设置各自的“应用程序消息队列”，“应用程序消息队列”中保存的是属于该应用程序的所有消息。Windows 会把发生的事件转换成消息。键盘和鼠标驱动程序处理从键盘和鼠标来的中断，当键盘或鼠标事件发生时，键盘或鼠标驱动程序便调用 USER 模块中的函数，把这个事件转换成格式化的消息。计时器也是一种输入设备，应用程序可以设置一个计时器，计时器定期中断将被系统转化成计时器消息(time message)。另外，有些消息不是由于外在事件的发生而产生，而是由于应用程序调用某些 Windows 函数时产生的。

键盘和鼠标消息首先被驱动程序放到“系统消息队列”中去，再由 USER 模块传送到每个应用程序中。计时器消息则直接进入应用程序的消息队列。应用程序由于调用某些

Windows 函数时产生的消息,也不必经过系统消息队列,而直接进入自己的"应用程序消息队列"中,等待窗口函数的处理。图 2.7 给出了 Windows 的消息队列结构。

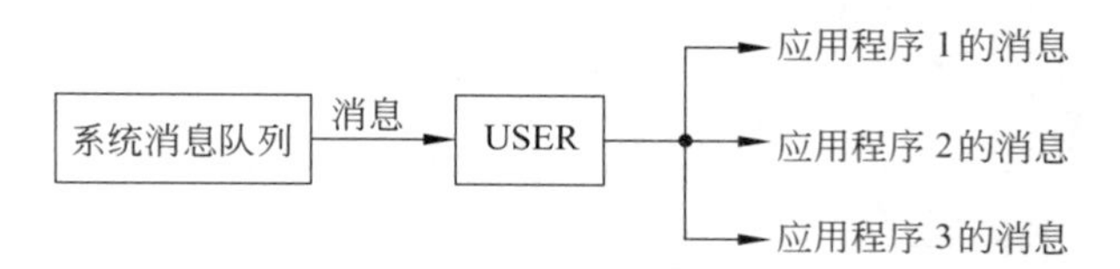

图 2.7 系统消息队列中消息的转移

在 Windows 系统中,键盘和鼠标是可分享的资源,但任一键盘或鼠标消息只能传送到某一应用程序的某一窗口中。在任一时刻,只有一个窗口拥有"输入焦点",通常键盘和鼠标消息被送到当前活动的应用程序消息队列中。

(3) 消息的处理。消息进入"应用程序消息队列"后,应用程序如何取出这些消息以及如何把这些消息交给适当的窗口函数处理?在应用程序(窗口过程)中,通常有一段"消息循环"的代码,其作用就是对属于它的消息进行处理,具体的处理流程见图 2.8。

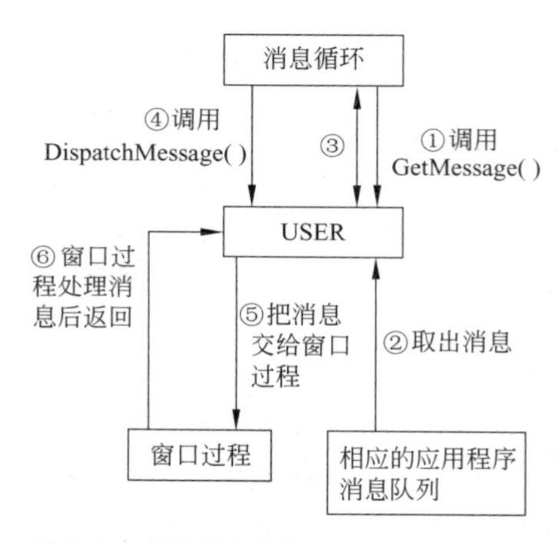

图 2.8 应用程序获得和处理消息的过程

①消息循环不断调用 GetMessage 函数,以取得"应用程序消息队列"中的消息。②与③USER 模块从应用程序消息队列中取出一条消息,并送给应用程序的消息循环。④消息循环调用 DispatchMessage 函数,将传来的消息送给适当的窗口过程处理。⑤由适当的窗口过程处理发送来的消息。⑥窗口过程处理完毕,返回,继续消息循环。

消息是格式化的信息,像一封信件那样,应用程序消息队列就像个人私有信箱,系统消息队列就像公用信箱。有的操作系统也曾经采用过与此类似的通信方式,称为信箱通信方式,为避免重复,在此不再讨论。

2.7 线 程

许多现代操作系统都引进了线程概念。如 UNIX 系统的多个版本,卡内基-梅隆大学的 Mach、SUN Microsystem 公司的 SUNOS,IBM 公司的 OS/2,微软公司的 Windows 95、

Windows NT 和 Windows 2000 系列都有线程的概念。建立在这些平台上的编程语言，如 C++ 、Java 等也支持使用线程进行并发程序设计。

在本书配套的网络课件的 Windows NT 部分，有对于 Windows NT 线程的详细介绍。鉴于线程与进程有紧密联系，并且在 2.9 节关于经典同步问题的实现使用了线程，故这里对线程做简单介绍。

2.7.1　线程概念的引入

现代计算机系统有了 1GIPS 以上的高速 CPU，有百兆字节以上的内存，所支撑运行的程序也越来越大，整个软硬件环境所支撑的并发能力也越来越强。例如，Access、Word 或 Authorware 都具有很强的功能，其中包括许多可以由用户交互选用的并发活动。这些程序可以跟别的程序并发执行，每执行一次是一个进程。如果仅仅有进程概念，调度这些大型进程的开销必定很大。为了加快调度，在进程的基础上再引入线程概念。

在进程的生存期内，把进程的一个执行分支(或执行单位)定义为线程。先有进程，后有线程，进程派生线程，每个线程必定属于一个进程。线程也可以说是作业的一个子任务。进程拥有资源，比如在 PCB 中登记了使用资源的状态，线程继承使用所属进程的资源，系统不再为线程单独分配资源。系统也不再以进程作为调度单位，而以线程作为基本的调度单位。

既然线程是调度单位，每一个进程被创建后，就必须至少创建一个线程，有的系统把最先创建的线程称为该进程的主线程。主线程再创建其他子线程，进程的程序便通过这些线程的执行而执行，因此线程也称为执行线程。

引入线程的优点如下。

(1) 加快了调度，因为线程的调度、切换比进程调度、切换快。

(2) 线程的创建比进程快。

(3) 在进程可划分为多个同时执行的线程的情况下，特别适合于多 CPU 的系统结构。

进程的并发通过线程并发来实现。

2.7.2　线程与进程的比较

线程与进程的异同点如下。

(1) 进程与线程都是动态概念，它们的生命期都是短暂的。

(2) 线程是进程的一个组成部分。

(3) 进程不再是基本的调度单位，系统以线程作为调度单位。真正执行的是线程。

(4) 多进程是并发的，多线程也是并发的。

(5) 进程拥有资源，线程没有自己独有的资源，它共享所依附进程的资源。

(6) 进程有多种状态，线程也有多种状态。

(7) 进程的创建、切换、撤销都需要较大的时空开销，而进程的多个线程都在进程的地址空间活动，线程的通信、切换所需要的系统开销相对较小。

2.8 多核环境的进程同步

1. 多核环境下进程同步的实现更为复杂

一台计算机有了多个执行核之后,实现了每个核上的执行程序物理地并行,它们都可以对共享内存区进行独立的访问。因此,跟单 CPU 单核环境相比,多核环境下进程每次访内都需要进行互斥与同步的协调。核的数量越多,访内竞争越激烈,解决的难度和时空开销越大,这给本来已经很复杂的操作系统设计带来了新的复杂度。

上面讨论的单核环境的同步机制,无论是软件实现还是基于硬件,都是恰当地解决进程间在访问共享资源时,必须走走停停,让并发的进程依某种顺序排它地使用共享资源。显然,在多核环境下,任何纯软件的实现都已经无能为力。因为一个核上的执行程序,无法阻挡其他核执行它核上自己的程序,包括对共享的内存和其他资源的独立访问。解决多核间进程的同步与互斥,只能依靠基于硬件机制设置的原子操作才能实现。以往讨论的屏蔽 CPU 中断用以实现临界区的硬件机制,不能屏幕其他 CPU 的中断,也只适用于单 CPU 环境。因此在多 CPU 多核环境下,进程同步的实现更复杂了。

2. 总线锁

多核间最简单的共享内存方式是各个核都经同一总线,用相同的方式访问内存。总线锁机制是设置一把总线锁(硬件),只有持有总线锁的 CPU 才能使用总线,访问共享内存,其他 CPU(核)没有办法执行任何与共享内存有关的指令。待占有总线锁的核读写共享内存完毕,释放总线锁后,其他进程方能占有总线锁,进而经总线实施对共享内存的操作。这种方法以对总线的排它使用来实现对多核共享内存的排它使用。

3. 测试并设置(test and set)指令

这是已经在第 2.5.5 节讨论过的上锁与解锁指令。对于共享的锁字节 x 的 lock(x)进行测试考察和置"1"的 3 个操作步骤,都集中在一条指令中,因此是原子的。尽管在测试时可能因为 x 原来的值为 1 而稍作踏步等待,但最终能够将锁字节锁住。unlock(x)解锁指令的操作也是原子的,总能将锁字节解锁。因此这一同步机制在多核环境下,依然可以使用。

4. 旋锁

旋锁(spin lock)是几乎所有多核操作系统都提供的一种 CPU 互斥机制,专供操作系统内核使用。旋锁通常用于保护某个全局数据结构。比如,Windows 中有个叫做延迟过程调用 DPC 的队列结构,用来将那些不需要高优先级运行,或者说可以延迟运行的代码排序,待某个处理器空闲时,才依序调度到其上运行。DPC 就是一个多 CPU 全局共享的数据结构。就可以用旋锁来实现多 CPU 对它的互斥使用。

可以开辟一个特定的共享内存单元 x 作为旋锁的载体,借助于测试并设置指令来实现旋锁。每个处理器要使用旋锁时,都首先要检查 x 的值。如果为 1,意味着此时该旋锁已经被其他某个处理器占有,必须在该旋锁上进行忙等待,这也是叫旋锁的缘故,即想访问全局数据结构的线程必须不停地循环检查旋锁,直到旋锁被释放,x 的值变成 0。然后把 x 的值置"1",占有旋锁,才能执行访问全局数据结构的后续操作;如果进入检查时 x 的值为0，意味着没有任何处理器占用旋锁，则直接将x的值置"1"，占有旋锁，进行访问全局数据结构的后续操作。

Windows中使用旋锁可以实现对DPC队列的保护。比如，如果处理器A需要从队列中移除一个DPC，而处理器B需要将某个DPC挂入队列，下列使用旋锁的程序结构就可以实现两个处理器间对共享DPC队列的互斥使用。

处理器A	处理器B
do	do
acquire_spinlock(DPC)	acquire_spinlock(DPC)
until (success)	until (success)
begin	begin
从队列中移除DPC	加入DPC队列
end	end
release_ spinlock(DPC)	release_ spinlock(DPC)

在第10章Windows实例中，具体讨论了Windows多核环境下采用的两种实现互斥的机制。

2.9 重点演示和交互练习：经典同步问题

在本书配套的网络课件中，有用Java编写的三个经典同步问题的模拟演示：生产者—消费者问题、读者—写者问题和5个哲学家就餐问题。

2.9.1 生产者—消费者问题的Java程序实现

在网络课件中，从课件的"进程及管理"|"信号灯与P、V操作"|"经典同步问题"|"生产者—消费者"|"有同步"，进入演示程序执行，单击"开始"按钮，便激活了各个生产者和各个消费者进程。

这里用线程来模拟进程。程序中共有6个线程，两个生产者线程，两个消费者线程，另外两个线程则根据相同概率改变身份来模拟生产者或消费者，以便构建任意多个生产者—消费者的模拟环境。为方便观察生产和消费进展情况，设置了两个时间控制变量控制生产者和消费者的生产和消费周期(即线程的run方法)，它们是用两个文本输入框分别实现数据输入的。

模拟生产者和消费者问题产生的效果是，生产者在消费者前面不停地生产，而消费者则在生产者后面不停地消费，呈现追赶的态势。对生产者和消费者推进顺序和速度均不做约定。可以设置生产者或消费者运行时间片，无论怎样设置，都将实现正常的同步。用了12个红色边的正方形方框代表12个环行缓冲区，如图2.9所示。生产者放一个产品，就在生产者当前指针位置的方框用蓝色填充，指针顺时针前进一格，指向下一个可以放产品的缓冲区；如果当前没有空缓冲区位置可以放货，就进入等待状态，等待消费者消费并让出监控器，当消费者消费后唤醒它。消费者跟在生产者后面，消费掉消费者指针当前位置缓冲区内的产品，然后消费者指针也顺时针前进一格，指向下一个存放了产品的缓冲区;如果当前没有产品可以消费,则等待生产者放产品并让出监控器,当生产者放了货物后唤醒它。

为了与不正确实现同步算法的情形作对照,直接去掉 P、V 操作的实现代码,出现了如图 2.10 所示的混乱情况。通过图 2.9 和图 2.10 这两图的效果对比,进一步验证了上述同步程序的正确性。

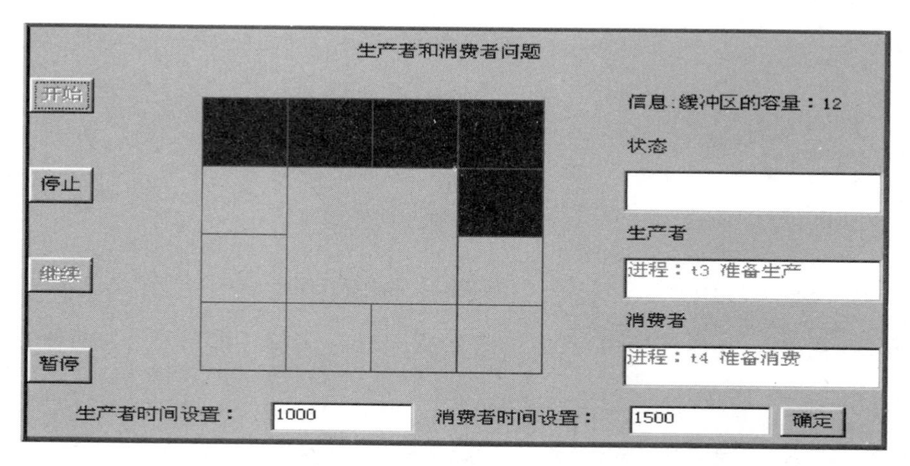

图 2.9 生产者—消费者问题实现界面

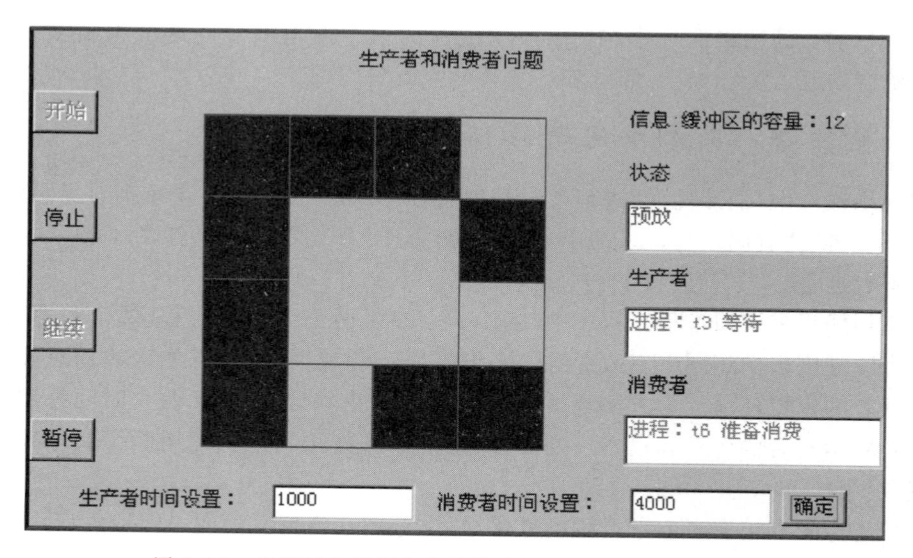

图 2.10 未用同步机制产生了混乱的生产者—消费者问题

2.9.2 读者—写者问题的 Java 程序实现

前面 2.5.6 节介绍了读者—写者进程同步问题的程序描述。在网络课件中,从课件的“进程及管理”|“信号灯与 P、V 操作”|“经典同步问题”|“读者—写者问题”|“有同步”,进入演示程序执行界面,单击“开始”按钮,便激活了各读者进程和各写者进程。

读者—写者问题是针对一个数据对象的读写问题，在模拟演示过程中要体现读者和写者进入数据对象读或写数据，离开数据对象的过程以及中间状态。

在代码设计中，用 4 个线程模拟 4 个进程，并且这 4 个线程按照一定的概率随机改变身份，一会儿是读者，一会儿是写者。

在模拟界面上，用了 4 幅图画：小兔的正面、背面，小狗张嘴、闭嘴，分别表示读者进入数据对象读数据、离开数据对象，写者进入数据对象写数据、离开数据对象。读者—写者同步问题实现界面如图 2.11 所示。

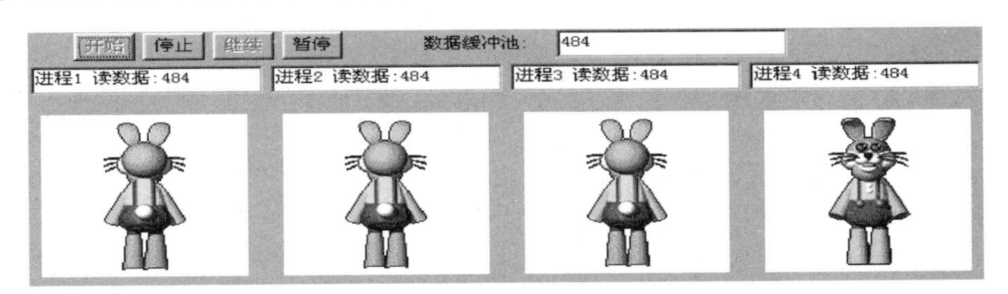

图 2.11　读者—写者同步问题实现界面

为了与不正确实现同步算法的情形作对照，去掉 P、V 操作的实现代码，出现了如图 2.12 所示的 3 个写者同时在写的混乱情况。通过图 2.11 和图 2.12 这两个图的效果对比，进一步验证了上述同步程序的正确性。

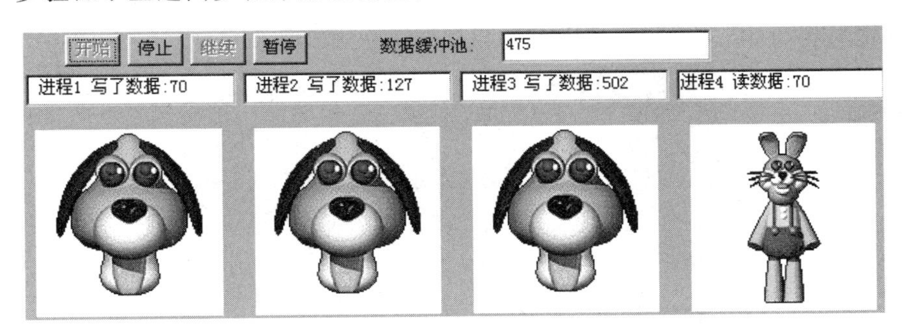

图 2.12　未用同步机制产生了混乱的读者—写者问题

2.9.3　哲学家就餐问题的 Java 程序实现

前面 2.5.6 小节介绍了哲学家进程同步问题的程序描述。在网络课件中，从课件的“进程及管理”|“信号量与 P、V 操作”|“经典同步问题”|“哲学家就餐问题”|→“有同步”，进入演示程序执行界面，单击“开始”按钮，便激活了各哲学家进程。

5 个哲学家用 5 个线程模拟，这 5 个哲学家围着桌子坐，有如下 3 个共同的状态。

(1) 感到饿。

(2) 拿起双叉，吃东西。

(3) 吃饱了，放下双叉。

因此，每个哲学家在平面上有各自的坐标位置，当它们处于 3 种状态中的任意一种状态时，就要在它们自己坐标位置上显示出来。而3种状态分别用3种简单的几何图形表示出来，即：正方形表示想问题，空心圆表示吃东西，实心圆代表吃饱了，已放下双叉。

正确的哲学家就餐问题实现界面如图2.13所示，该图上目前只有一个哲学家在就餐。

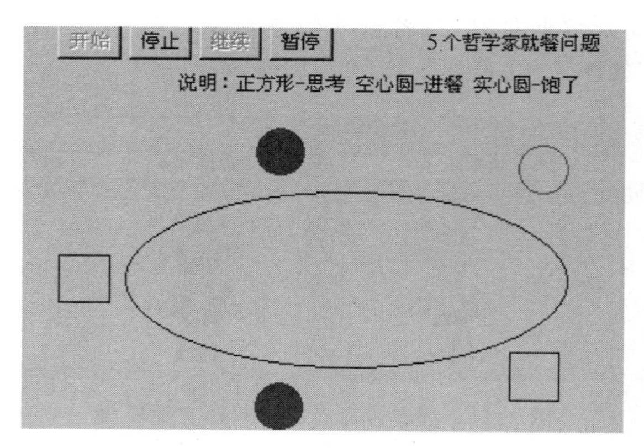

图2.13 哲学家就餐问题实现界面

为了与不正确实现同步算法的情形作对照，直接去掉实现代码中P、V操作，出现了如图2.14所示的混乱情况，该图中的5个哲学家都同时在吃饭。通过图2.10和图2.14这两个图的效果对比，进一步验证了上述同步程序的正确性。

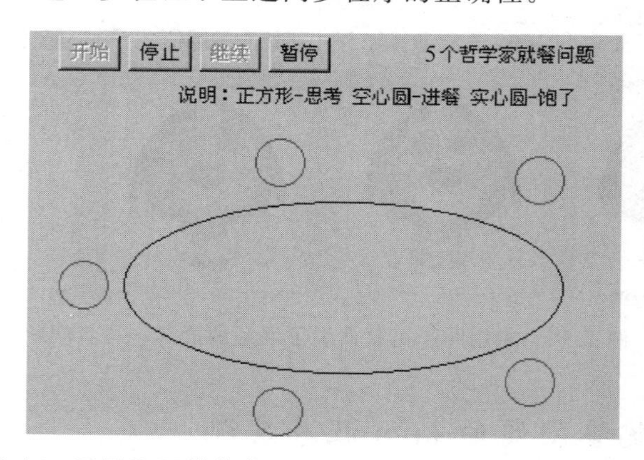

图2.14 不用P、V操作出现了5个哲学家同时就餐的混乱局面

小　结

这一章讨论了进程的概念，把进程定义为程序的一次执行。讨论了引入进程的必要性，怎样表示进程，PCB集中了进程全部动态信息，是进程的本质代表。操作系统至少必须为进程设置三种不同的状态：运行、就绪、等待。每个进程都有自己的状态转换图。多道程序设计引入的并发性通过进程并发得以实现。本章也对线程作了简单介绍。线程是

进程的一个执行单元，继承进程的资源，作为系统中的调度单位。

本章讨论了进程同步通信问题。进程一般是异步的，同步出现在需要协作完成某项任务而需要互相交换信息，产生等待与唤醒的情况。互斥可以看成最简单的一种同步，表现为进程使用资源的排他性。需要排他使用的资源称为临界资源，相应的程序代码称为临界区(段)。可以用 3 条准则来描述临界区的特性。

(1) 每次至多只允许一个进程处于临界区之中。

(2) 在临界区外的进程不应相互阻塞，以至于各进程都不能在有限时间进入临界区。

(3) 进程只应在临界区内逗留有限时间。

软件解决办法通过做进入标记和优待标记来实现，也可以从硬件上设置上锁与开锁指令保证上锁操作的完整性，但是这两种互斥机制都以 CPU 的忙等待为代价。屏蔽与开放中断指令也是实现临界区的机制。

信号量机制克服了忙等待的不足，有让权等待的特征。既可以用于进程互斥，也可以实现进程同步。

信号量是特殊的变量，由相邻的两个单元组成，一个代表资源数量，一个指向等待队列。P、V 操作是与信号量相联系的一种同步工具，P 操作意味着占有资源，V 操作意味着释放资源。P、V 操作可以实现互斥，也可以实现生产者—消费者、读者—写者、哲学家就餐等问题的同步算法。这些问题称为经典同步问题，读者应切实理解并能够写出同步算法。

解决多核环境下进程同步需要借助硬件，这种系统通常要设置总线锁、测试并建立指令或者旋锁。

在进程之间交换批量数据称为进程通信。本章介绍了常用的软中断、共享存储区、管道和消息通信的通信机制。Windows 的剪贴板是一种典型的共享存储区通信，而 UNIX 的管道则可以看作一种共享文件的通信。

本章最后还介绍了在基于 Web 的网络课件中三个经典同步问题的可视性实现。

习　题

2.1　何谓进程？操作系统中为什么要引入进程概念？

2.2　进程与程序有何区别和联系？

2.3　PCB 的作用是什么？它包含了哪些基本内容？为什么说 PCB 是进程的本质代表？

2.4　在多道程序环境下，CPU 在运行一个进程时，在哪些情况下可被切换去运行其他进程？

2.5　试分析图 2.15 所示的进程状态变迁。

(1) 在什么情况下，一个进程的变迁 3 可能立即引起另一进程的变迁 1？

(2) 在什么情况下(如果有可能的话)，将发生下列因果变迁？

① 2→1。

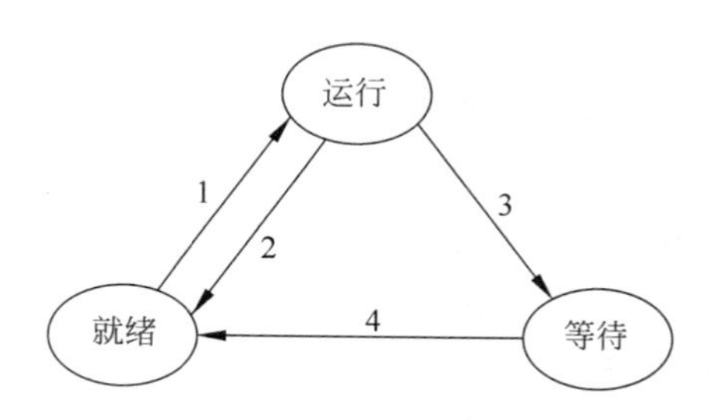

图 2.15 进程状态变迁

② 3→2。

③ 3→1。

2.6 创建进程时,"置进程状态为就绪"为什么是必要的步骤?

2.7 图 2.16 是一个进程的状态转换图,但尚不完整。试根据图中已知信息,在图中的椭圆中,适当地标出进程的三种状态。

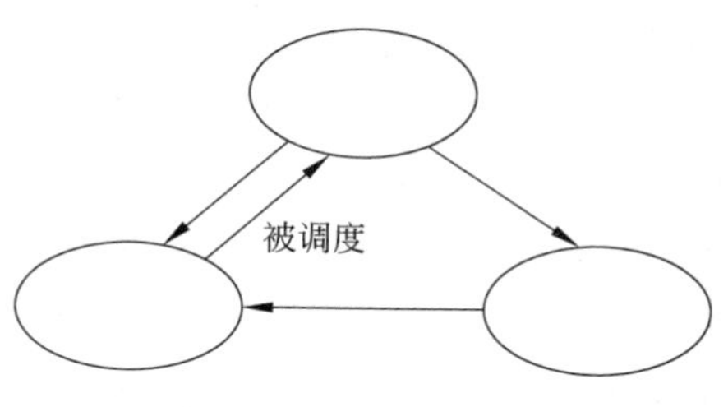

图 2.16 状态转换图

2.8 什么是并发程序之间发生的与时间有关的错误?与本书配套光盘的网络课件中,3个经典同步问题:生产者—消费者问题、读者—写者问题和哲学家就餐问题,都特地设计了不同步的分支。试反复运行,找到其中与时间有关的错误,并用获取截屏图的方法,把错误局面存到某个文件中。

2.9 欲设计一个分时售票系统,各个终端共用票号单元 x,执行卖票程序 send(x)。为了互斥地卖票,设置一个变量 gate,卖票者将它置"0",以便将其他终端进程堵在卖票程序之外。各个终端进程使用下列程序段:

```
while(gate==0);          //查看别人在卖票就踏步等待
gate=0;                  //一旦别人卖完退出,便关上门准备卖票
send(x);                 //卖票
gate=1;                  //卖完票后开门,准备让别人卖
```

试问上述程序结构是否存在与时间有关的错误?

2.10 试指出临界区的3条准则。

2.11 何谓信号量?它们与程序设计时用的普通变量有何区别?

2.12 使用信号量和P、V操作机制解决互斥与同步问题,比纯软件的解决方案有什么优点?

2.13 用P、V操作改写2.9题,使之实现各卖票进程正确的互斥并执行卖票动作。

2.14 自举同步实例,说明P操作是不可被分割的。

2.15 假定有3个进程需同时互斥使用打印机,执行print程序。试用P、V操作写出实现这一意图的算法。并根据此算法,阐明V操作是不可被分割的。

2.16 两人约定在某处见面,不见不散,试用P、V操作写出它们的同步算法。

2.17 汽车司机与售票员之间必须协同工作。一方面,只有售票员把车门关好了,司机才能开车,因此,售票员关好车门应通知司机开车;另一方面,只有当汽车已经停下,售票员才能开门让乘客上下,因此,司机停车后应通知售票员。假定某辆公共汽车上有一名司机与两名售票员,汽车当前正在始发站停车让乘客上车。试设必要的信号量及赋初值,用P、V操作写出他们的同步算法。

2.18 假定有一个可容纳100人的阅览室,读者进入和离开时都必须在门口的一个登记表上登记,每次只允许一人登记或去登记。

(1) 为了描述读者的动作,应设多少个进程?编写多少个程序?

(2) 试设必要的信号量及赋初值,用P、V操作写出他们的同步算法。

2.19 假定有3个并发进程P、Q、R,其中R负责从输入设备上读入信息并传送给Q,Q将信息加工后传送给P,P则负责把信息打印出去。假定R与Q共享一个缓冲区,Q与P则共享另一个缓冲区。试用P、V操作写出P、Q、R这3个进程的同步算法。

2.20 2.19题的问题中,假定R与Q共享一个由m个缓冲区组成的缓冲池,Q与P则共享另一个由n个缓冲区组成的缓冲池。试用P、V操作写出P、Q、R这3个进程的同步算法。

2.21 理发师睡觉问题:假定理发店由有n个座位的排队等待间和1个座位的理发间组成。无顾客时,理发师睡觉。当顾客到来发现理发师睡觉则叫醒理发师。试用P、V操作写出模拟顾客和理发师的进程的同步算法。

2.22 以下是本书所引生产者—消费者经典同步问题算法的一种新的写法,只做了一处改动,把消费者进程的程序中前面两个P操作的顺序交换了。试分析这样编写程序将有何危险?

(1) 共享的数据结构如下。

① 信号灯sk,可能值为0、1、…、$n-1$。代表有多少空货架,它是生产者资源。初值为n。

② 信号灯sh,可能值为0、1、…、$n-1$。代表有多少货物可取,它是消费者资源。初值为0。

③ 信号灯multex,可能值为0、1,是读者、写者使用缓冲区的互斥信号量,初值为1。

④ i:指针,标明可放货物的位置,初值为0。

⑤ j:指针,标明可用货物的位置,初值为0。

(2) 生产者进程的程序描述如下:

```
L开始生产:
生产一个产品
P(sk)           //有空货架可用否?
P(multex)       //占用这个空货架缓冲区
```

```
把产品放入 Buf[i]这个空货架
i=(i+1) mod n  //放货指针向前走1格
V(multex)      //释放这个货架缓冲区,唤醒等待进程
V(sh)          //唤醒消费者进程
goto L开始生产
```

(3) 消费者进程的程序描述如下：

```
L开始消费：
P(multex)      //占用这个有货缓冲区
P(sh)          //有货物可取否?
取 Buf[j]中的产品
j=(j+1) mod n  //取货指针向前走1格
V(multex)      //释放这个货架缓冲区,唤醒等待进程
V(sk)          //唤醒生产者进程
goto L开始消费
```

2.23　什么是线程？操作系统中引进线程有什么好处？

2.24　为什么在多核环境下，不能用纯软件的方法实现线程的互斥与同步，而必须依赖于某种有硬件支持的原子操作？

2.25　试参阅第10.3.5节，简述Windows中适应多核环境的，用于线程互斥的两种机制。

第3章 调度与死锁

CHAPTER

3.1 概　　述

本章讨论 CPU 调度(schedule)策略和死锁问题。讨论 FIFO、SJF 和 RR 常用的调度策略。讨论预防死锁、避免死锁、检测死锁等问题。

在多道程序系统中,一个作业(job)从提交到执行,通常都要经历多次调度,而系统的运行性能在很大程度上取决于调度。CPU 调度使得多个进程有条不紊地共享一个 CPU。由于 CPU 的运行速度很快,调度的速度也很快,使每个用户进程在短时间内都有机会运行,就好像每个进程都有一个专用 CPU。或者可以说,CPU 调度为每个用户进程都提供了一台虚拟处理机。一个好的调度策略对于加快作业总的周转时间、提高单位时间内的作业吞吐量、实现系统总的设计目标,是十分重要的。本章讨论一般的调度策略。

调度问题与资源(resource)分配有关,比如在其他条件相当的情况下,应该优先调度占有资源多的进程,以便在这些进程运行完后,能够收回更多的资源。不合理的调度则有可能加剧进程对资源的争夺,导致资源利用率低,甚至出现死锁局面。

通常引入作业平均周转时间 T 和加权平均周转时间 W 作为衡量作业调度算法的测度。

$$T = \sum_{i=1}^{n} \frac{T_i}{n}$$

其中,$T_i = F_i - A_i$, F_i=作业结束时间, A_i=作业到达时间,n 为作业数。

考虑到作业的结束时间与作业长度有关,故作业周转时间不能完全反映调度性能,再引入 $W_i = T_i / R_i$。

$$W = \sum_{i=1}^{n} \frac{W_i}{n}$$

其中,R 为作业实际运行时间。

另一个评价算法的尺度是作业或进程的平均等待时间,即各个作业或进程进入可以调度的状态(作业成为收容状态,进程成为就绪态)到开始选中的时间。

3.2 分级调度

可以打个比方说明调度之所以要分级,开运动会时,有几十人报名参加100m竞赛,不会一次决出冠军。组织者会设置报名、检录、竞赛几个阶段;竞赛阶段又分初赛、复赛、决赛,最终才能决定谁是冠军。在多道程序环境下,操作系统中面对众多进程,为了提高调度效率,也实行分级调度。

3.2.1 高级调度

高级调度又称作业调度或长程调度,用于决定把外存上处于后备队列中的哪些作业调入内存,并为它们创建进程,分配必要的资源,然后再将新创建的进程排到就绪队列上,准备执行。

每次执行高级调度时,都需决定以下两点。

(1) 接纳多少个作业。这取决于多道程序调度,即允许有多少作业同时在内存中并发运行。

(2) 接纳哪些作业。这取决于所采用的调度算法。最简单的是先来先服务调度算法,它是将最早进入外存的作业调入内存。较常用的是SJF算法,即将外存上最短的作业调入内存。

3.2.2 中级调度

中级调度又称中程调度。它负责进程在内存和辅存对换区之间的对换。由于某种原因,一些进程处于阻塞(blocked)状态而暂时不能运行,为了缓和内存使用紧张的矛盾,中级调度将不能运行的进程暂时移到辅存对换区。在对换区的进程,若其等待的事件已发生,则它们要由阻塞状态变为就绪。为了使这些进程能继续运行,中级调度再次把它们调入内存。一个进程在其运行期间有可能被多次调进调出。

自UNIX采用进程对换(swapping)技术以来,现代许多操作系统都引入了这种机制。进程可以整个地在内存和辅存之间进出,增加内存中参与多道运行调度的进程数,或者说增加系统的多道程序设计能力,加快作业周转,提高系统资源利用率。

3.2.3 低级调度

低级调度又称进程调度或短程调度。它决定驻留内存就绪队列中的哪个进程获得处理机,然后由分派程序执行把处理机分配给该进程的“上下文切换”操作。进程调度是最基本的一种调度。

什么时候激活进程调度?从图3.1的进程的调度队列模型,可以发现在4种可能的情况下将激活进程调度。

(1) 在CPU上运行的那个进程正好运行完成。进程调度程序应该立即工作以选择下一个运行对象。

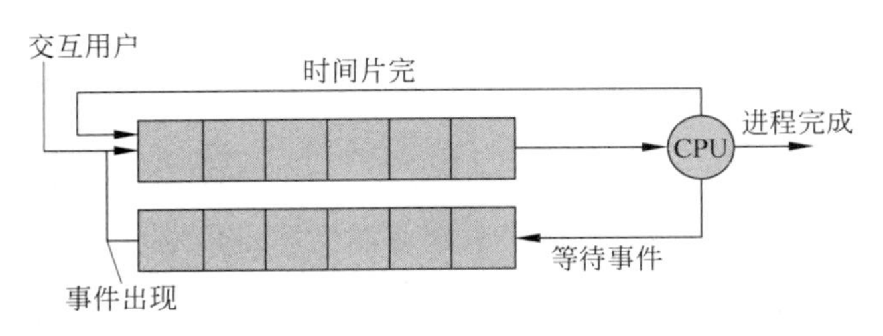

图 3.1　进程的调度队列模型

（2）运行进程被阻塞，比如需要输入输出，需要等待某种消息或某种事件，运行进程将主动让出 CPU，此时应该施行调度。

（3）运行进程因时间片到期而被剥夺运行权，进程将转换到就绪态，进程调度将被激活。

（4）当有交互进程就绪到达时，或者有进程解除等待原因，比如输入输出完成，等待的事件已发生或信息已到达，由等待态转为就绪态时，实施抢占调度的系统，也会进行重新调度，以保证高优先级进程尽可能快得到运行机会。

每个支持进程的操作系统都有进程调度，但不一定有中级调度和高级调度，或者只有二者之一。一个配有三级调度的系统，其高级调度、中级调度与低级调度的关系如图 3.2 所示。

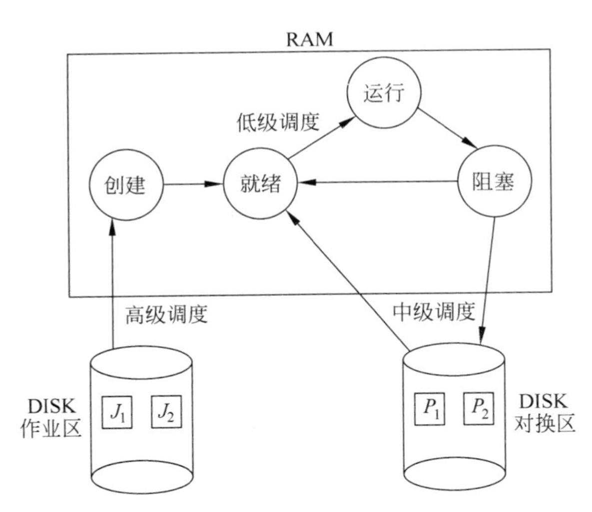

图 3.2　高级调度、中级调度与低级调度的关系

三级调度的对象不同，任务也不同。高级调度以作业为单位，调度频率相对较低。低级调度运行频率很高，才能保证各个进程在短时间内得到运行机会。但是它们的共同目的是让用户的程序尽快得到运行，尽可能地提高资源利用率。

3.3 常用调度算法

本节讨论作业调度与进程调度常用调度算法，指出每种算法的适用性。对于调度对象和调度级别不做特别声明的，可以认为对作业调度和进程调度都有一定的适应性。关于进程对换策略涉及内存分配，将在第4章讨论。

有下述两类调度算法。

(1) 非抢占方式。这种方式，一旦把处理机分配给进程后，便让该进程一直执行，直到该进程完成或发生某事件而被阻塞时，才能把处理机分配给其他进程。不允许任何进程抢占已经分配的处理机。

(2) 抢占方式。这种方式，允许调度程序根据某种原则，去停止某个正在执行的进程，将已分配的处理机重新分配给另一进程。抢占原则有以下几种。

① 时间片原则。

② 优先权原则。

③ 短作业优先原则。

3.3.1 FIFO调度算法

FIFO(first in first out)算法即先进先出算法，是最简单的调度算法。其基本原则是按照作业到达系统或进程进入就绪队列的先后次序来选择。一个进程一旦占有了处理机，它就一直运行下去，直到该进程完成其工作或因等待某事件而不能继续运行时才释放处理机。FIFO算法实行不可抢占策略。

例3.1 有表3.1所示的作业序列。

表3.1 一个作业序列实例

作业号	到达时间	运行时间/h	作业号	到达时间	运行时间/h
1	8.00	2.00	3	9.00	0.10
2	8.50	0.50	4	9.50	0.20

注：为了便于计算，约定时间数据为十进制数，单位为小时(表3.2～表3.4同)。

按照FIFO算法，可以像表3.2那样计算。

表3.2 FIFO调度计算

调度顺序	作业号	到达时间	开始时间	结束时间	周转时间/h	加权周转率
1	1	8.00	8.00	10.00	2.00	1
2	2	8.50	10.00	10.50	2.00	4
3	3	9.00	10.50	10.60	1.60	16
4	4	9.50	10.60	10.80	1.30	6.5

因为 FIFO 算法是按作业到达时间的先后来决定运行的先后，所以运行顺序为 1、2、3、4。具体计算方法如下。

（1）周转时间（T_i）。

$$T_i = 结束时间 - 到达时间$$

（2）加权周转时间（W_i）。

$$W_i = 周转时间 / 运行时间$$

（3）平均周转时间（T）。

$$T = (T_1 + T_2 + T_3 + T_4)/4 = 1.73\text{h}$$

（4）加权平均周转率（W）。

$$W = (W_1 + W_2 + W_3 + W_4)/4 = 6.88$$

评论：这种算法按先来后到原则调度，比较公平，但是不利于短作业。

3.3.2 SJF 调度算法

SJF（shortest job first）算法即短作业优先调度算法，是指对短作业或短进程优先调度的算法。SJF 算法照顾短作业，使短作业能比长作业优先执行。该调度算法是从作业的后备队列中挑选那些所需运行时间（估计时间）最短的作业进入主存运行。这种算法实行非抢占策略，一旦选中某个短作业后，就保证该作业尽可能快地完成运行并退出系统，运行中不允许被抢占。

继续用表 3.1 的作业序列例子，按照 SJF 算法，调度顺序应为 J_1（因为 8 点钟的时候，仅有这一个作业）、J_3、J_4、J_2。计算如表 3.3 所示。

表 3.3　JSF 调度计算

调度顺序	作业号	到达时间	开始时间	结束时间	周转时间/h	加权周转率
1	1	8.00	8.00	10.00	2.0	1
2	3	9.00	10.00	10.10	1.1	11
3	4	9.50	10.10	10.30	0.8	4.0
4	2	8.50	10.30	10.80	2.3	4.6

平均周转时间：

$$T = (T_1 + T_2 + T_3 + T_4)/4 = 1.55\text{h}$$

加权平均周转率：

$$W = (1 + 4.6 + 11 + 4)/4 = 5.15$$

以下可以证明，采用 SJF 算法，系统有最短的平均周转时间。

问题描述：给定一组作业 J_1、J_2、…、J_n，它们的运行时间分别为 T_1、T_2、…、T_n。假定这些作业同时到达，并且在一台处理机上以单道方式运行。试证明：若按 SJF 调度顺序运行这些作业，则平均周转时间 T 最小。

证明：不失一般性，假定调度顺序为 J_1、J_2、…、J_n，到达时间为 0，则作业 J_i 的平均周转时间为：

$$T'_i = T_1 + T_2 + T_3 + \cdots + T_i$$

所有作业的平均周转时间：

$$T = \frac{1}{n}\sum_{i=1}^{n} T'_i$$

显然，当 $T_1 \leqslant T_2 \leqslant T_3 \leqslant \cdots \leqslant T_n$ 时，每一个 T'_i 达到最小值($i=1、2、\cdots、n$)，这是因为 T'_i 是 $T_1、T_2、\cdots、T_n$ 中前面 i 个数之和，现在是其中的最小 i 个数之和。因此 T'_i 最小，既然每个 T_i 最小，因此 T 最小。

3.3.3 HRN 调度算法

HRN (highest response ratio-next)算法即最高响应比优先调度算法。这是一种非抢占的作业调度策略。这种策略是 FIFO 算法与 SJF 算法的折中。按照此策略，每个作业在参与调度的时候都有一个响应比，其数值是动态变化的。它既是该作业要求服务时间的函数，也是该作业为得到服务所花的等待时间的函数。它能保证任何作业都不会被无限延迟。

作业的动态响应比计算公式如下：

响应比 R_p =(等待时间 + 要求服务时间)/ 要求服务时间

=1 + 等待时间 / 要求服务时间

由于等待时间加上要求服务时间，就是系统对该作业的响应时间，故该响应比又可表示为：

R_p = 响应时间 / 要求服务时间

继续用表 3.1 的作业序列例子，按照表 3.4 计算。

表 3.4 HRN 调度计算

调度顺序	作业号	到达时间	开始时间	结束时间	周转时间/h	加权周转率
1	1	8.00	8.00	10.00	2.00	1
2	3	9.00	10.00	10.10	1.10	11
3	2	8.50	10.10	10.60	2.10	4.2
4	4	9.50	10.60	10.80	1.30	6.5

在 8.00 这一时刻只有作业 1 到达所以先运行。因为此调度算法是非抢占式的，所以一直到作业 1 运行完，在时刻 10.00 才决定下一个作业，而此时作业 2、3、4 都已到达，则分别对它们进行响应比计算。

$$R_{P_2} = 4, \quad R_{P_3} = 11, \quad R_{P_4} = 3.5$$

因此，此时调度作业 3，作业 3 完成后再按此方法求当时各作业的 RP，决定调度哪个作业，选择作业 2。最后运行作业 4。

平均周转时间：

$$T = (T_1 + T_2 + T_3 + T_4)/4 = 1.625\text{h}$$

加权平均周转率：

$$W = (W_1 + W_2 + W_3 + W_4)/4 = 5.68$$

3.3.4 RR调度算法

RR (round robin，时间片轮转)调度算法是一种剥夺式的调度算法，主要用于进程调度。系统将所有就绪进程按先来先服务的原则排成一个队列，每次调度时把CPU分配给队首进程，并让它执行一个时间片。当执行的时间片用完时，由一个计时器发出时钟中断，调度程序便据此信号来停止该进程的执行，然后该处理机分配给就绪队列中新的队首进程，同时也保证它执行一个时间片。这就可保证就绪队列中的所有进程在一定的时间内均能获得一个时间片的处理机执行时间。但是在进程执行期间，虽然时间片未到期，由于自身的原因，例如，因为要启动输入输出，或者要等待某种信号，或者由于程序自身出现异常而无法继续执行时，这种算法也立即启动抢占CPU并切换给其他进程。简单轮转调度模型如图3.3所示。

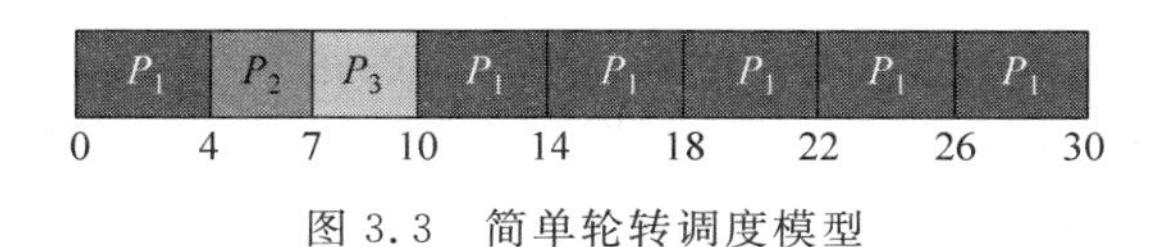

图3.3 简单轮转调度模型

例3.2 进程为P_1、P_2、P_3，对应的CPU周期为24、3、3(时间单位)。若取时间片=4，则轮转法执行情况如图3.3所示。

P_2最先完成，其周转率为7，其次完成P_3进程的周转率为10，则P_1的周转率为30。平均周转率W的计算公式如下：

$$W=(W_1+W_2+W_3)/3=(7+10+30)/3=16$$

如果用平均等待时间来衡量，则

$$平均等待时间=(0+4+7)/3=3.67(时间单位)$$

3.3.5 优先级调度算法

将给每个进程(或作业)规定一个优先级，比如给实时进程以高优先级，如果优先级在进程运行中可以依据某种策略改变，则称为动态优先级。调度时选择优先级最高的进程(或作业)。

例3.3 有5个进程P_1、P_2、P_3、P_4、P_5，到达时间皆为0，其预计运行时间和优先级如表3.5所示。

表3.5 5个进程的优先级

进　　程	CPU时间/ms	优　先　级
P_1	5	2
P_2	5	0
P_3	5	3
P_4	4	1
P_5	3	2

按照优先级调度,可以得到如图 3.4 所示的调度结果。

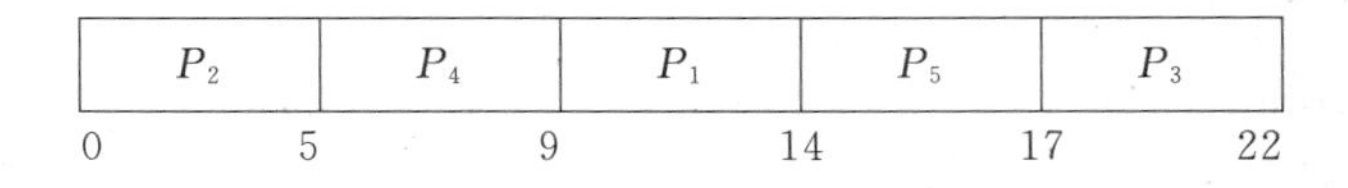

图 3.4 优先级调度

$$5\text{ 个进程的平均等待时间} = (9+0+17+5+14)/5\text{ms} = 9\text{ms}$$

优先级算法一般实行可抢占策略。它能保证紧迫作业及时被调度,又能使每个进程在短时间内有机会运行。在 CPU 速度很快,RAM 容量很大,多道程序能力很强的现代计算机系统中,比较适合采用这种调度方法,UNIX 和 Windows 均采用了这种调度方法。

3.3.6 多级反馈队列调度

1. 队列组织与调度策略

一个好的调度机制应该是尽可能快地决定一个作业的性质并据其特性调度该作业。调度策略应能优待短作业,以保持系统高的调度周转率,又能优待受 I/O 制约的作业,以便更好地利用输入输出设备。

多级反馈队列提供实现上述目的的机制,它组织如图 3.5 所示的多级反馈队列网络结构。一个新进程首先进入队列网络的第 1 级队列末尾,根据先进先出原则在队列中移动直到它获得处理机。如果该作业完成或由于等待 I/O,或等待其他事件的完成而放弃处理机,该作业将离开队列网络。若进程在它自愿放弃处理机前耗尽时间片,则该进程被放在下一级(第 2 级)队列的末尾。若第一个队列为空,则在它达到下级队列的队首时该进程应获得服务。进程使用完每一级队列提供的时间片之后,被移到下一较低级队列的末尾。通常在一个底层队列中,进程按轮转调度法调度,直到进程运行结束。

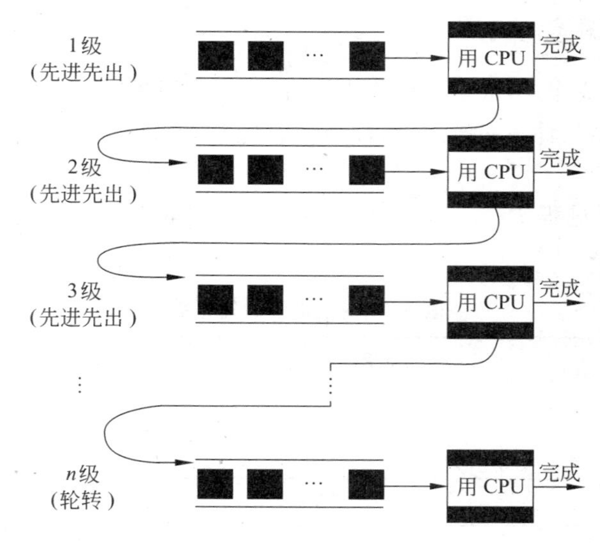

图 3.5 多级反馈队列调度

调度优先级逐级地降低，调度时，总是首先挑选优先级最高的处于第1级的进程。在某个给定队列中的进程，只有当所有较高级队列均为空时才可运行。一个运行着的进程可被新到达的更高级队列的进程所剥夺。

与优先级逐级地降低相反，给予进程的时间片则逐级地变大。因此，一个进程在队列网络中时间愈长，通常将处于较低级别队列，在它获得处理机时允许的时间片也越长。

2. 优缺点分析

(1) 短进程和受I/O制约的进程将受到调度优待。由于受I/O制约的进程在进入网络时有很高的优先级，因此可能很快地获得处理机。在选择第一级队列的时间片时，可使这个时间片大小适当，使大多数受I/O制约的作业在耗尽它的时间片之前，就可能提出I/O请求，使得I/O设备忙碌起来。在该进程请求I/O后，它就离开网络。可见，这样的进程确实受到了优待。

(2) 受CPU制约的进程将会有最大运行效率。对于需要大量处理机时间的受CPU制约的作业，当它进入网络的最高队列时，由于队列的优先级高，可以很快获得第一次处理机服务，耗尽它的时间片，然后该进程被移到下一个较低队列。现在，该进程一旦获得处理机，它获得的时间片会比在最高队列时获得的时间片大。用户再次用完它的整个时间片，然后放到下一个更低队列的末尾。该进程如此不断地逐级移到较低队列去，每下降一级，等待的时间就越长，而进程在每次获得处理机时都用完它的全部时间片(除非被另一刚到达的进程剥夺)。最后，受CPU制约的进程移到最低级队列，在这个队列中按轮转调度法调度，直到结束。由于较高队列中的进程优先级较高，所以长时间进程被调度的机会较少。如果定义进程的运行效率v的计算公式如下：

$$v = \text{总运行时间} / \text{调度次数}$$

显然，受CPU制约的进程将会有最大运行效率。

(3) 系统可以自动判断进程的类别，并对各个进程做出恰当的处理，将它们包容在一起。多级反馈队列根据进程行为的不同，将进程分类。短进程将很快得到调度和周转，而需要长时间运行的进程，将逐渐地沉入底层。也有较好的机制处理进程进入队列和离开队列。在分时系统中，每次当一个进程离开队列网络时，用该进程所在的最低级队列的标识来标记该进程，在该进程重新进入队列网络时，直接送到该进程原先离开的那个队列。此时，调度程序采用直接推断法，即一个进程最近的行为是该进程将来行为的指示。所以，一个返回到队列网络的受CPU制约的进程并不放到较高级的队列，从而避免了与高优先级短进程或受I/O制约的进程争夺CPU的冲突。

(4) 能够自动适应进程性质的变化。进程性质可能发生变化，例如，从受CPU制约变为受I/O制约。为了解决这个问题，可以标记进程上次在网络中停留的时间，当进程重新进入网络时，即可根据上述标记将进程放入正确的队列。一个进程可能正处于从受CPU制约到受I/O制约的变化过程中，当系统决定进程的性质正在发生变化时，这个进程起初将获得一些停滞不变的对待。而调度机制对这一改变会做出快速响应。使系统对进程行为的改变具有良好反应的另一种方法是，允许进程在它每次时间片还未耗尽前自愿放弃该处理机时，将该进程在反馈队列网络中上移一个级别。

多级反馈队列机制常用的一种变型是当一个进程在被移到下一较低队列前，要循环地通过每个队列几次，通常，通过每个队列的循环次数将随着进程移到低级队列而增加。

多级反馈队列是自适应机制的一个极好例子，它可以对进程行为的改变自动作出响应，增强了系统对变化作出反应的灵敏度。这是这种调度策略最大的特点。

一般说来，软件越完善，开销就越大，自适应机制的开销一般比非自适应机制大，但开销的增加与得到的好处相比仍然是合算的。

综上所述，多级反馈队列调度被公认为是比较好的调度算法，被一些系统广泛采用。

3.4 死锁问题

死锁是操作系统中一个与资源分配和调度有关的问题。本节介绍死锁的基本概念，讨论死锁的预防、避免、检测、解除的一般方法。

死锁是指多个进程因竞争资源而造成的一种僵局，若无外力作用，这些进程都将永远不能再向前推进。如图 3.6 所示，如果甲、乙进程的共同进展路径进入危险区时，一定会进入禁区而发生死锁。

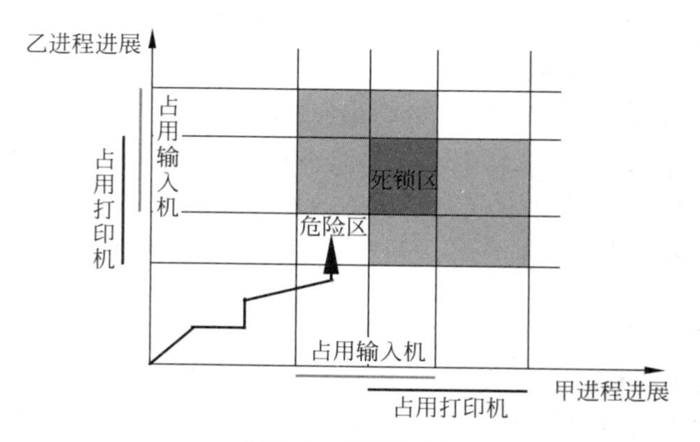

图 3.6 死锁概念

3.4.1 产生死锁的必要条件

具备下列 4 个条件之一时，就可能会产生死锁。

(1) 互斥条件。某些资源有排他地使用性质，不能保证资源被进程任意共享。

(2) 请求并保持条件。进程已经拥有部分资源，又还要继续申请资源。

(3) 不剥夺条件。进程已经拥有的资源，不能被系统强行收回以做它用。

(4) 环路等待条件。两个进程 P_1、P_2 互相等待被对方已经占用的资源 R_1、R_2，如图 3.7 所示。环路等待条件也可能存在于多个进程之间。

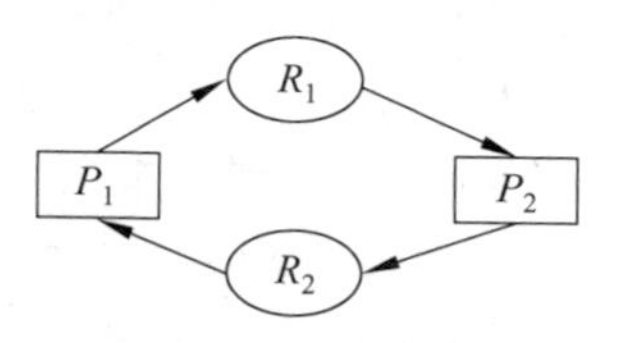

图 3.7 两个进程环路等待

3.4.2　预防死锁

破坏产生死锁的4个必要条件中的一个或多个，使系统不可能进入死锁状态，这就是死锁的预防。因为互斥使用是某些资源的特定性能，比如打印机不能同时被多个进程共用。故预防死锁通常是摒弃“请求和保持条件”、摒弃“不剥夺条件”以及摒弃“环路等待条件”。

1. 摒弃“请求和保持条件”

采用这种方法预防死锁时，系统要求所有进程要一次性地申请在进程整个推进过程中所需要的全部资源。于是，要么不给进程分配资源，让进程等待，这样不会发生死锁；要么满足进程的全部资源要求，该进程在运行期间，将摒弃请求条件，不会再提出资源要求，因而也不会发生死锁。

这是一种静态的分配方法，优点是简单且安全。但也有明显的缺点，如下。

(1) 进程难以一次性地提出全部资源要求。

(2) 只要有一种资源不能满足该进程的分配要求，其他资源也全部不分配给该进程而让进程等待，可能延迟进程的推进。

(3) 某些资源可能进程仅仅在最后阶段才使用，或者只使用一个短暂时间，也必须一开始就分配给它独占，造成资源严重浪费。

2. 摒弃“不剥夺条件”

采用这种方法时，不要求进程一次性地提出全部资源要求，进程可以在只满足当前资源要求的情况下运行，在需要新的资源时才提出请求。但是一个已经保持了某些资源的进程，当它再提出新的要求而不能立即满足时，必须释放它占有的所有资源，待以后需要时再重新提出申请。

这是一种动态的分配方法，可以减少资源被长时间独占且闲置，因而提高了资源利用率。但是进程放弃已经占用但尚未用完的资源可能要付出很大的代价。动态分配比较复杂，也增加了系统的开销。

3. 摒弃“环路等待条件”

系统将所有资源都编上唯一的序号，申请资源必须严格按资源递增的顺序提出，这样在所形成的资源分配图中，不可能再出现环路，因而摒弃“环路等待条件”。

这种方法也是动态分配方法，提高了资源利用率和系统吞吐量。但是，为系统中各种类型资源分配序号，难以照顾所有用户的编程习惯；按规定次序申请资源的方法，可能会限制用户自由的编程思路；为系统中各种类型资源所分配的序号，必须相对稳定，这就限制了添加新类型设备的方便性。

例3.4　一个无死锁的充分条件是，若系统中有n个进程，m个资源，资源是逐个申请的，每个进程至少申请一个资源，假定所有进程申请资源的总数$\sum_{i=1}^{n} R_i < m+n$，则系统不可能有死锁。

设每个进程P_i申请的资源数为$R_i(i=1,2,\cdots,n)$，则：

$$R_i \leqslant m$$

从考察死锁的角度看,如果有的进程不申请资源,或者只申请其所需的少部分资源,这不是最坏的情况。如果有的进程申请其全部资源,这也不是最坏的情况,因为要么满足它,用完可收回;要么不分配,令其等待。最坏的分配情况是每个进程均获得了 R_i-1 个资源,即每个进程最大限度地从系统获得了部分资源,但并非全部,尚不能运行完从而释放其所占的资源。根据题意,已分配资源总数 R 的计算公式如下:

$$R=\sum_{i=1}^{n}(R_i-1)=\sum_{i=1}^{n}R_i-n<m+n-n=m$$

说明在最坏的情况下,系统中都还至少会有一个资源供分配,所以不会有死锁。

3.4.3 死锁避免及银行家算法

从系统当前状态 S 出发,对于当前的资源申请,假定实施分配,系统是否能保持安全状态?银行家算法从假定实施分配开始,逐个检查各进程,在做了这种分配后哪个进程能完成其工作,然后就能够释放其全部资源,再进而检查哪个进程又能完成其工作,也释放其全部资源。重复以上步骤,如果能够找出进程的一种分配序列,使所有进程都能相继完成工作,则状态是安全的。对于进程的资源要求,假定实施的分配可以保证系统处于安全状态,便可以接受并进行真正的资源分配。如果不能保证系统处于安全状态,便拒绝分配,令申请资源的进程等待。

安全状态是指系统能按某种顺序,如 P_1、P_2、…、P_n,来为每个进程分配其所需资源,直至最大需求,使每个进程都可顺序完成。P_1、P_2、…、P_n 便称为安全分配系列。若系统不存在这样一个安全序列,则称系统处于不安全状态。只要系统处于安全状态,系统便可避免进入死锁状态。因此,避免死锁的实质在于:如何使系统不进入不安全状态。

例 3.5 安全状态的例子。

假定系统中有3个进程及 R 资源13个。目前的进程与资源占有状态如表3.6所示。

表 3.6 进程—资源安全占有状态表

进程	资源需求总量	已持有数	目前申请量	未分配资源数
P_1	10	5	5	3
P_2	5	3	2	
P_3	6	2	4	

分析发现,存在安全序列 P_2、P_1、P_3 或 P_2、P_3、P_1,使所有进程能够运行完。故目前系统处于安全状态,不会发生死锁。

例 3.6 不安全状态的例子。

在上述安全状态基础上,进程 P_3 申请两个资源,如果没有做安全状态检查满足了它的要求,将出现表3.7所示的不安全状态,因为系统已经无法保证任何进程的最大资源要求。

不安全状态不一定就会死锁,因为某些进程随后可能还会释放已经占有的资源,但是安全状态则肯定不会死锁。

表3.7 进程—资源不安全占有状态表

进 程	资源需求总量	已持有数	目前申请量	未分配资源数
P_1	10	5	5	1
P_2	5	3	2	
P_3	6	4	2	

银行家算法是一种使系统永远处于安全状态的算法。它每遇到一次资源申请，都要先试分配，经过一系列计算，看是否能找出一个安全分配系列，使系统能够处于安全状态。找得到安全分配系列才进行分配，否则拒绝分配，让申请者等待。例如，在表3.6的基础上，P_3 提出两个资源要求时将予以拒绝，避免系统进入不安全状态。

再来讨论银行家算法的实现。假设系统中有 n 个进程和 m 种资源，银行家算法需要以下几种数据结构。

Available 阵列：一个长度为 m 的数组存放着目前尚未分配的各种资源的数目，如 Available[i]=3 表示目前 R_i 资源仍有3项尚未分配给任何进程。

Max 阵列：一个 $n\times m$ 的矩阵记录着每个进程对每种资源所需要的数目，如 Max[i,j]=5 表示进程 P_i 需要5个 R_j 资源以完成工作。

Allocation 阵列：一个 $n\times m$ 的矩阵记录着每个进程所持有的各种资源的数量，如 Allocation [i,j]=2 表示目前进程 P_i 持有2项 R_j 资源。

Need 阵列：一个 $n\times m$ 的矩阵记录着目前每个进程需要各种资源的数量，如 Need [i,j]=2 表示目前进程 P_i 需要2项 R_j 资源以完成工作。

银行家算法需要一个安全算法来测试系统是否处于安全状态，以及一个资源要求算法来决定是否允许资源要求。现将两个算法介绍如下。

(1) 安全算法(safety algorithm)。

① 声明两个长度为 m 与 n 的数组 Work 与 Finish，并将 Work 初始化为 Available，Finish 数组中所有元素初始为 FALSE。

② 寻找 i 使得 Finish[i]=FALSE 而且 Need[j]<=Work[i]，如果找不到这样的 i，执行步骤(4)。

③ Work[i]=Work[i]+Allocation[i]；Finish[i]=TRUE；执行步骤(2)。

④ 如果 Finish 数组中所有元素都为 TRUE，则系统目前处于安全状态中；否则处于不安全状态。

(2) 资源要求算法(resource request algorithm)。

① 声明 $n\times m$ 的 Request 数组存放进程所要求各项资源的数量，Request[i,j]=3 表示进程 P_i 要求3项 R_j 资源。

② 如果 Request[i]<=Need[i]，执行步骤(3)；否则因为进程要求过多的资源而发生错误。

③ 如果 Request[i]<=Available[i]，则执行步骤(4)；否则因为目前系统中尚未分配的资源不足，进程 P_i 必须等待。

④ 进行以下的运算：

$$Available[i]=Available[i]-Request[i]$$
$$Allocation[i]=Allocation[i]+Request[i]$$
$$Need[i]=Need[i]-Request[i]$$

使用安全算法检验运算后的结果，如果处于安全状态则允许分配该资源给 P_i；否则 P_i 必须等待，并且回存步骤④执行前的结果，使系统保持原来的进程—资源状态。

下面举例做更进一步的说明。

例 3.7 假设系统中有5个进程 P_1、…、P_5，3种资源 A、B、C，数量分别为13、10、9，进程—资源分配如表3.8所示。

表 3.8 进程—资源表

进　　程	Max 需要资源数目			Allocation 持有资源数目			Available 系统未分配资源数目		
	A	B	C	A	B	C	A	B	C
P_1	8	0	2	5	0	0	3	1	2
P_2	5	2	1	3	1	0			
P_3	1	2	2	0	1	2			
P_4	7	6	4	2	5	2			
P_5	3	3	5	0	2	3			

目前系统正处于安全状态下，因为可以找出一组安全序列 P_5、P_3、P_2、P_1、P_4。如果此时进程 P_5 要求资源(3,0,1)，通过银行家算法运算后，发现在分配这些资源给 P_5 之后仍然可以使系统处于安全状态，存在一组安全序列 P_5、P_3、P_2、P_1、P_4，所以系统可以允许分配这些资源给 P_5。不过，如果此时进程 P_4 要求资源(2,1,2)，通过银行家算法运算之后，发现这样分配会使系统进入不安全状态，因此系统不能允许分配这些资源给 P_4。

银行家算法存在的问题是计算量很大，效率低。

3.4.4 死锁的检测

死锁检测算法主要是检查系统中是否存在循环等待条件。最常用的检测死锁的方法就是对进程资源图的化简。

进程资源图的化简是指一个进程的所有资源要求均能被满足的情况下，假若这个进程得到所需的所有资源，从而该进程的工作就能不断地取得进展，直到最后完成其全部运行任务，并释放出全部资源。那么，该资源分配图可被这个进程所化简。假如一个资源分配图可以被所有进程所化简，那么称该图是可化简的，因而系统未出现死锁。假如该图不能被其上所有进程所化简，则称该图是不可化简的，系统出现了死锁。

例 3.8 假定有进程 P_1、P_2、P_3，有资源 R_1、R_2 各3个。当前进程对资源的申请和占有关系如图3.8所示，P_1、P_2 各占有 R_1、R_2 一个，P_3 占有 R_2 又申请 R_1。图3.8称为进程—资源图。

图 3.8 可以按照 P_2、P_3、P_1 的顺序依次约简，如图 3.9～图 3.11 所示。

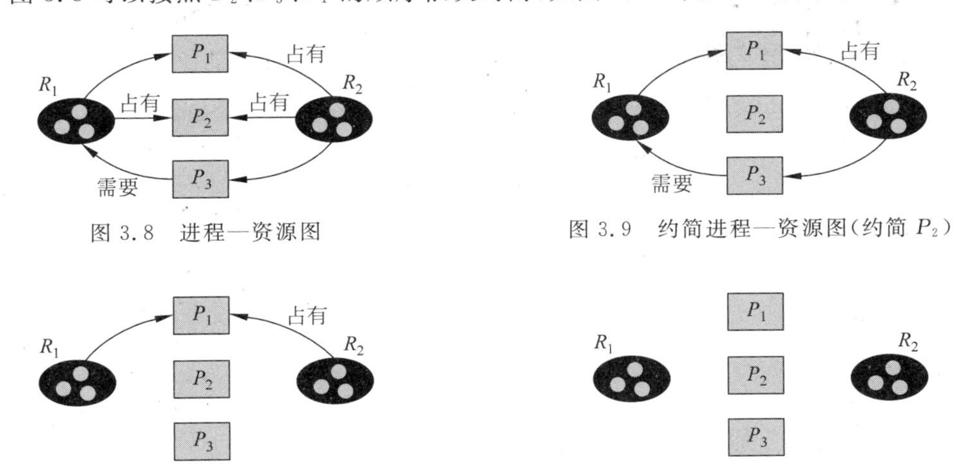

图 3.8 进程—资源图

图 3.9 约简进程—资源图(约简 P_2)

图 3.10 约简进程—资源图(再约简 P_3)

图 3.11 约简进程—资源图(再约简 P_1)

这是个很简单的例子，对于这个例子也可以按照 P_3、P_2、P_1 的顺序，或者按照 P_1、P_2、P_3 的顺序约简，结果是一样的。可以证明，对于任何情况，是否出现死锁的结论与约简顺序无关。

3.5 重点演示和交互练习：优先级调度算法

这里将第一章的多道程序设计技术和本章介绍的调度算法相结合，进行模拟调度的交互练习，以便切实掌握调度算法的运用，并体验调度算法对于加快作业周转的效率。假定系统中有一个 CPU，一台输入输出设备，支持最多 A、B、C 三道程序并发执行(可能当前只有其中一道或者两道)。系统采用优先但不可剥夺的调度策略，总是选择优先级最高的进程运行。不失一般性，假定 A、B、C 三者优先级 A 最高，B 其次，C 最低。系统允许任意给定作业结构和它们的组合，算法将立即计算出每个作业的周转时间和总的周转时间，并画出调度时序图。

(1) 优先级调度算法交互练习。

运行我们提供的“优先级调度算法”可执行程序，可以进行优先级调度交互练习。将出现如图 3.12 所示的交互界面。

单击“进程行为设置”主菜单，进入如图 3.13 所示的对话框。可以任意给定 1～3 个作业结构和它们的组合。

给定如图 3.14 所示的进程 A、B、C 的结构。

开始时，三个进程都争夺 CPU，按照优先级，应该先调度进程 A，然后是进程 B，最后是进程 C。在经过 10ms 后，进程 A 使用设备 I/O，CPU 能够与外部设备并行工作，调度程序将调度进程 B 在 CPU 上执行，这期间恰好与进程 A 的输入输出操作在物理上并行。

输入进程行为数据后，单击“确定”按钮，系统将模拟优先级调度策略，画出如图 3.15 所示的调度时序图，给出各个进程的周转时间以及全部进程完成总的周转时间。这张图

三个进程优先调度时序图
进程行为设置(C) 查看(V) 帮助(H)
优先级调度时序图
总周转时间：0 ms
就绪

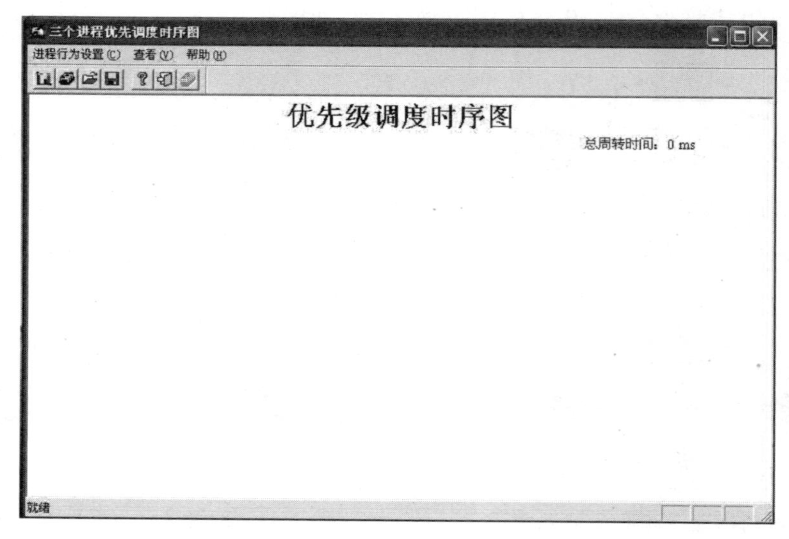

图 3.12 优先级调度实践的启动界面

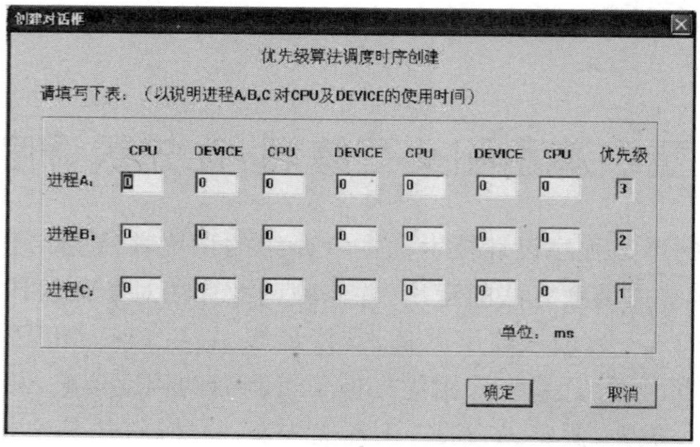

创建对话框
优先级算法调度时序创建
请填写下表：(以说明进程A,B,C 对CPU及DEVICE的使用时间)
CPU DEVICE CPU DEVICE CPU DEVICE CPU 优先级
进程A: 0 0 0 0 0 0 0 3
进程B: 0 0 0 0 0 0 0 2
进程C: 0 0 0 0 0 0 0 1
单位：ms
确定
取消

图 3.13 多进程调度设置初始界面

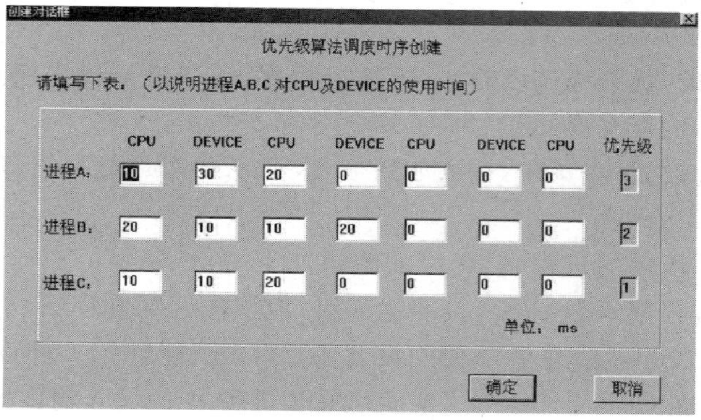

创建对话框
优先级算法调度时序创建
请填写下表：(以说明进程A,B,C 对CPU及DEVICE的使用时间)
CPU DEVICE CPU DEVICE CPU DEVICE CPU 优先级
进程A: 10 30 20 0 0 0 0 3
进程B: 20 10 10 20 0 0 0 2
进程C: 10 10 20 0 0 0 0 1
单位：ms
确定
取消

图 3.14 设置欲调度运行的进程实例

很好地体现了并发性和调度策略。

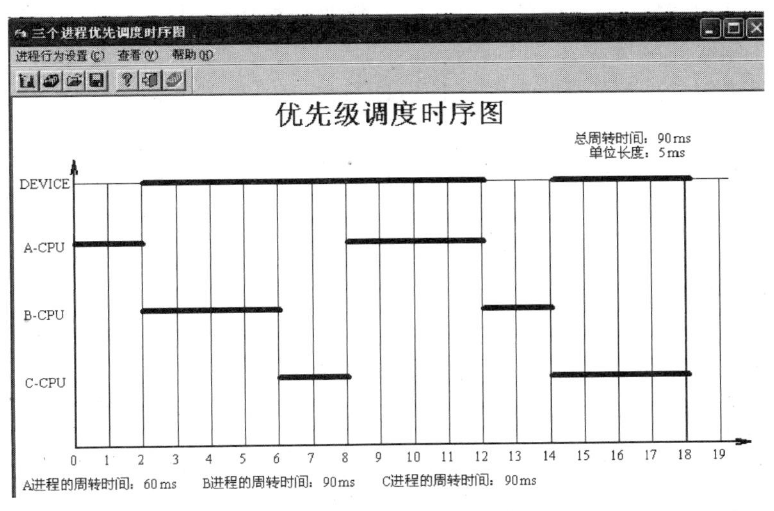

图 3.15 优先调度时序图

图 3.15 中显示，进程 A 的周转时间为 60ms，进程 B、C 的周转时间均为 90ms，即进程 B、C 是同时完成的。总的周转时间也是 90ms。

(2) 本书配套的网络课件中，有多道程序并发执行交互练习的例子。读者可以进入操作系统教学网站，单击主窗口中的"操作系统引论"|"操作系统的形成"|"练习"。

采用的例子是，假定系统中有一个 CPU、一台输入输出设备，在 $t=0$ 时刻，内存中同时到达 3 个程序 X、Y、Z，它们的行为如表 3.9 所示。

表 3.9 3 个程序 X、Y、Z 的行为

程 序	I/O	CPU	I/O	CPU	I/O
X	20	20	20	30	20
Y		40	30	40	10
Z		30	20	30	

假定依程序 X、Y、Z 的优先顺序进行并发调度(不设就绪队列)，画出它们的调度时序，计算周转时间。在 Web 交互界面上有一个接收"你的答案"的区域，并提供"检测答案"的按钮。若答对了会得到夸奖。错了也不要紧，可以单击"清除错误答案"按钮重新输入新的答案。

小 结

本章主要讨论 CPU 调度策略和死锁问题。CPU 调度使得多个进程有条不紊地共享一个 CPU，使每个用户进程在短时间内都有机会运行，就好像每个进程都有一个专用的虚拟处理机。一个负载较大的系统可能通过两级、三级调度才能让作业在处理机上执行。

一个好的调度策略对于加快作业总的周转时间、提高单位时间内的作业吞吐量、实现系统总的设计目标,是十分重要的。通常引入作业平均周转时间 T 和加权平均周转率 W 作为衡量调度算法的测度。

本章结合实例具体讨论了 FIFO、SJF、HRN 和 RR 和多级反馈队列 5 种常用的调度策略,给出了 T、W 的计算方法。FIFO 比较简单,体现了先来后到的公平原则,有利于长作业。SJF 照顾短作业,有最好的调度性能,使单位时间内平均作业吞吐量最大。HRN 则是上述两种策略的折中,既照顾短作业,也兼顾长作业。RR 算法使得每个作业在短时间内都有运行机会,可以兼顾长短作业,特别适合于进程调度。动态优先级算法,能够保证实时进程得到及时处理,多级反馈队列调度,是一种有自适应能力的调度算法,既能优待短的、以 I/O 为主的优先级高的进程,也能照顾以计算为主的进程。它能够自动地逐步判断进程的性质,做出适应各自特性的调度,表现出较多优点。动态优先级调度算法和多级反馈队列调度算法是当前较流行的调度算法。

本章讨论了产生死锁的 4 个必要条件:互斥条件、请求并保持条件、不剥夺条件和环路等待条件。分别给出了基于破坏请求并保持条件、不剥夺条件和环路等待条件的预防死锁的方法。

避免死锁的银行家算法从假定实施资源分配开始,力图能够找出进程的一种分配序列,使所有进程都能相继完成工作,则进行真正的资源分配。否则便拒绝分配,令申请资源的进程等待。这种方法的缺点是计算量大。

本章还用列出并约简进程—资源图的方法来检测系统是否发生了死锁。

发生了死锁怎么办?有选择地杀死(kill)一些进程,不然就重新引导系统。

习 题

3.1 处理机调度通常可分为哪三级?为什么要分级?

3.2 低级调度的功能是什么?为什么说它把一台物理的 CPU 变成了多台逻辑的 CPU?

3.3 假定系统中陆续有如表 3.10 所示的作业序列到达(表中数字为十进制)。

表 3.10 作业序列

作 业 号	到达时间	运行时间
1	10.0	0.3
2	10.2	0.5
3	10.4	0.1
4	10.5	0.4
5	10.8	0.1

作业调度程序自 10 时起开始调度,试分别用 FIFO、SJF、HRN 调度算法,计算周转时间 T 和加权平均周转率 W。

3.4　有如表3.11所示的进程序列，这些进程几乎同时依序到达。

表3.11　进程序列

进　　程	CPU周期	优　先　级
P_1	9	2
P_2	3	3
P_3	6	1

试用FIFO、SJF以及优先级调度算法计算它们的平均周转时间T和加权周转率W。

3.5　对于3.4题的3个进程，试用FIFO、SJF以及优先级调度算法计算它们的平均等待时间。

3.6　对于3.4题的3个进程，试用轮转调度算法，取时间片为1个单位时间，计算它们的平均等待时间。

3.7　假定系统中有一个CPU，一台输入输出设备，支持最多A、B、C这3个进程并发执行。如表3.12所示，系统采用优先但不可剥夺的调度策略，总是选择优先级最高的进程运行。假定A、B、C三者优先级A最高，B其次，C最低。

表3.12　进程A、B、C的行为　　单位：ms

进　　程	CPU	I/O	CPU
A	30	60	20
B	20	30	40
C	30	10	20

试计算出每个进程的周转时间和总的周转时间，并画出调度时序图。

提示：将答案与光盘上"优先级调度"的计算结果对照。

3.8　何谓死锁？产生死锁的必要条件是什么？

3.9　图3.16表示一条带闸门的运河，其上有两座公路吊桥。运河与公路的交通都是单方向的。驳船前进到离A吊桥100m时就鸣笛示意，若桥上无车辆，吊桥就吊起，待船尾通过再放下。对B桥也同样处理。设船长100m。

(1) 车辆前进中是否可能发生死锁？在什么情况下发生？

(2) 按预防死锁的某种策略，用P、V操作写出汽车—驳船的同步算法。

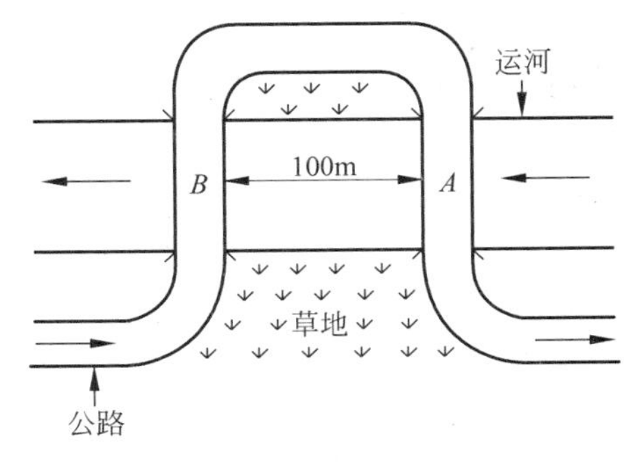

图3.16　交通路线

3.10　利用银行家算法判断表3.13和表3.14中的状态是否为安全状态。如果是安全的，给出一种安全的分配序列。如果是不安全的，则说明为什么可能出现死锁。

表 3.13 状态一(可分配台数为 1)

进　程	占有台数	最大需求台数
进程 1	2	6
进程 2	4	7
进程 3	5	6
进程 4	0	2

表 3.14 状态二(可分配台数为 1)

进　程	占有台数	最大需求台数
进程 1	3	6
进程 2	5	7
进程 3	3	6
进程 4	0	2

3.11　如表 3.15 所示，假定系统中所有资源都是相同的，只可以一个一个地获得和释放这些资源，每个进程都不要求使用比系统资源总数更多的资源。试说明在下列系统中是否可能发生死锁。

现在假设没有一个进程需要两个以上资源，说明在表 3.16 中每个系统中是否可能发生死锁。

表 3.15 系统 1～5 的进程和资源

系　统	进程数目	资源总数
系统 1	1	1
系统 2	1	2
系统 3	2	1
系统 4	2	2
系统 5	2	3

表 3.16 系统 6～10 的进程和资源

系　统	进程数目	资源总数
系统 6	1	2
系统 7	2	2
系统 8	2	3
系统 9	3	3
系统 10	3	4

3.12　假定系统中有 2 个进程 P_1、P_2，有 2 个资源 R_1，3 个资源 R_2。进程 P_1 占有 R_1、R_2 各 1 个，又再申请 R_1、R_2 各 1 个。进程 P_2 占有 R_1、R_2 各一个，又再申请 1 个 R_2。试画出进程—资源图，并约简该图，以判断系统是否发生了死锁。

3.13　考虑系统中有 4 个相同类型的资源，当前有 3 个进程，每个进程最多需要 2 个资源。这种情况是否会发生死锁？为什么？

3.14　试用一个与本书介绍的不同的方法证明：若系统中有 n 个进程，m 个资源，资源是逐个申请的，每个进程至少申请一个资源，假定所有进程申请资源的总数 $R<m+n$，则系统不可能有死锁。

第 4 章 存储器管理

CHAPTER

在现代计算机系统中，存储器特别是内（主）存储器，是计算机系统的重要硬件资源。任何程序要在 CPU 上运行，都必须首先装入内存（primary memory）。操作系统的存储管理部分的管理对象是内存储器以及作为内存扩展和延伸的后援存储器的一部分。本章将讨论操作系统中有关存储器管理部分的内容。

4.1 概　　述

为了能更好地学习和理解后面要讲述的各种存储管理方案，有必要先弄清存储器管理的基本任务以及一些基本概念：地址空间、存储空间和重定位。

4.1.1 存储管理的基本任务

(1) 内存分配（primary memory distribute）。这是存储器管理最基本的任务，就是按用户要求把适当的存储空间分配给相应的作业（或进程，以下的叙述中作业和进程不加以区分）。

(2) 地址映射（address mapping）。在一般情况下，一个作业装入时分配到的存储空间编址和它的逻辑地址空间编址是不一致的。因此，作业在装入的时候，或在其执行时，必须把程序地址空间中的逻辑地址转换为内存空间对应的物理地址。

(3) 内存保护（primary memory protect）。确保各道用户作业都在所分配的存储区内，互不干扰，防止一道程序破坏其他作业的信息，特别是防止破坏系统程序。

(4) 内存扩充（primary memory extension）。借助虚拟存储（virtual storage）技术或交换（swapping）技术，在逻辑上扩充主存容量。即为用户提供比主存物理空间大得多的地址空间，使得用户作业能在一个特别大的存储器中运行。

4.1.2 存储管理的基本概念

1. 地址空间

用高级语言编程时,要定义变量、函数,程序中有函数调用,有转向等,都是以它们的名字进行的,程序员在一个"名字空间"驾驭自己的程序。通常把程序员用的地址空间称为名空间。源程序必须经过编译才能执行。编译时给变量名、函数名、标号等以其实际需要的存储长度分配适当的地址,并将各个被调用的函数嵌入到程序中的调用点,将程序安排成一个从地址0开始的地址空间。这就成为可以执行的目标程序,并存入一个以.exe结尾命名的文件中。目标程序中指令地址都是相对0编址的,使用的是相对地址、逻辑地址。编译程序不知道以后操作系统将把程序装入何处,只好从0地址开始编址。通常把编译程序形成的从0开始编址的地址空间称为作业的地址空间。每个可执行程序都有一个自己的地址空间。

2. 存储空间

所谓存储空间,是指主存中一系列存储信息的物理单元的集合。这些单元的编号,称为物理地址或绝对地址、内存地址。存储空间的大小是由主存的实际容量决定的。存储空间按字节编址,从0开始,扩展到系统配置可用的最大数量,如1MB、32MB、128MB和256MB等。一个编译好的程序存在于它自己的地址空间中,当要它在计算机上运行时,才把它装入存储空间。

3. 重定位(relocation)

一般情况下,一个作业在装入时分配到的存储空间和它的地址空间在编址上是不一致的。如图4.1所示,作业 i 的地址空间是0~1KB,而存储空间是1~2KB。因此,作业在装入或在其执行时,必须对其逻辑地址(logic address)或相对地址加以相应的修改,在每个地址上加上1KB,否则将导致错误的内存访问。将要访问的逻辑地址变换为实际访问的内存地址的过程,叫地址重定位。重定位的地址变换也称为地址映射(address mapping)。

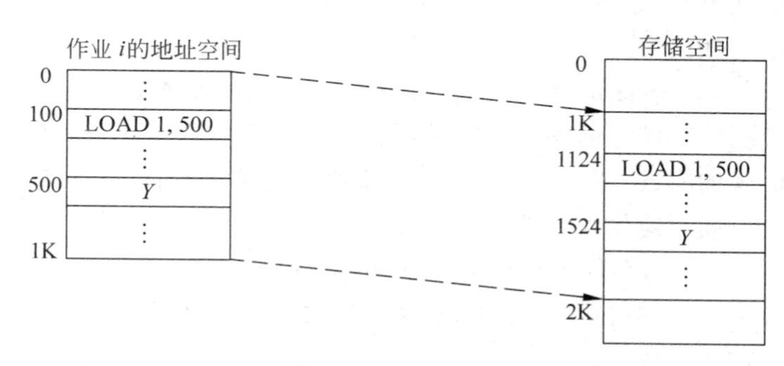

图4.1 地址重定位

图4.1的程序中指令

LOAD 1,500

欲将相对地址500处的数据 Y 装入到寄存器1中,但是该程序装入内存时,Y 已经被装入到500＋1K即1524单元，因此作为操作数的500必须改为内存地址1524。相对地址500到1524的转化称为地址重定位。

地址重定位分为静态重定位和动态重定位。

(1) 静态重定位(static address relocation)。如果在装入作业的同时就将其中的逻辑地址修改成对应的内存地址，称为静态重定位。这将加快作业的运行速度。但是作业一旦被装入内存，就不允许再移动。在多道程序设计环境下，也不可能事先决定把一个程序固定在内存的指定地方。

(2) 动态重定位(dynamic address relocation)。在装入作业时不修改其中的逻辑地址，在运行到程序指令时，根据指令格式判断出是逻辑地址，才将它映射为对应的内存地址，随后做指令所指明的操作。这样在程序运行中所做的地址映射，称为逻辑地址的动态重定位。这虽然会减缓指令的执行速度，但允许将程序分配在内存的任何地方，且允许程序在内存移动。在CPU速度很快，又必须实行多道程序设计的情况下，通常都采用动态重定位。

4.2 单一连续分配

在单道环境下，不管是单用户系统，还是单道批处理系统，进程执行时除了系统占用一部分主存外，剩下的主存区域全部归它使用。主存可以划分为3个部分：系统区、用户占用区和空闲区。用户占用区是一个连续的存储区域，所以称为单一连续区存储管理。它适用于单道批处理系统和MS-DOS那样的个人机系统。

4.2.1 存储区域分配

单一连续分配的存储区域分配如图4.2所示。其中主存的最大编址为c，$(0, a)$部分为操作系统常驻，(a,c)为可分配区，通常将它一次全部分配给一个作业。实际上作业的大小往往不会恰好为$c-a$，可能会有分配零头，图中(a,b)为作业实际占用区，(b,c)为作业装入后的空闲区。

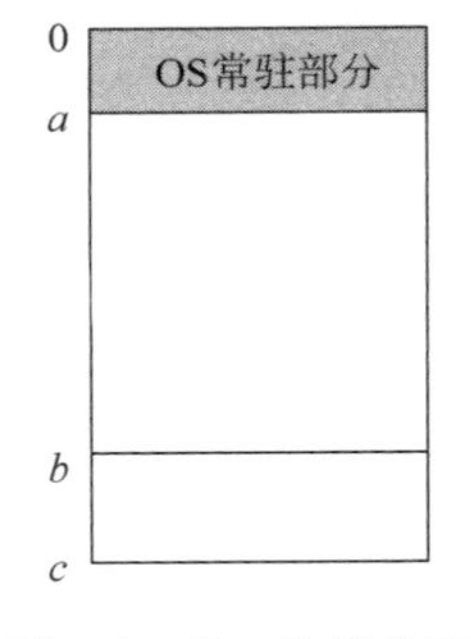

图4.2　单一连续分配

4.2.2 存储区域回收

单一连续区域分配采用静态分配与静态重定位方式，作业一旦进入主存，就一直等到它运行结束才能释放所占的主存区。

单一连续区域管理的优点是简单，适合于早期计算机及个人计算机。但它有以下缺点。

(1) 不支持多道程序。

(2) 不管作业大小，都将独占用户可用区，主存的利用率低。

(3) 当用户程序的主存需要量超过主存容量时，不能运行。

4.3 分区管理

分区存储管理是在单一连续区管理的基础上发展起来的，支持多道程序设计的一种最简单的存储管理方案。除了系统占用区以外，它把用户区域划分成若干大小不等的区域，一道作业占据一个分区。分区管理主要有两种方式：固定分区和可变分区。下面将分别介绍这两种分区方法及一些相关问题。

4.3.1 固定分区

如果把内存用户区域划分成若干个边界固定的区域，每个作业驻留在其中的一个区域中，这种分区管理方案称为固定分区。这种方案能够支持多道程序设计，但是，参与多道运行的最大道数不能超过分区个数，作业大小受分区大小的限制，每个分区中一般都有“碎片”。内存碎片平均总量 S 的计算公式如下：

$$S = \text{分区个数} \times \text{作业平均大小} / 2$$

4.3.2 可变分区

1. 方法概述

内存区除了操作系统占据部分外，不再划分为固定分区。一个作业申请内存时，按照当时内存的具体情况，根据作业的尺寸，选择一个合适的空闲区分配给它。按照这种方案，作业被安置的地方是动态可变的，因此称为可变分区。

例如，如果内存有256KB，操作系统占底部32KB，系统初启时，32～256KB都是空闲的。假定现在有如表4.1所示的作业序列到达。

表4.1 一个要求进入主存的作业序列

作业号	大小/KB	作业号	大小/KB
J_1	16	J_3	64
J_2	32	J_4	128

系统设置一张存储分块表登记内存作业分区状态。其中包括分区起址、长度、作业号(名)、分区状态，状态为0表示尚未分配，为1表示已经分配。图4.3是 J_1、J_2、J_3 进入主存时的存储分区分配，表4.2是存储分区的数据结构。

表4.2 存储分区的数据结构

分区号	起始地址	大小/KB	状态	作业名
1	32	16	1	J_1
2	48	32	1	J_2
3	80	64	1	J_3
4	144	112	0	J_4

注：状态为1表示已分配。

2. 分区分配算法

为了使空闲区的分配更有效，操作系统随时维护一张空闲分区表。空闲区表通常有两种不同的组织方法，对应两种不同的空闲区分配策略。

(1) 最先适应(first fit)算法。空闲区表按照空闲区的地址顺序从低地址往高地址排列。遇到存储分配申请时，总是从空闲区表的低地址处开始依次查找，找到第一个符合大小要求的空闲区，实施分配。

(2) 最佳适应(best fit)算法。空闲区表按照空闲区大小从小往大的顺序排列。分配时总是从最小区域开始，使用符合要求的最小的空闲区。

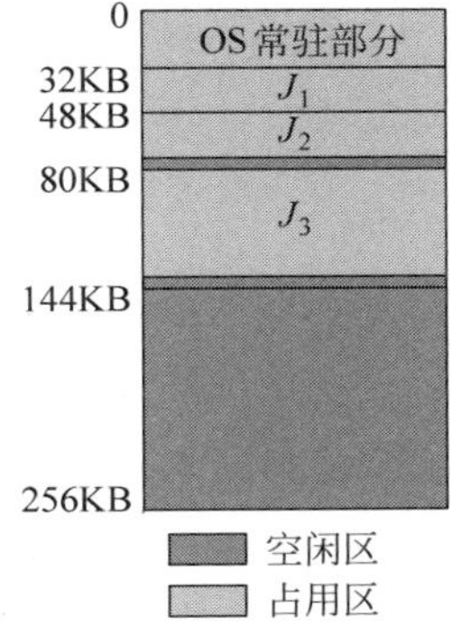

图 4.3 分区分配

因为无论分配还是释放内存区域，都将要调整空闲区表，前者的调整速度要快于后者，因此优先适应算法的速度比最佳适应算法快。UNIX采用的就是最先适应算法。从节省空间角度来说，最佳适应算法要优于最先适应算法。

3. 分区的释放

作业运行结束后，回收其所占分区。随着作业不断地进入内存而又陆续结束，内存中将会有许多个不连续的程序分区，同时也会有许多个不连续的空闲分区。

回收一个分区时可能有4种不同的情况，将分别作不同处理。假定欲回收的当前分区用C表示，其前面的空闲区和后面的空闲区分别用B和F表示。

(1) C与B和F都不相邻。此时系统中将增加一个空闲区。

(2) C与B相邻但不与F相邻。此时系统将把当前分区并入前一个空闲区B，系统中空闲区个数不变。

(3) C与F相邻但不与B相邻。此时系统将把当前分区并入后一个空闲区F，系统中空闲区个数也不变。

(4) C与B及F正好都相邻。此时系统将把B、C及F合并成一个空闲区，系统中空闲区个数将减少1个，上述4种情况如图4.4所示。

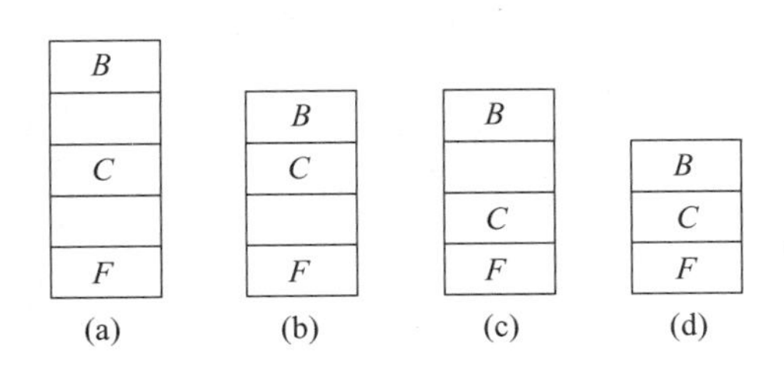

图 4.4 分区释放时的4种情况

4.3.3 存储保护

可变分区通常用界地址方式进行存储保护。系统中设置一对界限寄存器，即上界寄存器和下界寄存器，用来框住运行作业所分配的区域。可以把基址寄存器作为下界寄存器。在地址重定位后,访问内存之前,要检查访内地址是否在作业区域的上下界范围之内,如图4.5所示。当访内地址超出范围,小于60KB,或大于124KB时,将发出地址越界保护中断,挂起该作业,发出越界警示。

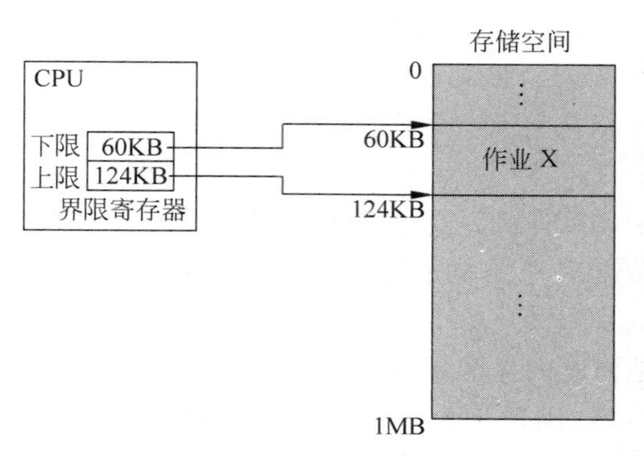

图4.5 界地址存储保护方式

4.4 分页管理

前面介绍的分区存储管理,一般都建立在作业地址空间装入主存的一个连续分区中去,这样会造成内存的分配零头或碎片。碎片问题成为分区分配的严重缺陷,曾经尝试过一些解决碎片问题的方法,分页存储就是其中之一。分页存储管理是广泛采用的存储管理技术。

4.4.1 分页的概念

所谓分页,就是把主存空间划分为大小一定的块(block),这些块称为物理块,编号为0、1、2、…、M。按同样的尺寸去划分作业的地址空间,形成一个个相等的页面(page frame),称为逻辑页。最后一个页面的大小可能不足一页,也要补足为一个完整的逻辑页。每个作业的页编号为0、1、2、…、N,如图4.6所示。

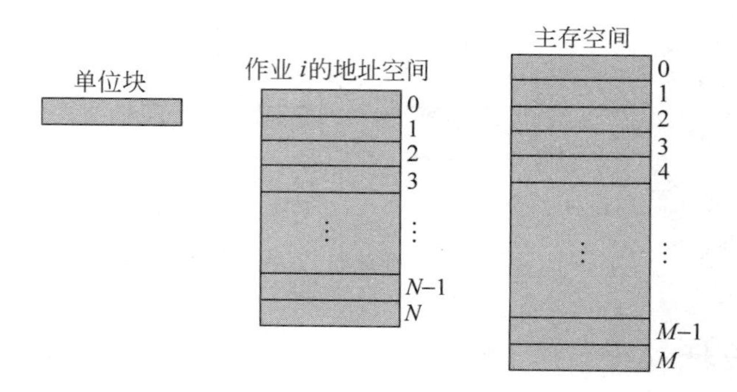

图4.6 分页的概念

将作业往内存装配时,以页(page)为单位进行。各个页在逻辑上保持连续,而相应的块号在主存中可以不连续。页面的大小总是2的方幂，通常在128B～4KB范围内选择。如图4.7所示，作业 i 被划分成6个页面，作业的各页被装入到主存中不连续的6个块中。

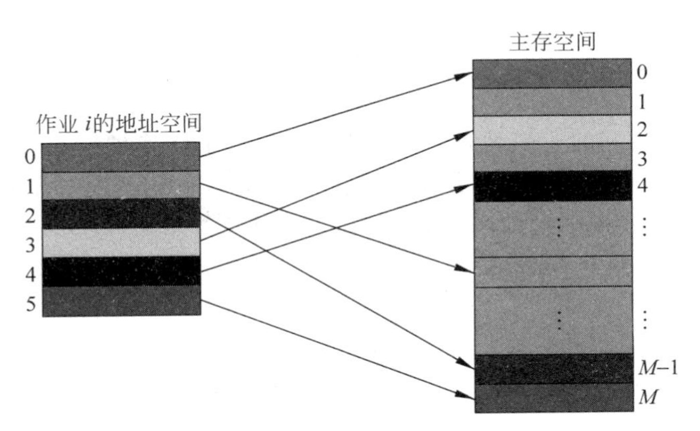

图4.7　连续的页被装入到内存的不连续块中

分页存储管理方案的每一个内存块都是可供分配的，因此消除了碎片。只是每一个作业的最后一个页面所占的块有平均半块的空闲，这称为页内碎片。因此总碎片数 S 为内存中作业数乘以块大小的一半。

$$S=\text{作业数}\times\text{块大小}/2$$

4.4.2　地址映射机构

1. 页表

分页存储管理地址映射有由硬件组成的地址变换部分和软件页表，核心部分是页表(page table)，如图4.8所示。在页表中每页有相应的表目，它们分别指出该页在主存中的块号。

页表是在作业装入主存时，由系统根据主存分配情况建立的。在多道程序系统中，为便于管理和保护，系统为每个装入主存的作业建立一张相应的页表。它的起始地址及大小填入该作业的进程控制块中。一旦这个作业被调度执行，就把它的页表起始地址和大小装入特定的页表寄存器中。例如，在图4.8中，页表PMT记录了某进程的0、1、2页，对应的物理块号为10、25、7。

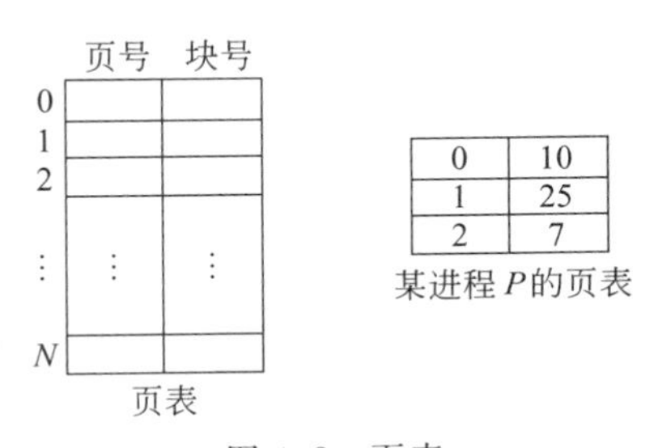

图4.8　页表

2. 内存页表和快表

页表可以当作一个地址变换的重要数据结构，存放在内存操作系统专用的数据区中，称为内存页表。存储管理程序在做地址变换时，将首先线性地查找页表，而后形成访问内存地址，再根据它访问指定的内存单元。于是对于每一个逻辑地址都必须经历两次内存访问，因此有时也把内存页表称为慢表。

利用联想存储器硬件做页表，可以利用它具有的并行查找能力，提高查找速度。这样对于每一个逻辑地址能够快速形成物理地址，接着可以直接做内存访问。这样设置的页表叫联想页表或快表(translation lookaside buffer，TLB，又叫变换旁查缓冲器或[地址]转换后援缓冲器)。

4.4.3 地址变换

为了对CPU欲访问的逻辑地址进行变换，动态地址转换硬件首先把线性的逻辑地址分成两部分：页号P和页内位移量W。地址变换时，按P值查找现行进程页表的相应表目，获得块号B，然后将此块号B取代页号P，并和逻辑地址中的页内位移量W拼接，形成物理地址PA，如图4.9所示。系统设控制寄存器(CR)存放现行页表的首地址。

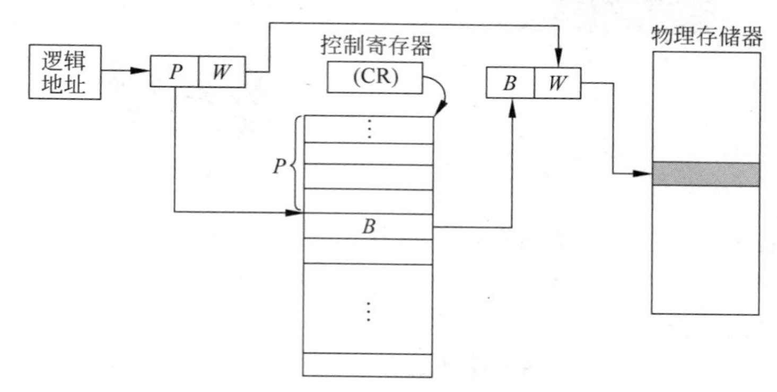

图4.9 分页存储的地址变换

图4.10是使用联想页表时，物理地址的生成过程。

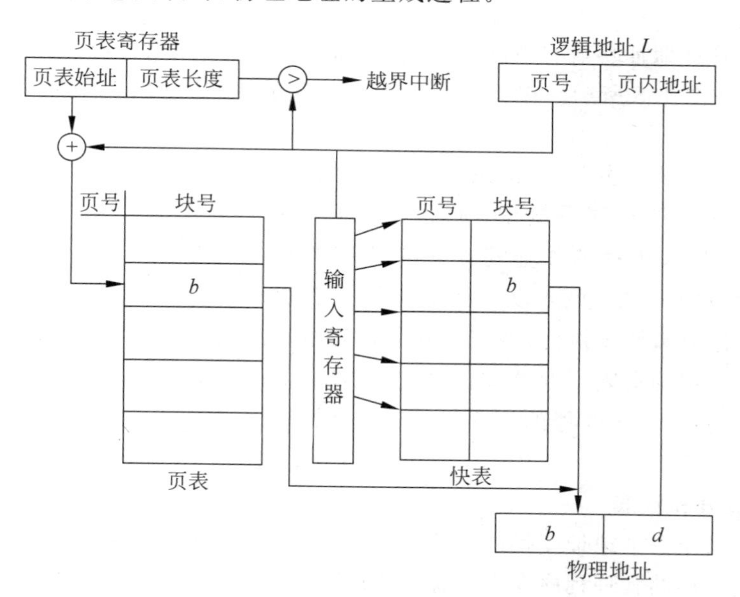

图4.10 使用联想页表时的地址变换

采用联想存储页表时，在硬件把逻辑地址划分为页号和页内位移后，用页号查页表时，将同时查快表和内存页表。一旦快表查到了，便直接形成物理地址，对慢表的查询也即行停止。如果查不到快表，慢表总是能够查到的，也可以形成物理地址，与此同时虚存管理系统将把慢表的表目读到快表中。

由于成本的关系，联想存储器不可能做得很大。例如，Motorola 68030 处理器中，有 22 个联想存储表项；Intel 80486 CPU 则有 32 个。小型进程可能被全部装入，而大型程序只能装入其中一部分。当快表被装满而又需要装入新表目时，便要依据一定的策略先将快表中的表目淘汰一个再装入。通常采用 LRU 淘汰策略，具体算法在第 5 章讨论。

试分析一下相联页表在查询速度上的效率。例如，假定检索联想存储器的时间为 20ns，访问内存的时间为 100ns。于是如果在相联页表中能够命中，则 CPU 为了存取一个数据，共需时间 120ns。如果不能命中，存取时间总共将达 220ns。可以用下列公式表示采用相联页表时的有效访问时间 T：

$$T = ht_1 + (1-h)t_2$$

其中，h 为访问联想存储器的命中率，t_1 为命中时总的访问内存时间，t_2 为不命中时总的访问内存时间。

4.4.4 页的共享

在多道程序系统中，编译程序、编辑程序、解释程序、公共子程序、公用数据等都是可共享的，这些共享的信息在主存中只要保留一个副本就行了。分页存储管理能方便地实现多个作业共享程序和数据，页的共享可大大提高主存空间的利用率。例如，一个编译程序 80K，现有 32 个作业，它们所处理的数据(源程序和数据)平均为 5K。如果不采用共享技术的话，那么 32 个作业共需主存空间(80＋5)×32K＝2720K，而共享编译程序的话，则只需主存空间 80＋5×32K＝240K。

分页管理系统在实现共享时，必须区分数据页的共享和程序页的共享。实现数据页共享时，可允许不同的作业对共享的数据页用不同的页号，只要让各自页表中的有关表目指向共享的数据信息块就行了。实现程序页共享时，情况就不同了，程序页中包含有逻辑地址，必须进行地址变换。由于页式存储结构要求逻辑地址空间是连续的，所以程序运行前每个逻辑地址的页号是唯一确定了的。在主存中只有一个共享程序，主存地址也是唯一确定了的。因此各个作业只能以相同的页号共享这个程序，才能保证地址变换的唯一性。如若不然，举例来说，现假定有一个大小为一页的共享程序 EDIT，驻留在主存的第 8 块。其中含有转移指令，地址变换时，转移指令中的逻辑转移地址被分解为页号 p 和页内偏移量 d，现在若有两个作业共享这个 EDIT 程序，某个逻辑地址假定一个作业定义它所在的页号为 3，另一作业定义它的页号为 5，它们各自将按照下列式子进行地址变换：

$$\text{PMT}(3) \times 页大小 + d$$

$$\text{PMT}(5) \times 页大小 + d$$

显然这无法保证变换到主存第 8 块的同一地址。因此对共享程序必须规定一个统一的页号。

图 4.11 指出了某个有三个页面的编辑程序 EDIT，驻留在主存的第 4、7、8 块，有两个作业以相同页号 0、1、2 共享的情况。

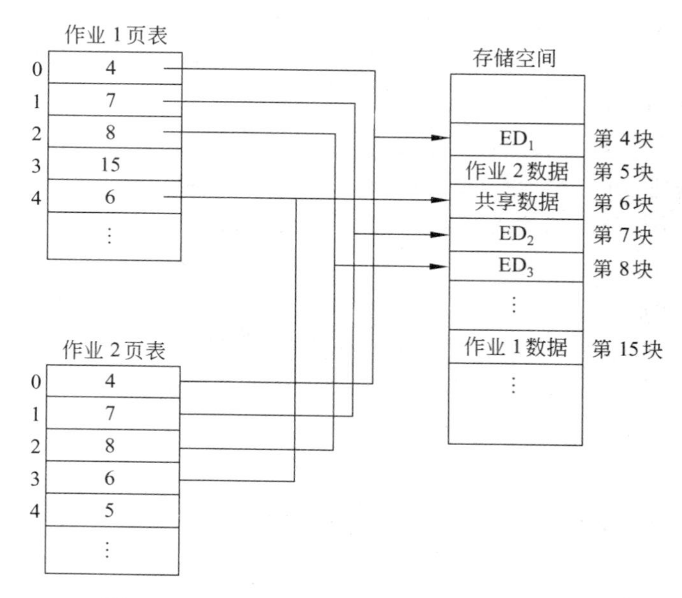

图4.11 两个作业以相同页号共享程序EDIT

在实际系统中,如UNIX中,操作系统的核心代码为每个进程共享,构成每个进程的核心空间。在为每个进程装配核心态的逻辑空间时就是采用了相同的页号0～7,来实现共享的。

4.4.5 保护机制

在分页管理下,使用一种锁保护的办法。为每个页面附设一个若干位的寄存器,叫做锁寄存器,用于存放数字锁。当一个内存页块分给某进程时,便给该块相应锁寄存器设置一个数字锁,例如5。所有分给同一进程的诸页块的数字锁是相同的。然后,将与此锁相匹配的钥匙(如5)交给该进程,并存放在其程序状态字PSW内(见图4.12)。

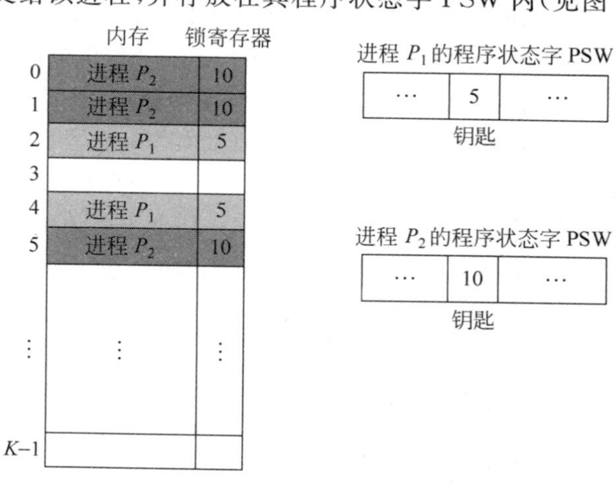

图4.12 分页的锁保护机制

当一个进程成为现行运行进程时，其 PSW 也成为现行的。于是，每一次访问内存时，都要送来钥匙，只有锁和钥匙相符时才允许访问，不符合就发保护中断。这样便防止了进程间的干扰，实现了保护的目标。

4.5 分段管理

在分页存储系统中，作业的地址空间是一维线性的，却被机械地分割成页面，这就破坏了程序内部的天然的逻辑结构。常常会把逻辑相关部分划到不同页面，甚至把一条指令分割到不同的页面，造成共享和保护困难。而且，由于采用静态链接，不能支持程序与数据的动态变化。考虑到结构程序设计的特点，程序员常常用二维地址描述自己的程序结构，于是产生了分段的思想。

4.5.1 分段地址空间

一个段可定义为一组逻辑信息，如子程序、数组或工作区。作业的地址空间如图 4.13 所示，它们是由一些分段(segmentation)构成的，每段都有自己的名字，且都是一段连续的地址空间。整个作业的地址空间是二维的。

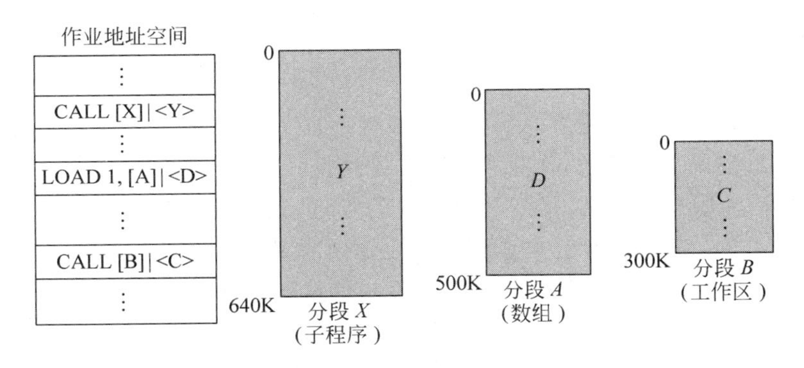

图 4.13　分段地址空间

在分段管理系统中，一个进程的每一个分段必须分配在内存的一片连续的区间，但整个程序不要求在内存中全部连续。

4.5.2 段表与地址变换

分段存储管理的地址映射机构的核心部分是段表(segment table)。在段表中每段有相应的表目，它们分别指出该段的大小和在主存中的起始地址，如图 4.14 所示。

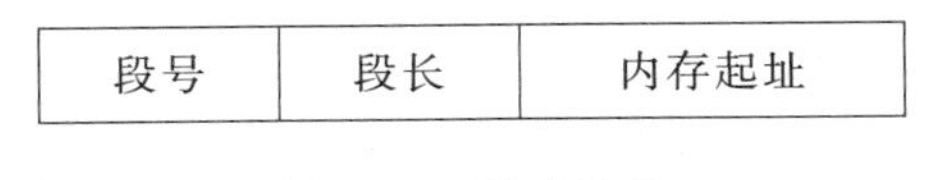

段号	段长	内存起址

图 4.14　段表结构

段表表目实际上起到了基址/限长寄存器的作用。作业执行时通过段表可将逻辑地址转换成物理地址，如图 4.15 所示。由于每个作业都有自己的段表，地址转换应按各自的段表进行。类似于分页存储管理那样,分段存储管理设置了一个段表控制寄存器,用来存放当前占用 CPU 的作业的段表起始地址。

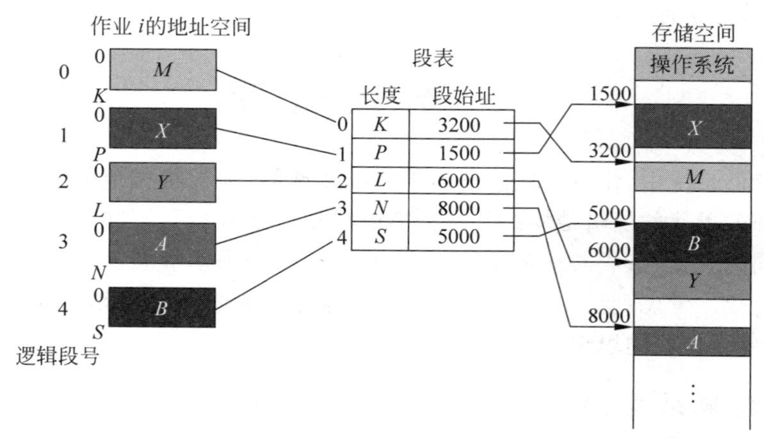

图 4.15 分段地址映射

4.5.3 分段与分页的异同点

分段存储管理和分页存储管理的地址变换十分相似。但必须指出,它们在概念上有本质上的不同。

(1) 分页的作业地址空间是一个单一的线性地址空间,作业中采用一维线性地址;而分段的作业地址空间是二维的,作业中采用二维地址。

(2) 分页活动用户看不见,是系统对主存的管理,是系统对用户作业的一种划分;而分段是用户可见的,是用户行为,每个段有一定逻辑意义。

(3) 页是信息的“物理”单位,大小固定;段是信息的逻辑单位,大小不固定。

4.6 覆盖与对换

覆盖技术与对换技术是在多道程序环境下,用于扩充内存的两种方法。为了扩充内存,可以把进程的地址空间中的信息(指令和数据),主要放在外存上,只把那些当前需要执行的程序段和数据段放在内存。这样,在内、外存之间必然有一个信息交换问题。覆盖与对换就是控制这种交换的两种技术。

4.6.1 覆盖

覆盖(overlay)技术要求程序员提供一个清楚的覆盖结构,即程序员要把一个程序划分成不同的程序段,并规定好它们的执行和覆盖顺序。操作系统则根据程序员的覆盖结构,让后来的程序段进入已经运行完的程序段的区域,完成程序段之间的覆盖。图 4.16 给出了一个程序的覆盖结构,程序模块 A 调用模块 B 和模块 C,模块 B 要调用模块 F,模块 C 则要调用模块 D 和模块 E。图中标出了所有模块的尺寸,如果要将它们同时驻留内存,需要 190KB。但是分析程序结构发现,B 与 C,D、E 与 F 可以不同时驻留。C 可覆盖 B,D 和 E 可覆盖 F,而 E 又可以覆盖 D。只要开辟两个 50KB、40KB 的覆盖区,分别陆续驻留 B、C 和 F、D、E 即可。采用这种覆盖方法,该程序总的空间开销只要 110KB。也可以说,在 110KB 的空间中运行了一个 190KB 的程序。

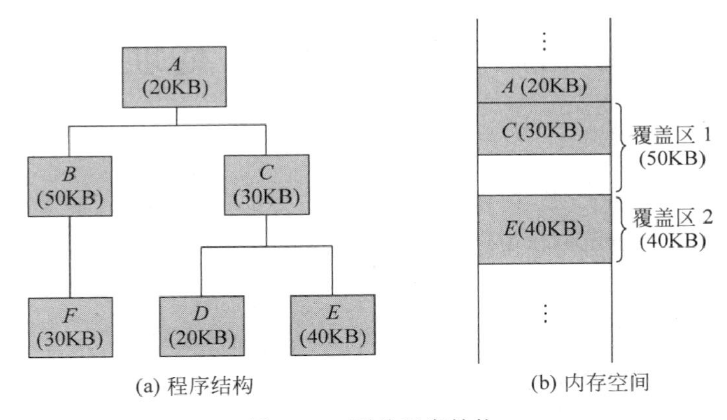

图 4.16 覆盖程序结构

覆盖的一个实例是 MS-DOS 的命令解释程序 COMMAND.COM,它开辟了一个非常驻部分覆盖区,必要的时候可以让用户程序实施覆盖,以支持稍大的一些程序运行。

4.6.2 对换

对换(swap)是当有新的程序需要调入运行而无空闲空间可供分配时,由操作系统把那些在内存中处于等待状态的进程调到辅存,适当的时候再把那些已处于就绪状态的进程调回内存。对换通常以一个完整的进程为单位,在主存与辅存之间换入(swap in)换出(swap out)。

对换的动作对用户是透明的,完全是操作系统的行为。磁盘对换区可以看作内存的延伸,有的系统(如 Linux)把它叫做虚拟内存。

图 4.17 是进程对换的示意图,内存容量只允许驻留进程 P_1、P_2、P_3 和 P_4,但是磁盘的进程对换区中也有 P_5 等另外 4 个进程,依靠操作系统的适时对换,将使得 P_5 等进程也有机会运行。借助于对换技术,主存空间便扩大到包括辅存的对换区。而对于每一个进程,则因为可能有时被对换到辅存,换进换出导致周转时间加长。

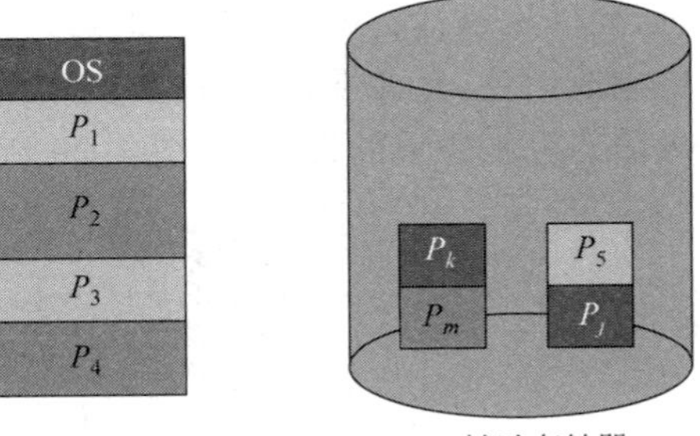

图 4.17 进程对换

对换策略常常以进程状态和驻留辅存(second memory)时间为主要因素。尽可能把辅存上就绪的、驻留时间长的进程对换到主存,把主存中非就绪的进程对换到辅存。为了避免频繁的调进调出,出现所谓的抖动,常常辅助规定自上次对换以来驻留时间尚未达到某个时限的进程被排除在对换之列。

有时候一个进程运行时想扩大自己的区域,比如扩大数据区,但是内存已无足够的区域可供分配。此时可以把进程挂起,将它整个地对换至辅存,适当时机再重新分配足够内存区并再次把它换入内存。这是进程对换机制的灵活运用。

4.7 重点演示和交互练习:地址重定位

4.7.1 静态重定位

在本书配套的网络课件中,在存储器管理的主界面,可以单击"静态重定位"按钮,进行单一连续分配和静态重定位模拟操作。首先接受静态重定位的初始环境设定,如图4.18所示。

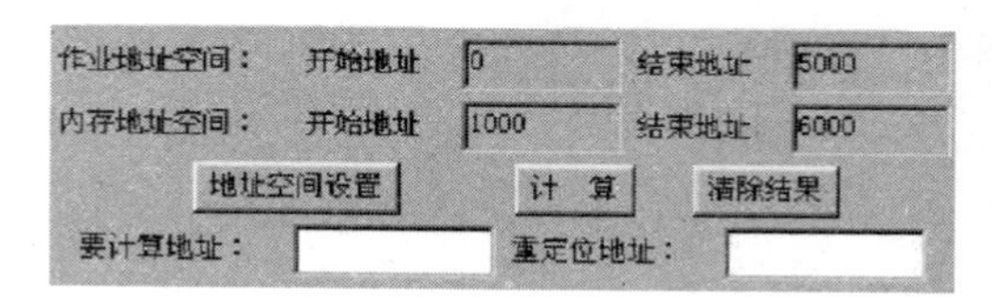

图4.18 静态重定位初始设定

单击"地址空间设置"按钮,出现如图4.19所示的界面。

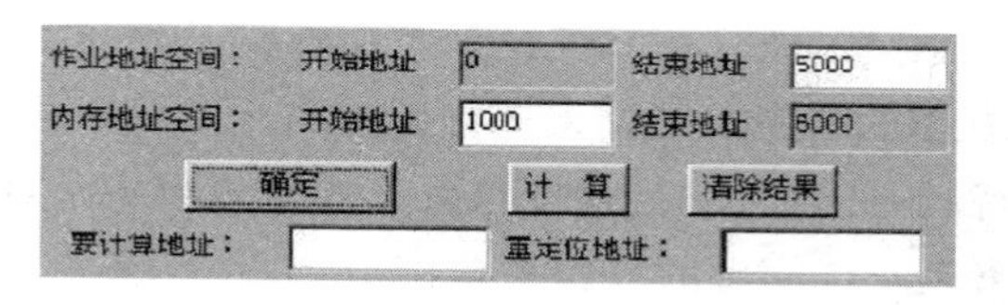

图4.19 设定作业大小

作业的逻辑起址总是0,作业大小,即"结束地址"文本框中数值大小,该文本框变成白色,允许用鼠标定位后设置,如输入500。作业所驻留的内存地址空间的"开始地址"文本框也成白色,允许设置,如设置值2000,单击"确定"按钮,内存结束地址自动变成2500,完成静态分配环境的设置,如图4.20所示。

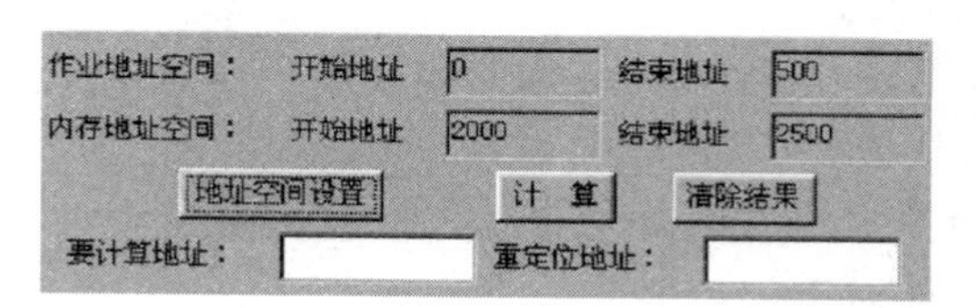

图4.20 设定作业装入的区域

此后,在"要计算地址"文本框中,可以给出任意的逻辑地址,如300,重定位地址2000+300(即2300),便自动显示在"重定位地址"文本框中,如图4.21所示。

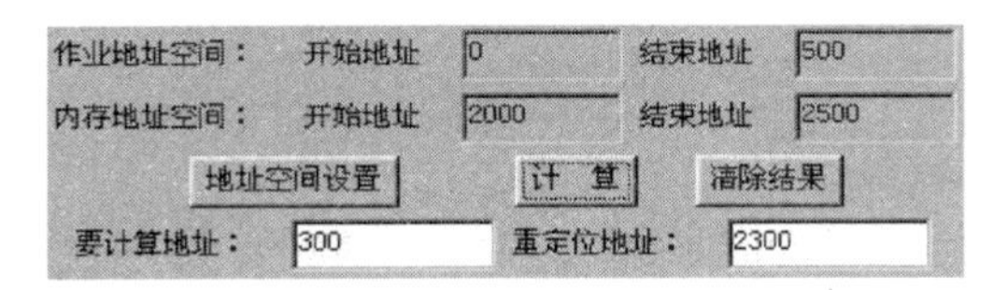

图 4.21　自动完成重定位计算

4.7.2　动态重定位

在网络课件中，对于存储器管理的主界面，可以单击“动态重定位”按钮，进行可变分区及动态重定位模拟操作。

假定初始状态内存有从 20～120KB 可供分配的存储空间，如图 4.22 所示，可输入程序名和程序大小，如程序 P1，大小为 30KB，单击“添加程序”按钮，分配空间，让其进入内存。图中的存储分块表随之作出记载。

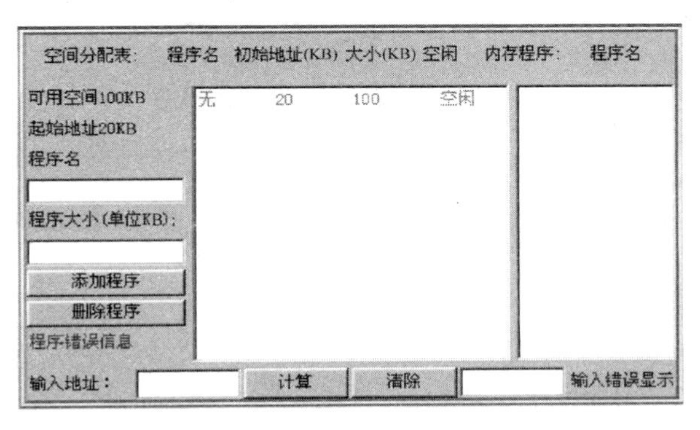

图 4.22　动态重定位的初始界面

假定继之程序 P2、20KB，程序 P3、25KB 进入内存。当 P1、P2、P3 陆续进入内存后，存储分区表如图 4.23 所示。

空间分配表：　程序名　初始地址(KB)　大小(KB)　空闲　　内存程序：　程序名

可用空间100KB
起始地址20KB
程序名
程序大小(单位KB)：
添加程序
删除程序
程序错误信息

程序名	初始地址(KB)	大小(KB)	空闲
P1	20	30	占用
P2	50	20	占用
P3	70	25	占用
无	95	25	空闲

P1
P2
P3

输入地址：　计算　清除　空闲

图 4.23　作业 P1、P2、P3 进入内存后的存储分区表

也可以用鼠标选择表中最右栏的某个在内存的程序，如 P3，单击“删除程序”按钮，模拟 P3 运行结束，系统收回 P3 所占存储区域，此时存储分区表如图 4.24 所示。

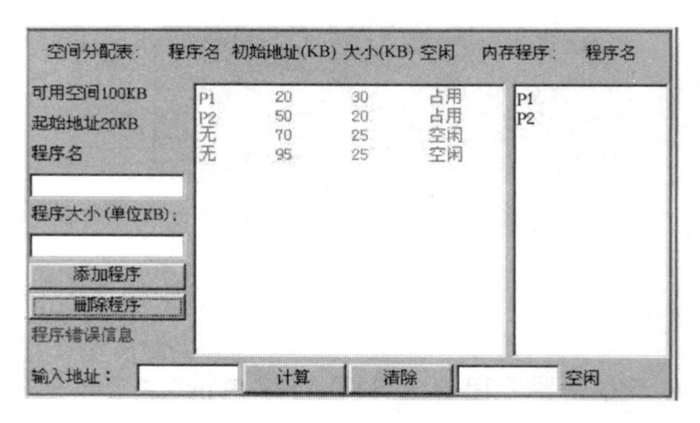

图 4.24 作业 P3 完成后的存储分区表

以下来进行动态地址变换演示,用鼠标选择某作业,如选 P1,在"输入地址"文本框中填上该作业任意一个逻辑地址,如 100,单击"计算"按钮,重定位的内存地址将显示在窗口中,其值为作业 P1 的内存起址 20KB,加上这个逻辑地址 100,即 20580,正如所期待的一样,如图 4.25 所示。

$$A=20\times1024+100=20580$$

图 4.25 地址动态重定位

4.7.3 分页重定位

在本书配套的网络课件中,对于存储器管理的主界面,可以单击"分页重定位"按钮,进行分页式动态地址重定位模拟操作。首先给出如图 4.26 所示的初始界面,下一部分设置页表,上一部分进行地址重定位。页大小假定为 1KB,页表默认为 5 个页面,页编号为 0~4,也可以减少页数。实页号设定了默认值,也可任意设定。这里假定用默认页表。

以下进行动态地址变换演示。在"输入地址"文本框中,任意给一个逻辑地址,如 100。因为该地址在虚页号的第 0 页,而第 0 页对应物理块第 3 块,故对应的物理地址为

$$A=3\times1024+100=3172$$

单击"计算"按钮,可以看到上述结果,如图 4.27 所示。单击"清除"按钮,可以重新设定其他逻辑地址,进行重定位计算。

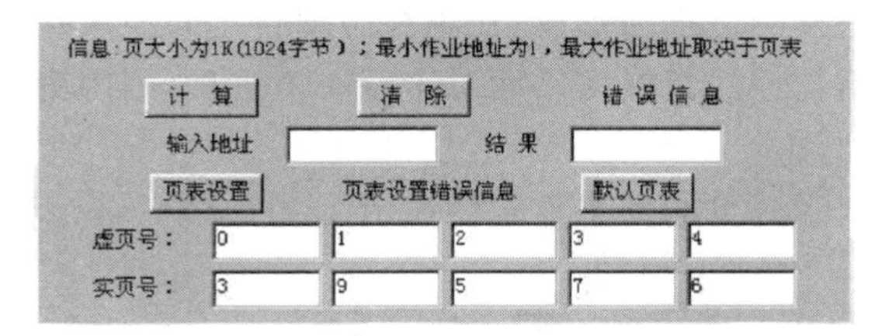

图 4.26　分页重定位的初始界面

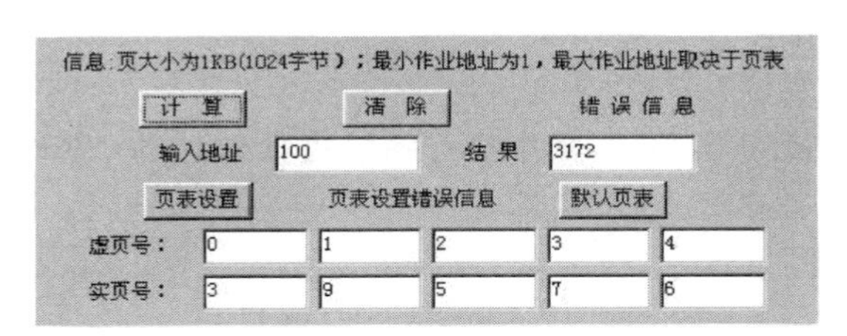

图 4.27　完成分页重定位计算

小　　结

本章讨论了存储管理的任务，包括存储区域分配、地址再定位、存储保护和存储扩充。就单一连续区域分配，分区分配(特别是可变分区分配)、分页存储、分段管理方案讨论了存储管理任务的实现。

分区存储管理是支持多道程序设计的一种最简单的存储管理方案。碎片问题成为分区分配的严重缺陷。

分页存储管理是广泛采用的存储管理技术。作业被分页，主存空间被分块。将作业往内存装配时，是以页为单位进行的。各个页在逻辑上保持连续，而相应的块号在主存中可以不连续。页面的大小总是 2 的方幂。

分页地址映射有由硬件组成的地址变换部分和软件页表，核心部分是页表。为了对 CPU 欲访问的逻辑地址进行变换，动态地址转换硬件首先把线性的逻辑地址分成两部分：页号 P 和页内位移量 W。地址变换时，按 P 值查找现行进程页表的相应表目，获得块号 B，然后将此块号 B 和逻辑地址中的页内位移量 W 拼接，形成物理地址 PA。

关于页面的共享，要区分程序页和数据页，做不同处理。不同的作业可以以任意页号共享一个数据页；但对于一个程序页，不同作业必须以相同的页号去共享。因为地址变换机构无法实现从不同的逻辑地址到同一个内存物理地址的变换。

分页管理使用锁钥存储保护。每一个页面只有锁和钥匙相符时才允许访问。

分段作业中采用二维地址，分段为用户可见，是用户行为，每个段有一定逻辑意义。进程的每一个分段必须分配在内存的一片连续的区间，但整个程序不要求在内存中连续。

分段存储管理的地址映射机构的核心部分是段表。在段表中每段有相应的表目，它们分别指出该段的大小和在主存中的起始地址。

对换通常以一个完整的进程为单位，在主存与辅存之间换入换出。借助于对换技术，主存空间便扩大到包括辅存的对换区。而对于每一个进程，则因为有时被对换到辅存，换进换出导致周转时间加长。

本章重点做了分区和分页的动态重定位演示。

习　题

4.1　存储管理的基本任务是什么？

4.2　何谓地址重定位？

4.3　假定主存容量为512KB，其中操作系统占低地址的126KB，现有作业序列描述如下：

J_1 要求80KB；

J_2 要求56KB；

J_3 要求120KB；

J_1 完成；

J_3 完成；

J_4 要求156KB；

J_5 要求86KB。

试利用最先适应算法和最佳适应算法处理。给出在 J_5 进入内存后的内存分布情况，并画出空闲区队列结构。

4.4　4.3题利用最先适应算法的情况，当 J_5 进入内存后，此时基址寄存器的内容是多少？其作业地址10KB所对应的物理地址是多少？

4.5　何谓存储"碎片"？分区分配、分页分配和分段的碎片是如何出现的？为什么说分页是一种解决碎片的方法？

4.6　有一个分页存储系统，页大小为4KB，设程序地址为16位。假设作业页表如表4.3所示。

表4.3　一个作业页表

页　　号	块　　号
0	5
1	6
2	8

(1) 试将程序地址2F8AH(H表示该数是16进制)转换成物理地址，要求也用16进制表示。并画图表示转换过程。

(2) 试将程序地址2000B(十进制)转换成物理地址，要求也用十进制表示。

4.7　讨论下述每种分页存储映射技术的优缺点。

(1) 直接映射。

(2) 联想映射。

(3) 直接映射与虚拟映射相结合。

假定检索联想存储器的时间为20ns，访问内存的时间为100ns。相联页表命中率为80%，在采用直接映射与映射相结合的情况下，计算CPU为了存取一个数据的有效访问时间。

4.8 考察分页系统的共享，各个进程对于某个数据页可以以任意页面共享，而对于程序页，为什么必须以相同页号才能实现共享？

4.9 在段式存储管理系统中，已经为某个作业分配了主存，并建立了如表4.4所示的作业页表。

表4.4 一个作业页表

段 号	段 长	主存起址
0	680	1760
1	160	1000
2	200	1560
3	800	2800

(1) 段式存储管理如何完成重定位？

(2) 计算该作业访问[0,550]，[2,186]，[1,300]和[3,655]时的内存地址。

第5章 虚拟存储器

CHAPTER

分页解决了将作业化整为零装入主存的问题。人们进一步又想到，是否只装入某作业的若干页面就能使其运行，待以后进程提出新的页面要求时，再按需调入。这样，就可以使主存容纳更多的就绪进程。另外，计算机体系结构的发展，给用户提供的虚拟地址空间，远远大于实际配置的主存容量，可以支持用户编写超出主存容量的大程序。两级存储统一管理的虚拟存储器(virtual storage)思想，为这一问题找到了解决办法。本章主要介绍请页式虚拟存储器管理系统。

5.1 虚拟存储器的概念

5.1.1 分级存储体系

计算机系统一般采用存储程序的方式，CPU 执行的指令必须放在内存，指令执行中要访问的数据也必须在内存。随着计算机软件功能越来越强大，其软件也越来越大，现代计算机系统都配备了大容量内存，以支持大程序和多道程序设计的运行需求。为了允许用户的作业地址空间大于实地址空间，尤其是允许许多用户共享实存储资源去有效地并发运行，通常用两级存储方案实现。第一级是主存，进程在主存中运行，在主存中的数据是运行进程要访问的。第二级由像磁盘、光盘那样的大容量存储介质组成，它们有能力装入有限主存不能同时装入的程序和数据。第二级存储一般称为辅助存储器(second storage)，如图 5.1 所示。

在 CPU 和内存之间，还有 cache，也是能够存取和运行 CPU 指令的地方，其存取速度比内存高。辅存只能做“仓库”用，而不能像内存那样作为 CPU 直接识别的工作场所。数据和指令只能以块为单位存放其上，而存放的指令和数据也只能以块为单位读至内存后才能被 CPU 识别。辅存的存取速度也没有内存快。但是辅存容量大，可以长期存储。主存与辅存统一组成计算机存储体系。

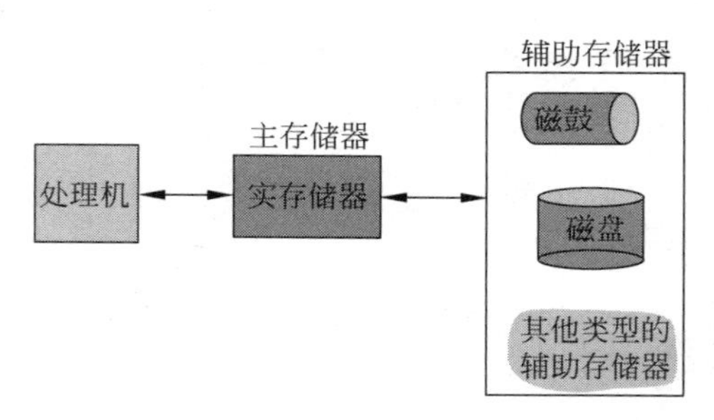

图 5.1 分级存储体系结构(两级存储器)

5.1.2 局部性原理

只有不一定要求程序全部装入内存就能运行,才能运行超过主存容量的大程序,CPU 也才能支持更多程序并发执行。这就是实现虚拟存储器的局部性原理基础。分析程序行为将发现,指令一般顺序执行,或转向到某个分支、某个函数执行,或者执行一个循环,访问一个数组、栈操作。这体现出在一小段时间内访问内存的局部性(locality),局部性意味着在一段时间内只要一部分程序及访问的数据在内存就行了。当需要访问新地址空间时再从辅存把部分程序和数据调入,就可以陆续把一个大程序运行完。

5.1.3 虚拟存储器

计算机系统中主存的大小总是有限的。为了给其地址空间超过主存容量的作业运行提供方便,由操作系统把两级存储器(主存和辅存)统一管理,实现主存的扩充,使得大于主存容量的作业地址空间,都能获得一个假想的虚拟的主存。操作系统为每一个进程提供一个与其地址空间一致的虚拟地址(virtual address)空间,称之为虚拟存储器,如图 5.2 所示。

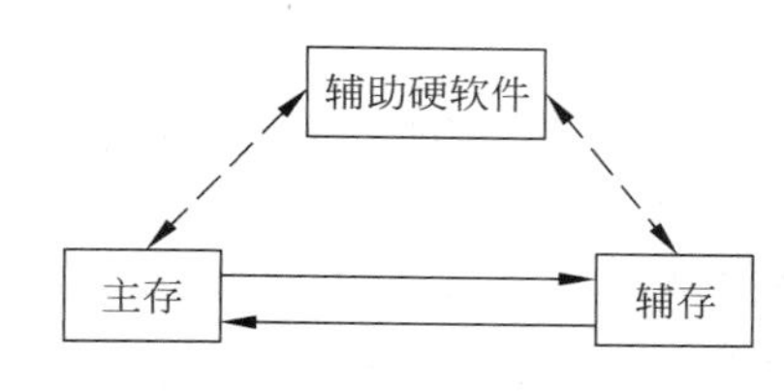

图 5.2 虚拟存储器示意

虚拟存储器概念的关键在于,使运行进程的访问地址与主存的可用地址相脱离。运行进程访问作业地址空间的虚地址,进程只管访问虚地址,但是它们必须在实存中运行。操作系统解决调页与实存分配和虚实结合。至于分配实存的具体位置,因而虚地址对应的物理地址是什么,那是依据当时的情况动态决定的。一个进程一段时间内可能只有当前要访问的程序和数据在内存,而其余部分在辅存的文件空间或对换区里。当要访问不在内存的程序和数据时,操作系统再将它们调入。因此,所谓进程的虚拟存储器,是由分给该进程的部分内存(具体位置也是动态决定的)和操作系统的虚存管理程序造出来的。每个进程都有一个虚拟存储器,即作业地址空间。注意搞清楚虚拟存储器与实际的主存和辅存的关系,物理的主存和辅存是物质基础,没有物理存储不可能支撑程序驻留,无法解决虚实结合。同时也要看到其虚拟的本质一面,不要把虚拟存储器混同于内存加辅存。

进程的虚拟存储器的大小由系统提供的有效地址长度决定。例如,如果是 32 位有效地址,寻址单位为字节,逻辑空间大小就是 2^{32}B,即 4GB。而实存可能只有 256MB。因此虚拟存储技术解决了扩充内存的任务，可以运行远远大于主存容量的作业。

在虚拟存储器的各种实现方案中，分页式虚拟存储器技术是使用最为广泛的一种。

5.2　请求分页式虚拟存储管理

5.2.1　对页式存储技术的改进

请求分页(demand paging)式存储管理继承了分页管理的全部技术，又增加了如下一些新内容。

(1) 为每个作业分配内存时，先只将当前需要的一部分页面装入内存即启动程序运行。

(2) 设置缺页(missing page)中断机制，在作业运行中，当访问到不在内存的页面时，便发生缺页中断，把控制转向操作系统。

(3) 操作系统增设缺页中断处理程序，操作系统判明中断原因是缺页，则到辅存上找到该页，并把它调入内存。

(4) 扩充了页表。请页式存储管理所用的页表，其中包括 3 个标识位：存在位、访问位和修改位，如图 5.3 所示。存在位表示该页是否在主存，为 0 表示该页不在主存，为 1 表示该页在主存。访问位表示该页面最近是否被 CPU 访问过，为 0 表示该页面未被访问过，为 1 表示该页面最近被访问过。修改位表示该页内容是否被修改过，为 0 表示该页面中的数据未被修改过，为 1 表示该页面中的数据已被修改过。

页框号	存取控制	存在位	访问位	修改位

图 5.3　页表结构

5.2.2　缺页中断处理过程

通常情况下，每条指令均由硬件自动完成。CPU 按照程序计数器的内容逐条地执行内存中的程序指令。一旦某条指令执行时访问到一个不在内存的数据地址，如读写数据、取指令、执行转移等，便涉及一个不在内存的页，中断机构将产生一次缺页中断。中断硬件在做了保留现场等工作后，将启动操作系统缺页中断处理程序。它首先判断内存中是否有空闲页面，如果有则直接将需要访问的页读入，此后继续原来指令执行。若没有空闲页，则要先选一页淘汰后再读入。对于一个要淘汰的页面，如果在它上次调入内存以来已被修改过，则要先行写回磁盘后再调入新页。新页被调入后，将继续执行因缺页而被中断的指令。整个缺页中断及其处理的过程是软硬件协调完成的一个整体，如图 5.4 所示。

5.2.3　工作集概念

当需要调入一个新页时，是淘汰该进程一个现有的页，还是给它增加内存的页框数 M 呢？给进程的页框数 M 取多大为好？怎样确定？

工作集模型认为，每个进程在任何一个时刻 t，都存在一个页面子集 $H(t)$，其中包含了进程当前需要频繁访问的一组页面。根据局部性原理(principle of locality),这个子集不会很大。但是如果这个子集不全部在内存,将会发生频繁的调页。这个子集就称为该进程在时刻 t 的工作集。页式虚拟存储管理系统应该时时刻刻力图积累并保持进程的工作集在内存中。实际系统中,分给进程的页框数 M 是变动的,它恰好能够容纳当时的工作集。

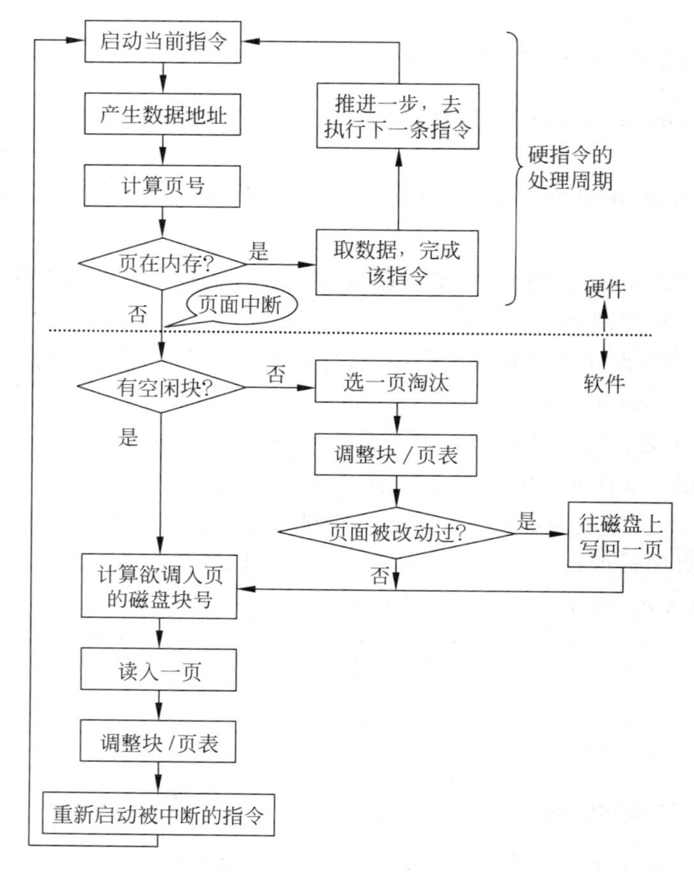

图 5.4 软硬件共同完成缺页处理

工作集及其大小随时间变化,它们可以在进程执行过程中,由工作集大小计算程序动态地确定,大体过程如下。

(1) 装入进程的第一页,让进程运行。

(2) 发生页面故障时,增大 M,调入新页,积累工作集。

(3) 当缺页率趋于稳定(如小于某个阈值)时,便完成了这一时段的工作集积累。此时内存的页面便是这一时段的工作集。

(4) 此后若继续有页面故障,不再增加物理页框数,而要先淘汰某个页后再调入,同时不断地计算缺页率。

(5) 当页面故障率超过某个阈值时,继续增大内存页框数,以便调整工作集尺寸,积累新的工作集。

5.3　页面淘汰算法

所谓淘汰算法就是当要访问的页面在外存而不在内存时，需要将其调入内存。如果此时内存中无空闲页面，则需将内存中某一页面淘汰。用来选择被淘汰页面的算法称作淘汰算法。

衡量算法优劣的测度是缺页率 f：

$$f = F/L$$

其中，F 为在 L 次访问中的缺页次数，L 为访问页面总次数。f 依赖于进程的页面序列以及分给该进程的内存页框数 M。f 越小，算法的性能越好。

5.3.1　淘汰最老页面的 FIFO 算法

FIFO 算法维护一个先进先出队列，队列长度为分配给这个进程的内存页框数 M。开始时队列是空的，装入进程的第一页即可启动运行，当访问到某个不在内存的页面时，把它从辅存调入，加入 FIFO 队列的尾部。

图 5.5 是一个实例，假定页面序列 P 为 7、0、1、2、0、3、0、4，$M=3$，图中给出了页面队列的变化情况。这个例子在总共 8 次页面访问中，只有一次访问成功，缺页率 f 达 87.5%。

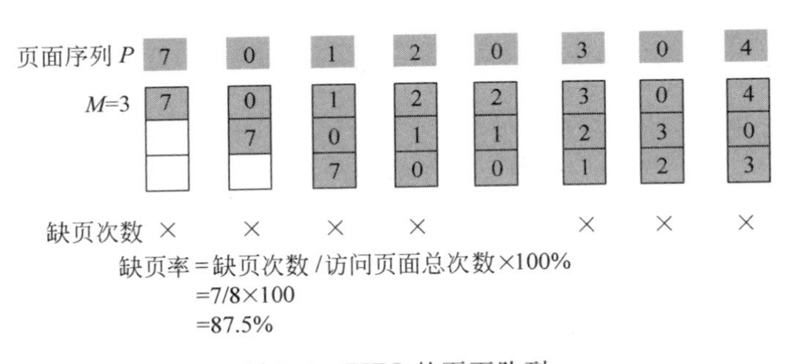

图 5.5　FIFO 的页面队列

FIFO 算法的优点是简单。它的一个很严重的缺点是在有的情况下，进程的内存页框数 M 增加时，对于同样的页面序列 P，缺页率反而增加，这称为 FIFO 算法异常。有兴趣的话，读者不妨自己构造这种例子。当某个页面刚被淘汰又要调入时容易产生这种现象。

5.3.2　淘汰最近最少使用页面的 LRU 算法

LRU(least recently used)算法维护一个后进先出页面栈，栈大小为分配给这个进程的页框数 M。开始时栈是空的，装入进程的第一页并把页号压入栈顶(push)即可启动进程运行。此后当访问到某个不在内存的页面时，如果栈未满，把它从辅存调入，并把页号直接压栈(push)加入栈顶。如果要访问的页已经在内存但不是最新的页，则逐个地把页面号从栈中抽出(pop)，直到抽出当前要访问的页为止，再把原来在栈中的页陆续压

(push)回去,最后压入当前要访问的页。这样将使当前要访问的页总是处在栈顶,最近以来最久没有用的页被压在栈底。如果当前要访问的页不在内存,则直接压栈,使最近要访问的页的页号加入栈顶,栈底最久未用的页号被淘汰。图5.6是一个实例,假定页面序列 P 为7、0、1、2、0、3、0、4,$M=3$,图中给出了页面栈的变化情况。开始栈是空的,把页号7从辅存调入内存后,作一个push(7)的操作,把页号7压入栈顶。根据页面走向 P,接下来要访问第0页,调入0页,作push(0)操作,第0页将处在栈顶。接下来访问第1页,把第1页压入栈顶。栈中3个页从栈顶至栈底依次为1,0,7。接下来访问第2页,作push(2)操作,把第2页压入栈顶,原先栈底的第7页,跟第0和1页相比已是最近以来最久未用的页,在作push(2)操作时自然地被淘汰掉。此时栈中3个页从栈顶至栈底依次为2,1,0。此后要访问第0页,经栈中搜索,发现已在栈中的栈底位置,不用从磁盘调页,但是要调整页面栈,使最新的页号0处在栈顶。

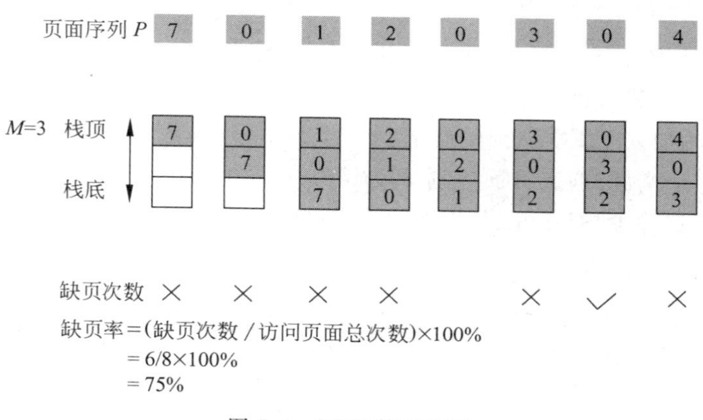

图5.6 LRU的页面栈

操作过程是,先弹栈:

```
s1=pop();    s2=pop();    s3=pop();
```

其中s1、s2、s3是为了保存从栈中抽出的页面的临时单元。此时s3中保留了即将访问的第0页。再按新的顺序作压栈操作:

```
push(s2);    push(s1);    push(s3);
```

这个例子在总共8次页面访问中,栈操作系列依次为:

访问第7页,不在栈中,push(7),栈中页号为7;

访问第0页,不在栈中,push(0),栈中页号为0,7;

访问第1页,不在栈中,push(1),栈中页号为1,0,7;

访问第2页,不在栈中,push(2),栈底第7页被压掉,栈中页号为2,1,0;

访问第0页,已在栈中,要调整栈,进行以下操作:

```
s1=pop();    s2=pop();    s3=pop();(s3是即将访问的第0页)
push(s2);    push(s1);    push(s3);(s3的第0页将被最后压入)
栈中页号为0,2,1;
```

访问第3页，不在栈中，push(3)，栈底第1页被压掉，栈中页号为3,0,2；

访问第0页，已在栈中，要调整栈，进行以下操作：

```
s1=pop();    s2=pop();（s2是即将访问的第0页，栈底的页不用管）
push(s1);    push(s2);（s2的第0页将被最后压入）
栈中页号为0,3,2;
```

访问第4页，不在栈中，push(4)，栈底第2页被压掉，栈中页号为4,0,3。

在总共8次页面访问中，有2次访问成功，缺页率 $f=6/8=75\%$。

LRU算法的优点是没有FIFO算法的异常。可以做以下分析来确认这一点。页面栈中的页面集合 C 是 p, t, m 的函数，即 $C(p,t,m)$。分析页面栈发现，无论是否缺页，当前访问的页总被放在栈顶。从栈顶往栈底看，栈中各页是页面序列 P 中从当前页起反向搜索的不重复页面子序列 $C(p,t,m)$。如在图5.6中，时刻 t_4 从页面踪迹 $P(t_4)=2$ 知道将要访问第2页，栈中的3个页面为 $C(2,1,0)$，就是页面序列 P 中从当前页起反向搜索的不重复页面子序列 $C(P(t_4),P(t_3),P(t_2))$。这一性质保证了，对于任何页面踪迹 P，任意时刻 t，总有 $C(p,t,m)\subseteq C(p,t,m+1)$，即所有在 $C(p,t,m)$ 出现的页，都会在 $C(p,t,m+1)$ 中出现，访问 $C(p,t,m)$ 能够成功的，在页面数 m 增加时总能成功。因此LRU算法不会出现异常现象。

LRU算法的缺点是，为保证新页在栈顶，即便访问的页在内存也要调整栈，调整页面栈需要较多的时间。

5.3.3 OPT算法

当需要淘汰一个内存页面时，OPT(optimal replacement algorithm)算法力图选择该进程内存各个页面中永远不再需要的页，若找不到，则选择最久以后才会用到的页。这种算法有最小的缺页率。OPT算法需要知道运行进程今后的整个访问踪迹，这往往难以做到，因而它只有理论上的意义。

5.4 段页式存储管理

分页存储管理能有效地提高内存的利用率，分段存储管理能很好地满足用户的需要，段页式存储管理则是分页和分段两种存储管理方式的结合，它同时具备了两者的优点。

5.4.1 基本概念

段页式存储管理既方便使用又提高了内存利用率，是目前用得较多的一种存储管理方式，它主要涉及如下基本概念。

(1) 等分内存。它把整个内存分成大小相等的内存块，从0起依次编号。

(2) 作业或进程的地址空间。这里采用分段的方式，按程序的逻辑关系把进程的地址空间分成若干段，每一段有一个段名或段号。

(3) 段内分页。按照内存块的大小把每一段分成若干个页，每段都从0开始为自己段的各页依次编以连续的页号。

(4) 逻辑地址结构。一个逻辑地址的表示由3部分组成,段号 s、段内页号 p 和页内地址 d,记作 $v=(s,p,d)$,如图5.7所示。

段号(s)	段内页号(p)	页内地址(d)

图5.7 段页式存储管理中的逻辑地址结构

(5) 内存分配。内存以段为单位分配给每个进程,大小为能够容纳一个分段的页大小的整数倍。段被以页为单位分配内存块,一个段的各页在内存可以不连续。

(6) 段表、页表和段表地址寄存器。为了实现从逻辑地址到物理地址的转换,系统要为每个进程或作业建立一个段表,并且还要为该作业段表中的每一段建立一个页表。这样,作业段表的内容是页表长度和页表起址。为了指出运行作业的段表地址,系统有一个段表地址寄存器,它指出作业的段表长度和段表起始地址。

在段页式存储管理系统中,面向物理实现的地址空间是页式划分的,而面向用户的地址空间是段式划分的,也就是说,用户程序被逻辑划分为若干段,每段又分成若干页面,内存划分成对应大小的块,进程映像交换是以页为单位进行的,从而使逻辑上连续的段存入在分散内存块中。

5.4.2 地址转换

地址转换过程如下。

(1) 首先考察段号 s,将它与段长 TL 进行比较,若 $s<TL$,表示未越界。于是地址转换硬件将段表地址寄存器的内容和逻辑地址中的段号相加,得到访问该作业段表的入口地址。

(2) 将段表中的页表长度与逻辑地址中的页号 p 进行比较,如果页号 p 大于页表长度,则发生中断,否则正常进行。

(3) 将该段的页表基地址与页号 p 相加,得到访问段 s 的页表的第 p 页的入口地址。

(4) 从该页表的对应的表项中读出该页所在的物理块号 f,再用块号 f 和页内地址 d 拼成访问地址。即物理地址 $r=f\times$页大小$+d$。

(5) 如果对应的页不在内存,则发生缺页中断,系统进行缺页中断处理。如果该段的页表不在内存中,则发生缺段中断,然后由系统为该段在内存建立页表。

在段页式系统中,为了获得一条指令或数据,需要3次访问内存。第1次是访问段表,取得页表始址;第2次是访问页表,获得物理地址;第3次才是取出指令或数据。为了提高访问速度,通常用联想与直接映像相结合的虚地址变换机构,如图5.8所示。

5.4.3 管理算法

地址转换过程是软硬件密切配合的过程,如图5.9所示。段页式存储管理中,软件作用体现在为作业分配主存并填写段表、页表,实施重定位算法。硬件的作用主要是设置并适时发出越界中断、缺页缺段中断。在中断发生时,中断硬件要做现场的保留和最后恢复,转向中断处理软件按一定策略进行中断处理。

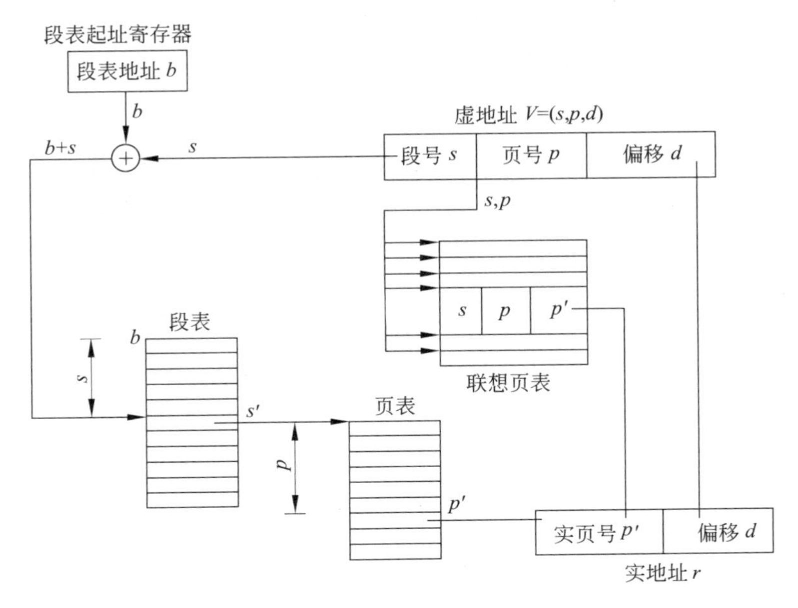

图 5.8　在分段并分页系统中用联想与直接映像相结合的虚地址

其中的中断处理模块的主要功能如下。

(1) 缺段中断。这个模块的功能是在系统的现行分段表中建立一个表目，并建立一张页表，并在其段表的相应表目中登记此页表的始址。

(2) 缺页中断。这个模块的功能是在内存中找出空闲的存储块，实施调页，填写页表。如果没有找到，则调用交换算法，淘汰内存中的一页到外存，然后调进所需页面到内存，并修改相应的页表表目。

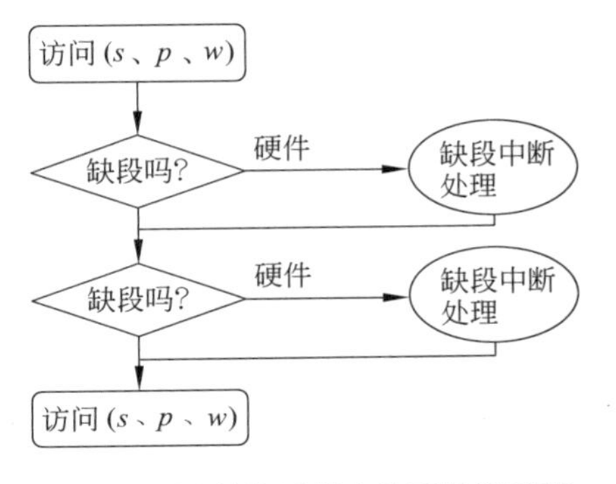

图 5.9　地址转换过程中缺页缺段时硬、软件协同动作

段页式存储管理是分段技术和分页技术的结合，因而，它具备了这些技术的综合优点，即提供了虚存的功能；又因为它以段为单位分配内存，所以无紧缩问题，也没有页外碎片的存在；另外，它便于处理变化的数据结构，段可以动态增长；它还便于共享和控制存取访问权限。

段页式存储管理也有缺点，它增加了软件的复杂性和管理开销，也增加了硬件成本，需要更多的硬件支持；此外，各种表格要占用一定的存储空间；并且与分页和分段一样存在着系统“抖动”现象。还有，它和分页管理一样仍然存在着页内碎片。

5.5　重点演示和交互练习：页面淘汰算法

在课件中从“虚拟存储器”→“页面淘汰算法测试”，便进入使用 FIFO 算法、LRU 算法进行页面置换测试，屏幕上显示“使用 FIFO”或“使用 LRU”算法的输入表单，要求用户输入“页面序列 P”和“内存页面数 M”。将光标移动到输入框,可以直接输入。图 5.10 是 FIFO 算法的例子,假定任意给定页面序列 P 为 4、3、2、1、4、3、5、4、3、2、1、5,$M=3$。

使用FIFO		
页面序列 P:	4 3 2 1 4 3 5 4 3 2 1 5	提交
内存页面数 M:	3	重添

图 5.10　FIFO 算法页面淘汰输入

在单击“提交”按钮后,系统将给出如图 5.11 所示的 FIFO 算法计算结果。

页面序列是:4 3 2 1 4 3 5 4 3 2 1 5
访问页面总次数为:12
内存页面数为:3
命中次数:3
缺页率:75%

图 5.11　$M=3$ 时 FIFO 算法计算结果

图 5.12 是对于同一页面序列 P,$M=4$ 的 FIFO 算法计算结果。

页面序列是:4 3 2 1 4 3 5 4 3 2 1 5
访问页面总次数为:12
内存页面数为:4
命中次数:2
缺页率:83.3%

图 5.12　$M=4$ 时 FIFO 算法计算结果

在这个例子中,$M=4$ 时的缺页率比 $M=3$ 时的缺页率大,产生了 FIFO 算法异常。再来测试 LRU 算法,仍然用同一页面序列 P,图 5.13 是 $M=3$ 的结果。

使用 LRU 进行页面置换测试的结果

页面序列是:4 3 2 1 4 3 5 4 3 2 1 5
访问页面总次数为:12
内存页面数为:3
命中次数:2
缺页率:83.3%

图 5.13　$M=3$ 时 LRU 算法计算结果

图 5.14 是 $M=4$ 时 LRU 算法计算结果,可以看出这种算法确实没有异常。

使用 LRU 进行页面置换测试的结果

页面序列是:4 3 2 1 4 3 5 4 3 2 1 5
访问页面总数为:12
内存页面数为:4
命中次数:4
缺页率:66.6%

图 5.14　$M=4$ 时 LRU 算法计算结果

小　　结

按照局部性原理，一个大程序，在一段时间内只要一部分程序及当前访问的数据在内存就行了。当需要执行不在内存的部分时再从辅存把包含新局部的部分调入，就可以陆续把一个大程序运行完。

由操作系统把两级存储器(主存储器和辅存)统一管理，为每一个进程提供一个与其地址空间一致的虚拟地址空间。运行进程访问虚地址，但是它们必须在实存中运行。操作系统解决调页与实存分配和虚实结合。每个进程一个虚拟存储器，实际上可以远远大于主存容量的编址范围。

在虚拟存储器的各种实现方案中，分页式虚拟存储器技术是使用最为广泛的一种。

请求分页式存储管理继承了分页管理的全部技术，又增加了一些新内容，主要包括：设置缺页中断机制，在作业运行中，当访问到不在内存的页面时，便发生缺页中断，把控制转向操作系统；操作系统增设缺页中断处理程序，操作系统判明中断原因是缺页，则到辅存上找到该页，并把它调入内存。

如果需要调入页面时内存中无空闲页面，则需将内存中某一页淘汰。用来选择被淘汰页面的算法称作淘汰算法。本章讨论了FIFO算法和LRU算法。FIFO算法维护一个先进先出队列，总是选择内存中最老的页面淘汰。这种算法简单，但是可能有所谓的FIFO算法异常现象，即增加页面数时，成功率反而减低。LRU算法则维护一个后进先出的页面栈，总是把正在访问的页放在栈顶，而最近以来最久未用的页将被压入栈底，当再次装入新页时自然被压栈淘汰。LRU算法没有异常，但是无论访问是否成功，都需要调整页面栈，需要较多时间开销。

引进了缺页率 f 作为衡量算法优劣的指标，无论什么算法都追求较小的缺页率。

工作集模型认为，每个进程在任何一个时刻 t，都存在一个页面子集 $H(t)$，其中包含了进程当前需要频繁访问的一组页面。根据局部性原理，这个子集不是会很大。但是如果这个子集不是全部在内存，将会发生频繁的调页。这个子集就称为该进程在时刻 t 的工作集。页式虚拟存储管理系统应该时时刻刻力图积累并保持进程的工作集在内存中。

分段并分页的虚拟存储管理方案首先将作业分段，对每个分段再分页，以页为单位分配内存。因而既有能为用户所见，便于段的动态增长，便于段的可控共享等分段存储管理的优点，也有减少碎片，节省物理内存等属于分页技术的优点。当然它也增加了系统的复杂性和软硬件开销。为了减少对于每一个逻辑地址的访问必须经段表、页表到对应的物理地址，先后三次访内的时间，常常采用联想存储器作联想页表，加快地址映射过程。

本章结合实例对FIFO算法和LRU算法进行了交互练习。

习　　题

5.1　某个采用页式虚拟存储管理的系统，实存容量为 2^{18}B，虚存容量可达 2^{24}B，页大小为 2^{10}B。

(1) 主存有多少个物理块？最大块号是多少？

(2) 如果某进程访问其虚拟地址 00123456(八进制)，假定其虚页号对应的实页号为 12(十进制)，试给出对应的物理地址，要求也用八进制表示。

5.2 试构造一个进程的页面系列 P,当给它分配的内存页面数 M 从 3 页增大到 4 页时,将发生 FIFO 异常。并分别计算出缺页率 f。

5.3 在一个支持虚拟存储器的分页存储管理系统中,某作业有以下页面序列：1、2、3、4、1、2、5、1、6、2、7、5。

(1) 若分配给这个作业 3 个内存页面，试分别用 FIFO 淘汰算法(用页面队列)与 LRU 淘汰算法(用页面栈)，计算各自的缺页率。

(2) 若分配给这个作业 4 个内存页面，再分别用 FIFO 淘汰算法(用页面队列)与 LRU 淘汰算法(用页面栈)，计算各自的缺页率。

(3) 分析上述计算结果,能够发现什么？

5.4 在一个页式虚拟存储系统中,某进程的页面序列为 6、8、5、6、4、3、8、1、8、6、5、4、2,分配的页框架为 4 页,当前即将访问第 3 页。试问按照 FIFO、LRU 和 OPT 算法,当前应该分别淘汰哪一页？

5.5 假设有一系统采用请求分页内存管理,今有一用户程序,它访问其地址空间的字节地址序列是：70、305、215、321、56、140、453、23、187、456、378、401。若内存大小为 384B,页大小为 128B,试按 FIFO 算法和 LRU 算法,分别计算访问成功率。

5.6 FIFO 页面淘汰算法的优点是什么？这种优点使得有的操作系统(比如 DEC 的 VMS)虽然知道 FIFO 可能有异常现象发生,但是还坚持采用 FIFO 算法。

5.7 LRU 页面淘汰算法具有什么优点,使得当前流行的操作系统都采用这种算法？

5.8 有一个程序要将 128×128 的整型数组 a 初置“0”,假定页面大小为 128 个字,数组 a 中的元素每一行放在一页中。假定系统分给此进程的物理块只有一块($M=1$),开始时该主存页是空的。若程序依下列两种方式编制：

(1)

```
int a[128][128];
int i,j;
for (i=0; i<128; i++)
    for (j=0; j<128; j++)
      a[i][j]=0;
```

(2)

```
int a[128][128];
int i,j;
for (j=0; j<128; j++)
      for (i=0; i<128; i++)
        a[i][j]=0;
```

问：执行此两程序分别要发生多少次缺页中断？

5.9 在页式虚拟存储管理系统中,何谓 FIFO 算法异常现象？对于下列页面序列

P：0、1、2、…、k、0、1、2、…、$k-2$、$k+1$、0、1、2、…、k、$k+1$，$k\geqslant 3$。当前分配给该作业的内存页面数 $M=k$，若再增大页面数为 $k+1$ 时，试分析是否将产生 FIFO 算法异常。

5.10 某一采用分段虚拟存储管理的系统，假定：

(1) 系统提供有序对虚拟字节地址 $v=(s,d)$，其中，s 是被访问的虚地址所在的段号，d 是它在该段内的偏移量。

(2) 段表格式如图 5.15 所示。

段号	大小(字节)	是否在内存 (Y 或 N)	内存起址(字节)

图 5.15 段表格式

(3) 内存物理存储的当前分区状态如图 5.16 所示。

(4) 系统采用优先适应的空闲区分配算法。

现在调度进程要调度一个如图 5.17 所示的逻辑结构的进程到内存。

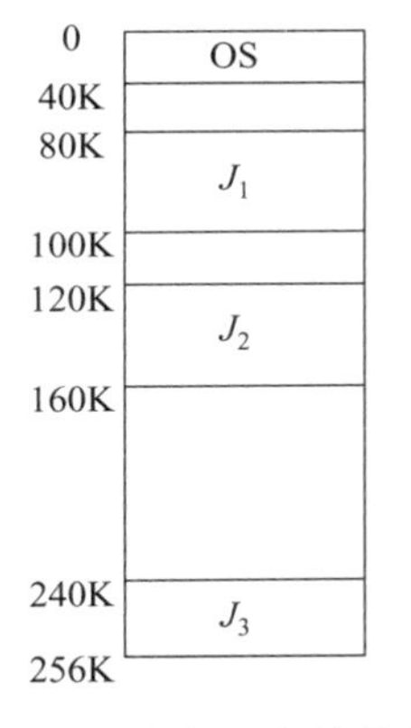

图 5.16 内存物理存储的分区

注：空白框表示空闲区

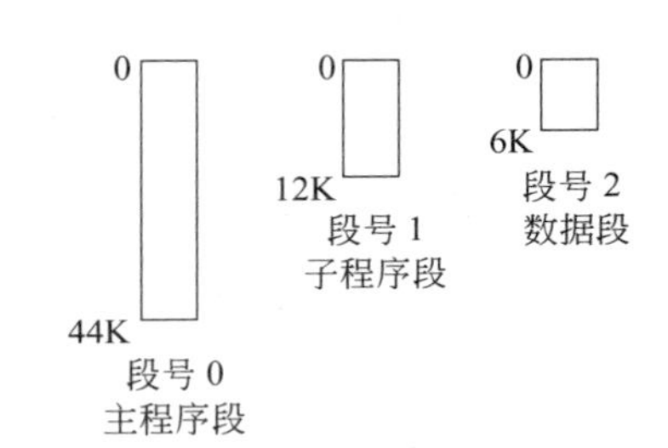

图 5.17 进程地址空间的逻辑结构

图 5.17 所标均为字节地址，调度进程依段号从小到大的顺序为该进程分配内存，并设法将当前段全部装入内存。

试完成以下任务。

(1) 填写该进程相应的段表信息。

(2) 图示虚拟地址 v 的再定位过程。

(3) 分别求出主程序段与数据段中字节地址 4KB 所对应的物理地址。

(4) 画出本次调度后的内存分区状态图。

注：本题不考虑淘汰其他进程的分段。

第6章 设备管理

CHAPTER

整个计算机系统有很多设备，而所有的用户程序，包括除了操作系统以外的其他系统软件，都不直接与设备打交道，管理和提供设备的使用接口是操作系统的一项重要任务。

6.1 设备管理概述

6.1.1 输入输出的硬件组成

现代计算机系统是一个复杂而庞大的系统，可分为两大部分：主机(host computer)和外部设备(peripheral)。主机由 CPU 和内存储器组成，主机以外的计算机硬件统称为外部设备。

硬件结构因计算机而异。对于微型机，常采用共总线结构。设备和它们的控制器，连接于系统总线上，与内存统一编址，如图 6.1 所示。每一类设备单独设置控制器，在控制器与设备之间有设备接口，通过设备接口编程就可以控制设备。

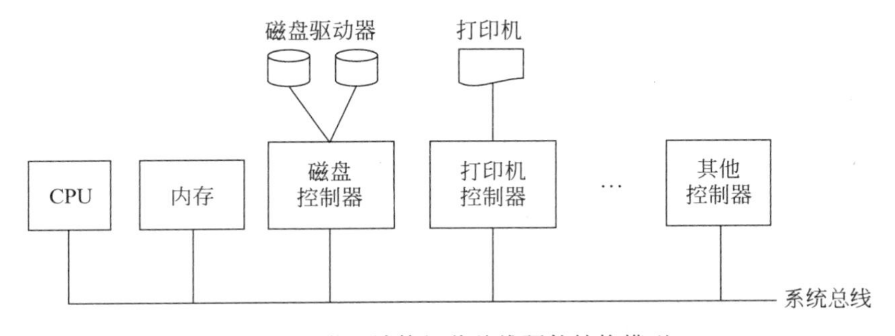

图 6.1 微型计算机共总线硬件结构模型

控制器的作用是把串行的位流转换为字节块，存入内部缓冲区，在进行必要的校验后，做字节块的传输，做完传输后以中断方式向 CPU 报告。

许多控制器，特别是块设备控制器，支持直接存储器存取(direct memory access，DMA)。图 6.2 表示由控制器完成的一次 DMA 传送。

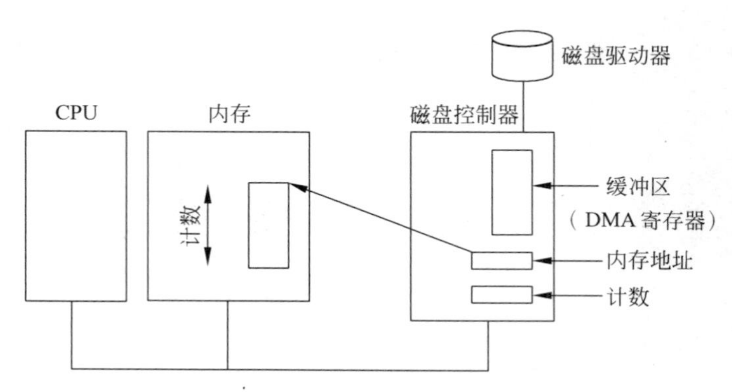

图6.2 由控制器完成的一次DMA传送

有了DMA,CPU不必每次一个字节循环地读磁盘块。只要向DMA控制器提供要读的磁盘块地址和要读的字节数以及作为目的地的内存起址,具体的读操作便由DMA控制器完成。控制器将整个块从设备读入其内部缓冲区并进行校验,然后,它将第一个字节或字复制到由DMA存储地址指定的内存地址处。接着,控制器按刚刚传送的字节数,分别对DMA地址和计数器进行步增或步减操作。重复这一过程,直到DMA计数变成0,信息传输完成。到这个时候,DMA控制器才向CPU发中断信号,启动操作系统相关部分开始工作。

对于IBM 370、IBM 4381这样的大、中型计算机,外部设备部分在设备和控制器之上,还包括通道(channel)。通道实际上是专用的输入输出计算机。主机与硬盘、终端、打印机等各种设备之间,经由通道、控制器相连。通道与CPU共用主存,有专门的输入输出指令,用来编写通道程序以控制设备。CPU经SIO(启动输入输出)、TIO(测试输入输出)、HIO(停止输入输出)等指令,委托和控制通道工作。通道作为CPU的输入输出助手,独立地执行通道程序。程序执行完成或者有异常,则用中断(interrupt)方式向CPU报告。CPU与通道之间的通信如图6.3所示。

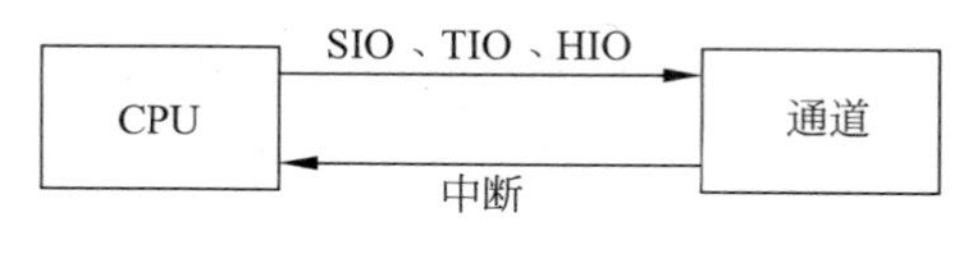

图6.3 CPU与通道之间的通信

6.1.2 计算机设备分类

从输入输出特性上,可把设备分为两大类。

(1) 字符设备。这类设备是以字符为单位进行输入输出的设备,即每输入或者输出一个字符就要中断一次CPU以求进行处理,故也叫做慢速字符设备。所有的输入输出设备都属于字符设备。如卡片阅读机、打印机、带键盘的CRT终端等。

(2) 块设备。这类设备的信息传输以字符块为单位进行。这种设备上的信息传输单位也叫物理块。辅存设备,如硬盘、软盘、光盘都是块设备。块设备有时也叫字符块设备。

从设备分配特性上说，设备可分为3类。

（1）独占设备。该类设备在把设备分给进程后，在未使用完它之前，不能作其他分配，如图6.4所示。所有输入输出字符设备都应是独占设备。

（2）共享设备。多个进程可以“同时”从这些设备上存取信息，如图6.5所示。用作外存（或辅存）的块设备都是共享设备。例如，多个进程可以同时对磁盘存取信息。

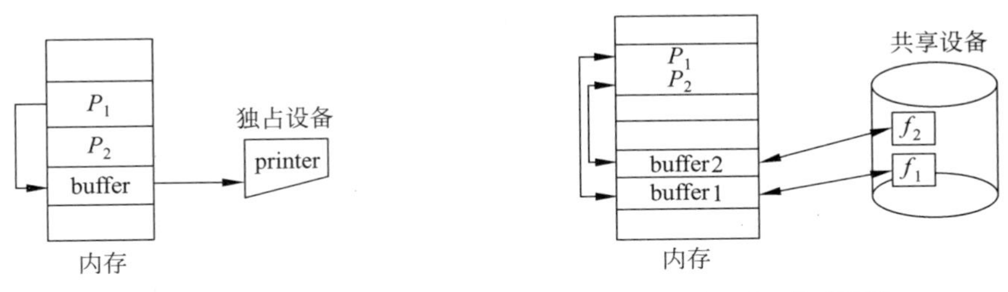

图6.4　独占设备　　　　图6.5　共享设备

（3）虚拟设备。在共享设备上为每个进程开辟一个专门用于输入输出的数据区域，在软件的支持下，每个区域的信息可以连续地，不依赖于产生信息的进程，经一台独占设备实行物理的输入输出。物理设备以及进程的数据区和支持软件，构成了每个进程的一个独享设备，如图6.6所示。因为物理设备只有一台，故进程使用的是虚拟设备。因为数据区在共享设备上，每个进程只需要与数据区打交道就行了，故虚拟设备是可以为多进程同时使用的。相应地，把实现虚拟设备的技术称为设备虚拟技术。例如，SPOOLing打印系统，借助磁盘可以把一台独占型打印机变成许多台虚拟的打印机，使一台只能独占使用的打印机变成一台共享的打印机。

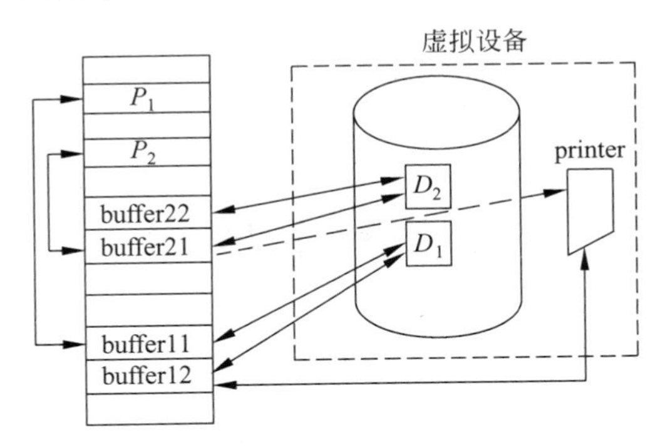

图6.6　虚拟设备

6.1.3　设备管理的功能

设备管理是计算机系统中比较繁杂但却是十分重要的部分。在实际运用中，操作系统提供给用户的主要服务之一，是以一种简单、一致的方式访问输入输出设备的能力，而这正是设备管理提供的。

设备管理的功能有以下几点。

（1）记住所有设备的工作状态。

(2) 为进程的输入输出请求分配设备和通道,为输入输出建立数据通路。

(3) 命令输入输出设备操作。

(4) 管理缓冲区。

(5) 管理设备中断,包括处理各种错误。

操作系统的设备管理应该向用户进程和操作系统的其他部分提供使用设备的简单方便的接口。如果可能,这个接口对于所有设备都应相同,这就是所谓设备无关性或设备独立性。例如,无论系统中打印机配制在类型和厂家品牌上有何不同,使用方法都一样,可能仅仅是重定向到一个代表打印机的文件名(>prn)。使用者完全不用考虑设备之间的差别。

6.1.4 主要数据结构

为了随时记住设备状态,设备管理必须为每台设备设立状态监控程序。监控程序常驻内存,通常由打开设备工作(开电门)时的中断信号激活。设备管理还要为每台设备建立反映设备状态的数据结构。监控程序随时把测试设备的状态信息记载到这些特定的数据结构中,提供给设备管理的其他程序使用。

因为各类设备差别很大,数据结构也有很大差别。IBM 的操作系统为每台设备设立了设备控制块(unit control block, UCB),如图 6.7 所示。

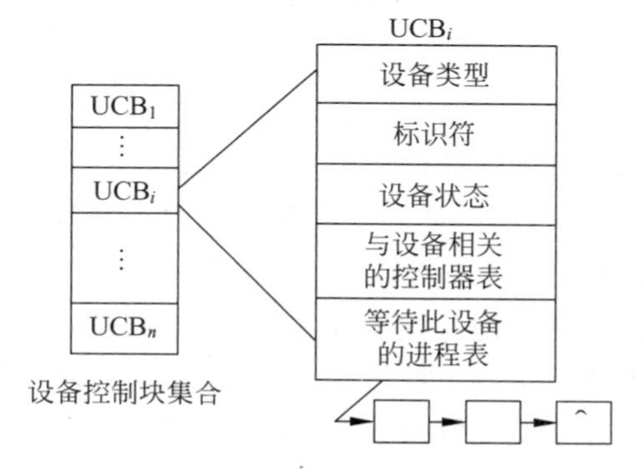

图 6.7 设备控制块

除了设备控制块,还有通道控制块(CCB)、控制器控制块(CCB),在此不再具体引述。

6.2 缓冲技术

设备管理部分的缓存(buffer)主要是为输入输出服务的,它由内存开辟的一片区域构成。

6.2.1 缓存的作用

缓冲区有以下几个作用。

(1) 缓存起中转站的作用,进程经由输入输出设备的输入输出信息,都是经缓冲区中转的。进程只与缓冲区联系,输入输出设备也只与缓冲区联系。在图 6.8 中,进程的打印信息只要送往缓冲区,而专门的打印程序负责把缓冲区中的信息真正打印出去。

(2) 解决信息的到达率和离去率不一致的矛盾,例如,在图 6.9 中,进程产生的信息可能逐个字符慢速到达缓冲区,待缓冲区满了才一次写入磁盘文件中。在 6.1.1 小节中的 DMA 的例子也是如此。

(3) 设置缓冲存储器，暂存输入输出信息，可以减少设备中断 CPU 的次数。

(4) 使得一次输入的信息多次使用，让信息"共享"。

由于有的文件是可以共享的，所以会出现多个进程"同时"读一个文件的情况。如图 6.10 所示，进程 P_1 把文件(左)的第 0 个记录读到内存的某缓存中。此时，另一进程 P_2 也要求读取文件(左)的第 0 个记录，那么，P_2 可直接从缓存中读取，而不必启动输入输出设备到外存上去读取。这一情形可进一步推广，使得一次读入的信息可多次重复使用。

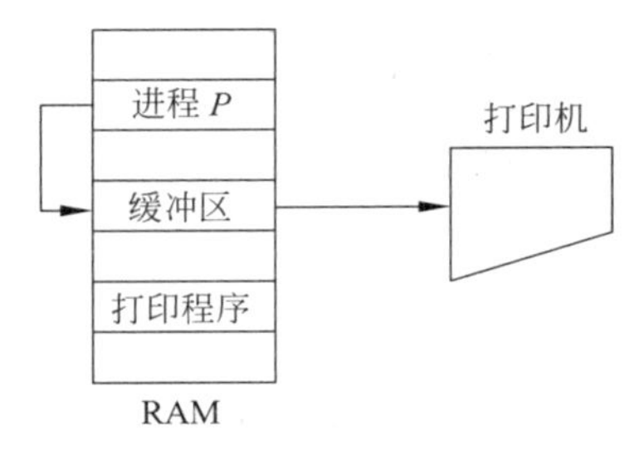

图 6.8　缓冲中转

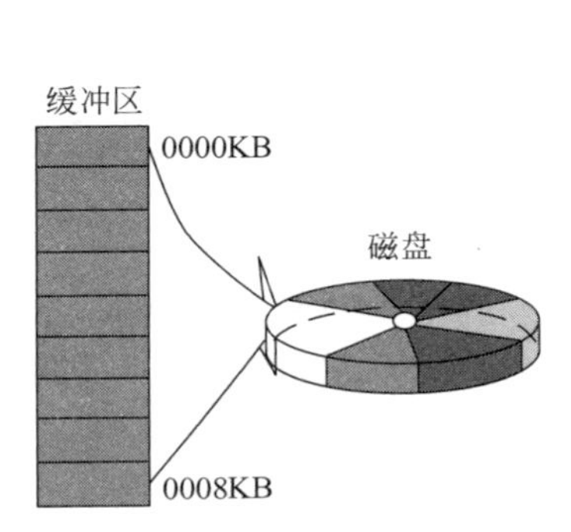

图 6.9　速度匹配缓冲

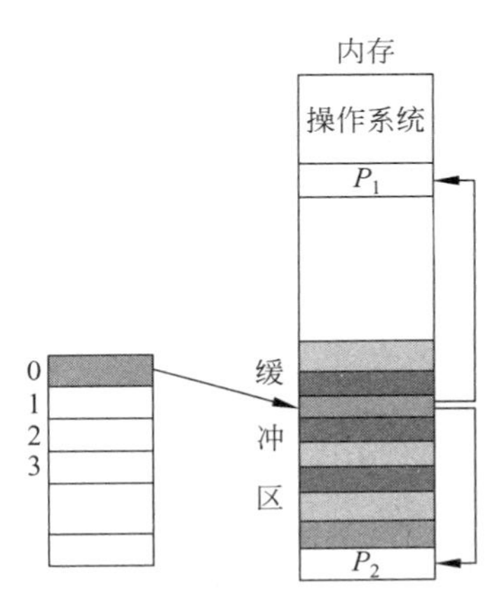

图 6.10　文件信息缓冲共享

6.2.2　管理缓冲存储

图 6.11 以供块设备用的缓冲池为例说明缓存的一般管理方法。为了对缓存实施管理，首先必须为每个缓存建立一个数据结构——缓存控制块(BCB)，操作系统通过 BCB 对每一个缓存实施具体的管理。

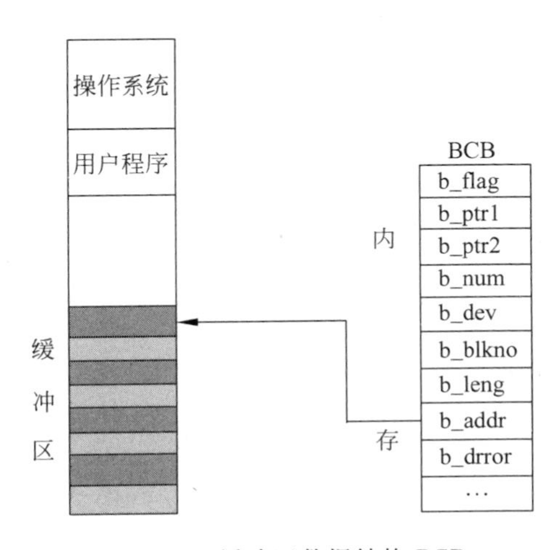

图 6.11　缓冲区数据结构 BCB

图 6.11 中 BCB 的数据项可以分为两大类：一类与缓存管理有关(b_flag、b_num、b_addr)，其中的 b_flag 包含此缓存是否已分配，若已分配，是用于输入还是输出等信息；另一类与输入输出控制有关(b_dev、b_blkno、b_leng、b_error 等)，b_dev 指出哪台设备，b_blkno指出物理块，b_lenth 指出信息长度，b_error 指出有关的错误信息。

系统中有很多设备，需要开辟很多缓冲区，b_ptr1、b_ptr2 用于链接这些 BCB 以组成缓冲池。这两个指针指出BCB处于某一队列。以UNIX的块设备为例,设立20个512B的缓冲区,为每个缓冲区设立与BCB类似的buffer结构。当前尚未使用的缓冲区的buffer构成“空闲缓冲链”,跟某设备输入输出相联系的buffer构成该设备的“设备链”。

6.3 中断技术

6.3.1 中断的作用

中断(interrupt)的作用如下。

(1) 对异步(asynchronism)或例外事件的一种响应。

(2) 这一响应由中断硬件自动地保存现行的CPU状态,以便处理完中断后能够重新恢复原来程序的运行。

(3) 自动转入规定的例行程序,这一程序称为中断处理程序。

中断的引进最初是为了使CPU摆脱外部设备的拖累,使CPU与外部设备可以异步地、并行地工作。CPU在做了必要的准备后,只要启动外部设备,让外部设备独立地工作,CPU就可以立即去做别的事情。此后当外部设备做完了CPU交代的工作,或遇到障碍,才以中断方式向CPU报告。故中断管理是设备管理的一部分。

中断对于操作系统还有其他特殊的意义,许多部分都与中断有关。例如,利用时钟(时间片到期)中断,才得以实现分时轮转调度;增加并利用缺页中断,才得以实现内存的虚拟分页存储;利用中断机构,才可以增加一系列由操作系统实现的系统调用,扩充系统功能,提供用户程序使用;中断机制对于实现进程之间的通信也是必不可少的。

6.3.2 中断处理过程

图6.12描述了一次中断处理机的执行路径。

(1) 处理机从点①开始执行用户程序。

(2) 当执行到点②时,发生中断。中断硬件机构在保留了必要的现场后,迫使处理机转到中断处理程序入口点③,进行中断处理。每类中断都有与它相关的双字,称为“老”PSW和“新”PSW,存储在主存的预定单元中。中断硬件机构把现行的PSW存入老PSW的位置,再从新PSW单元中取出内容送到现行PSW寄存器中。这样,指令的顺序就转到规定的中断处理程序。

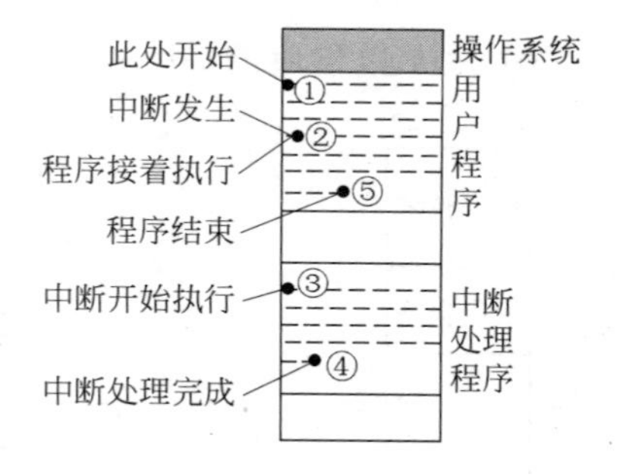

图6.12 中断处理过程

(3) 当执行到中断处理程序结束点④时,处理返回到原被中断的程序点②。

(4) 接着,当中断处理结束时,又把老PSW变成现行的PSW,系统恢复到中断以前的状态,被中断的程序恢复运行原来的程序,直到点⑤,程序运行结束。

6.3.3 嵌套中断处理过程

通常，在系统中有多个中断源，会出现两个或更多个中断源同时提出中断请求的情况，这就必须给每个中断确定一个中断级别——优先级(priority)，CPU按其优先级的高低顺序来响应中断。

当CPU响应某一中断源请求，在进行中断处理时，若有优先级更高的中断源发出中断请求，则CPU应有能力中断正在进行的中断服务程序，保留这个程序的断点(break point)和现场(类似于子程序嵌套)，响应高级中断。在高级中断处理完以后，再继续被中断的中断服务程序。图6.13是嵌套中断处理过程示意。

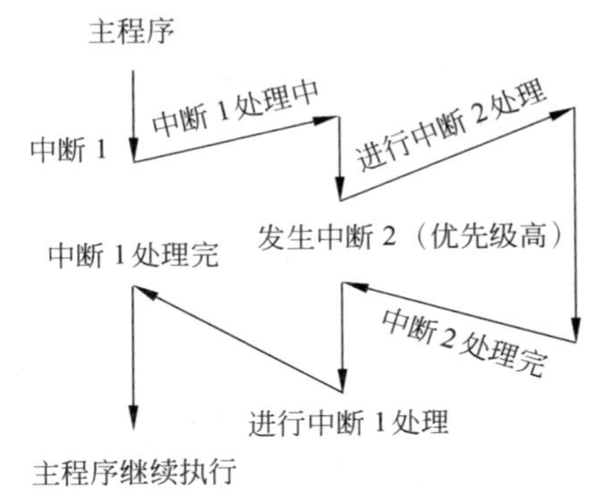

图6.13　中断的嵌套处理

当发出新中断申请的中断源的优先级与正在处理的中断源同级或更低时，则CPU不响应这个中断申请，直到正在处理的中断处理服务执行完以后才去处理新的中断申请。

6.4 SPOOLing 技术

SPOOLing(simultaneous peripheral operation on-line，假脱机)系统采用虚拟设备技术。它借助可共享的大容量磁盘，将独占型的慢速输入输出设备虚拟化为每个进程一个的共享设备。这一技术被现代计算机系统普遍采用，例如，在MS-DOS微型计算机操作系统中，有假脱机打印程序print。

6.4.1 SPOOLing 系统的一般结构

在网络课件演示的操作系统中，有一个既包括输入(卡片机)又包括输出(打印机)的完整的SPOOLing系统，如图6.14所示。

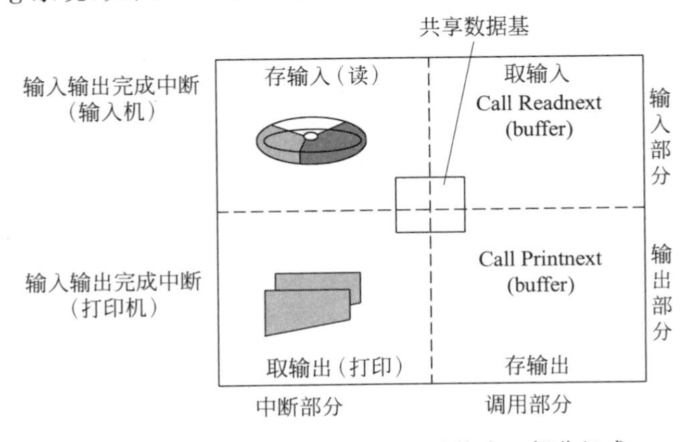

图6.14　一个完整的SPOOLing系统由4部分组成

一个完整的 SPOOLing 系统由 4 部分组成：输入部分的“存输入”程序和“取输入”程序，输出部分的“存输出”程序和“取输出”程序。中间是 4 部分共用的数据结构。与输入设备打交道的是“存输入”，与输出设备打交道的是“取输出”。这两个程序以中断方式启动工作，只要有待输入输出的信息，它们保证慢速的输入输出设备不停顿地工作。它们分别将输入信息存入磁盘的特定区域和从磁盘特定的区域取出待输出信息。而“取输入”，则负责把磁盘上已经输入的信息送至用户进程区，免去它们从慢速外部设备输入的时间开销。“存输出”则将用户进程要输出的信息存于磁盘上，免去它们往慢速外部设备输出的时间开销。

6.4.2 SPOOLing 系统的工作原理

在 SPOOLing 系统中，存在着极高的并行性。卡片叠要求输入，在内存中运行的作业也要求输入，同时它们又有信息要求打印出来。它们工作过程是：卡片叠通过“存输入”被读进输入井中；内存作业则经 SPOOLing 系统的“取输入”程序，从输入井中取输入，代替从卡片机输入。作业要打印的信息则经“存输出”程序放入输出井中。输出井中的信息则由 SPOOLing 的“取输出”程序从打印机打印出去。

SPOOLing 的“存输入”与“取输出”程序是与作业无关的，只要有卡片要求输入井或者输出井中有待打印的信息，它们就源源不断地做信息的输入与输出。在辅存上开辟的一些固定的区域，称为输入井和输出井，用以存放待输入和待输出信息。内存中的作业只与共享的磁盘输入井、输出井打交道，不直接与慢速的卡片机和打印机打交道。

用户可以不必关心这个过程。在用户程序中，使用的是从慢速的字符设备上输入输出信息的系统调用指令，但在该指令执行时，操作系统把它转换成从块设备上输入输出信息，而块设备是多个进程可以“同时”读写的，于是 SPOOLing 便把只能由一个用户独占的字符设备变成多用户、多进程共享的设备。

6.4.3 假脱机打印

现在看看其中的输出部分。在图 6.15 中，作业 2～作业 4 运行中要求打印，它们只要在“SPOOLing 存输出”程序的支持下，把输出信息存于“输出 DASD”(磁盘)即可。在这些作业看来，磁盘上相应的区域就是它们的虚拟打印机。

磁盘上待打印的信息由“SPOOLing 取输出”程序负责，它独立于所有作业，只要打印机空闲，它便逐个作业地把磁盘上的打印信息输出。图 6.16 正在打印作业 2 的信息。

6.4.4 SPOOLing 系统的优点

SPOOLing 技术集脱机与联机两者的优点，避免了它们的缺点。以联机输入输出的方式，获得脱机输入输出的优点，因而也叫假脱机技术。

由于有通道和中断的支持，使得输入输出设备和主机可以完全并行，再加上使用缓冲技术，整个 SPOOLing 系统有了高度并行性。整个输入输出设备可以与主机并行工作，输入和输出之间可以并行，从字符设备到缓存和从缓存到字符设备之间的信息也可以并行。

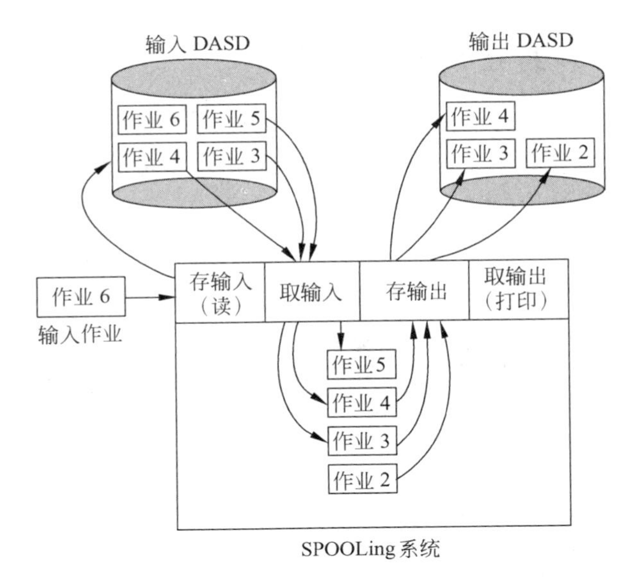

图 6.15 作业 2～作业 4 把欲打印的信息同时存入虚拟打印机(磁盘区)

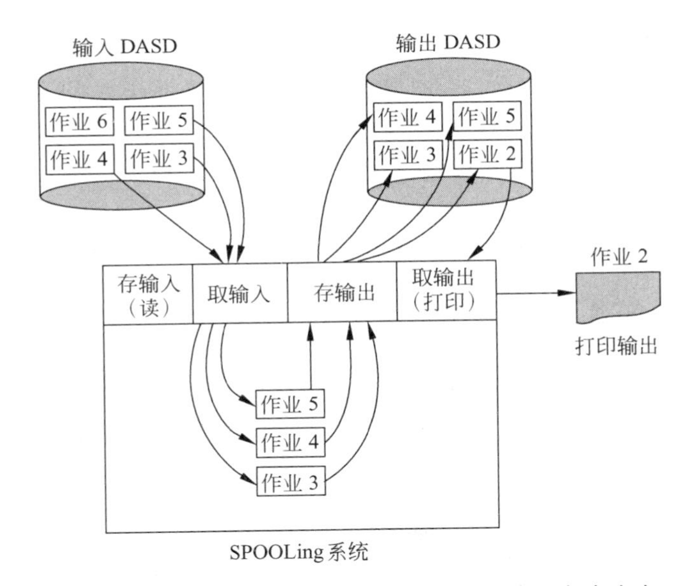

图 6.16 作业 2 的输出信息被 SPOOLing 独立地打印出去

SPOOLing 系统的优点有如下两个。

(1) 将慢速的字符设备变成快速的共享设备。

(2) 提高了系统的并行性等。

6.5 设备驱动

本节讨论底层的设备管理技术。

6.5.1 逻辑设备和物理设备

对于输入输出操作的设备引用,程序员使用的仅是一种逻辑引用,这可以保证用户程序对于不同平台的适应性。系统必须有一种映射功能,把逻辑引用映射到物理设备上。这种映射信息保存在系统内的一张逻辑设备表(LUT)中。

如表6.1所示,对于不同的设备,其逻辑设备号是不同的,但对于同类设备,其物理设备号相同,驱动程序地址也相同。

表6.1 逻辑设备表(LUT)

逻辑设备号	物理设备号	驱动程序地址/KB
1	7	120
2	7	120
3	2	100
4	6	110
5	10	150

在单用户系统中,系统只有一张LUT表,每个进程通过此表来访问设备,从逻辑设备到物理设备映射的操作是很简单的。对于多用户系统,操作系统为每一个用户设置一张LUT表,然后使用户直接或间接创建的所有进程在其PCB中有一个指针指向这个LUT表,再通过此表指向不同的物理设备。现代操作系统都允许某种形式的输入输出重新定向,即改变逻辑设备表来确定物理设备。

6.5.2 设备状态监视

通常,在控制器与输入输出设备之间有一个接口。这个接口有几个内部寄存储器,其中包括数据寄存器、状态寄存器、操作方式寄存器、命令寄存器等。它们通过读或写的命令连同相应的地址信息进行存取。设备驱动程序通过这个接口传送控制信息来设置其操作方式。

设备驱动程序在代表进程开始数据传送之前,必须确定设备的状态。这是通过把设备的状态寄存器内容读入到CPU,并测试其不同的位来实现的。

例如,Intel 8521A的状态寄存器格式如图6.17所示,共有8位。

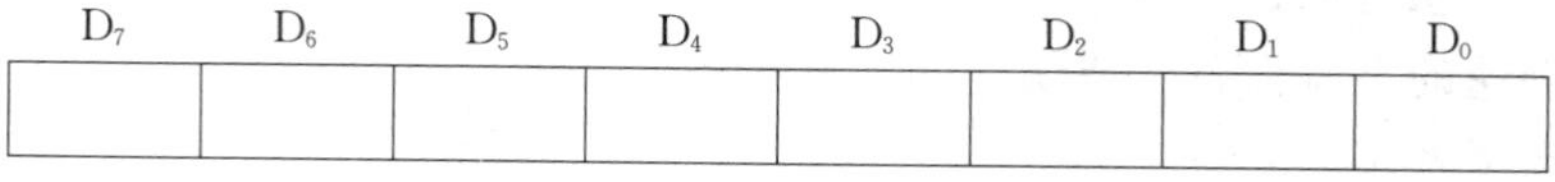

D_7	D_6	D_5	D_4	D_3	D_2	D_1	D_0

图6.17 Intel 8521A的状态寄存器格式

图6.17中各字段含义如下。

(1) D_0 位表示发送器就绪。

(2) D_1 位表示接收器就绪。

（3）D_2 位表示发送器空。

（4）D_3 位表示奇偶校验错。

（5）D_4 位表示溢出错。

（6）D_5 位表示组帧错。

（7）D_6 位表示检出的SYNC特征。

（8）D_7 位表示DSR引脚的状态。

通过读入这个状态字并测试有关的各位，处理器可以知道数据接收时或接收后是否出现了错误。每一个输入输出设备都有它自己独有的状态字，对于某些复杂的输入输出设备则可能有多个状态字。

6.5.3　设备驱动程序

设备驱动程序是操作系统中直接与设备打交道并控制设备操作的那部分例程。它是利用特殊的硬件来进行数据传送的。一般说来，设备驱动程序的任务是接收来自它上面一层与设备无关软件的抽象请求，并指挥设备控制器执行这个请求。

以磁盘（disk）为例，磁盘驱动程序接收到的上层来的典型请求是“读第 n 块”。执行这一请求时，它必须决定需要磁盘控制器做哪些操作以及操作次序。它将逻辑块号 n 转化为三维物理地址（柱面号、磁道号、扇区号），检查驱动器电机是否正常运转，确定磁头臂是否定位在正确的柱面上等。磁盘驱动程序及时向控制器的寄存器写入这些命令参数。因此，磁盘驱动程序是操作系统中唯一知道磁盘控制器设置有多少个寄存器以及它们各自是什么用途的程序。只有它才了解磁盘有多少个扇区、磁道、柱面、磁头、磁臂的移动、电机驱动器、磁头定位时间和其他所有保证磁盘正常工作的机制。

在设备驱动程序发出一条命令后，通常情况下是阻塞自己，等待控制器完成命令后的中断信号唤醒。设备驱动程序被唤醒后，检查传输是否有错，若正常，它将负责把刚刚读的一块数据传送到与设备无关的软件层。若还有未完成的请求在排队，则再选择一个执行。最后，设备驱动程序向调用者返回一些状态信息。调用者就是与设备无关的设备管理程序（对于MS-DOS那样的单用户系统就是用户程序），有的操作系统叫输入输出系统（IOCS），或者是输入输出进程。

在输入输出的过程中或结束时，驱动程序都与IOCS联系。IOCS在启动输入输出设备操作之前，负责校验设备是否可用；而在要求的操作完成后，校验设备的状态，此外它确保把这个输入输出请求传递给与之相应的设备驱动程序。

6.6　磁盘的特性及调度算法

磁盘对于存储信息是非常重要的。作为大容量辅助存储媒体，其容量大小差别很大，外观尺寸也不同。

6.6.1　活动头磁盘

在物理上，磁盘的每一个盘呈扁平圆形，两面涂有磁性材料，信息就存储在这两个表面上。活动头磁盘的每一个盘面使用一个磁头，此磁头可以径向移动，以存取不同磁道上的信息。

磁盘从物理上分硬盘(hard disk)和软盘(floppy disk)，它们的容量大小相差很大。软盘是单片盘，容量小；硬盘是磁盘叠(见图6.18)，容量很大。存取磁盘扇区信息需要4个地址：驱动器号、柱面号、盘面号、扇区号。在特指的驱动器上是三维地址。每次读写均以扇区为单位进行，这是由磁盘的块设备特征决定的。

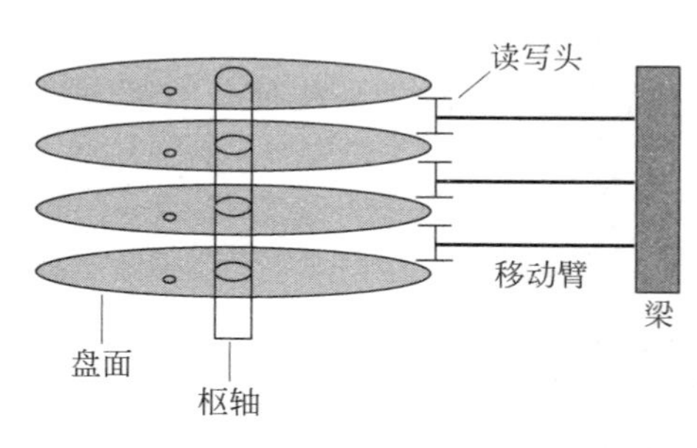

图6.18 活动头磁盘

盘面上的同心圆称为磁道，由外向内编号0、1、2、…。整个硬盘便构成0、1、2等柱面。为了尽量减少磁头的径向移动，信息将尽量集中存储于同一柱面。盘面号也以0、1、2等编号。在同一磁道上，有相同角度的扇区(包括同步用的空闲部分)，从索引孔起，以逆时针顺序编号1、2、3、…。假定硬盘有l个柱面(编号0、1、…、$l-1$)，m个盘面(编号0、1、…、$m-1$)，那么将有$l\times m$条磁道。若每条磁道有n个扇区，则整个盘上有$l\times m\times n$个扇区。

磁盘上的所有扇区在文件系统一级使用的是逻辑块号，块的存储容量与扇区一致，通常是512B。将逻辑块号转换成三维扇区地址是设备管理的任务。如果磁盘有l个柱面，m个面，每个面有n个扇区，那么它们的对应关系如表6.2所示。

表6.2 磁盘物理地址与逻辑块号的对应

扇区物理地址	逻辑块号	扇区物理地址	逻辑块号
0,0,1	0	⋮	⋮
0,0,2	1	0, 1, n	$2n-1$
⋮	⋮	⋮	⋮
0, 0, n	$n-1$	$l-1,m-1,n$	$lmn-1$
0, 1, 1	n		

一般地，与物理块(i, j, k)对应的逻辑块号P可按下式计算：

$$P = imn + jn + k - 1 \quad (0 \leqslant i < l,\ 0 \leqslant j < m,\ 1 \leqslant k \leqslant n)$$

为了把磁盘上的第P块转化为三维地址，可以按下列公式计算：

柱面号 $i=\lceil P/(mn)\rceil$

磁头号 $j=\lceil(\lceil P \bmod (mn)\rceil)/n\rceil$

扇区号 $k=(\lceil P \bmod (mn)\rceil) \bmod n+1$

6.6.2 磁盘的存取速度

磁盘的存取速度由3个部分组成：磁头柱面定位时间t_1(或寻查时间)、扇区定位时间t_2(旋转时间)、信息传输时间t_3。设每次读写的时间为t，则

$$t = t_1 + t_2 + t_3$$

其中，由于柱面寻查定位 t_1 涉及磁头径向运动，因此是主要的。

在计算机运行期间，因为主机有很强的多道程序设计能力(如 UNIX 和 Windows 都支持几十个进程并发执行)，因此磁盘和内存之间的信息交换是十分频繁的。磁盘的存取速度将严重影响整机的速度。于是，操作系统便要提高磁盘的平均存取速度，这是通过一定的磁盘调度策略，主要是减少 t_1 来实现的。

6.6.3 FCFS 调度算法

FCFS(first come first server，先来先服务)算法。如果有一请求序列为柱面号 1、2、3、4，无论磁头在何位置，它都会按照 1、2、3、4 的顺序在各柱面上扫描，并完成相应的功能(如存取、删除等操作)。

优点：公平，负荷小时可接受。

缺点：负荷大，散布较均匀时，磁头来回移动的跨度太大。

例如，假设磁盘总共有 200 个磁道(编号为 0～199)，磁头初始位置是在 53 柱面上，有一个涉及以下柱面的有序请求队列：98、183、37、122、14、124、65、67，那么磁头的总移动量：

$$\begin{aligned} S &= |53-98| + |98-183| \\ &\quad + |183-37| + |37-122| \\ &\quad + |122-14| + |14-124| \\ &\quad + |124-65| + |65-67| \\ &= 640 \end{aligned}$$

该例的移动路径如图 6.19 所示。图中，假定左侧为磁盘外侧(0 柱)，磁盘的旋转轴在右侧(199 柱)。

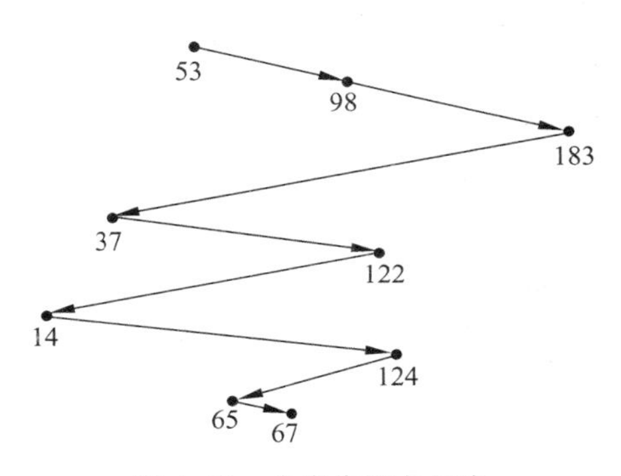

图 6.19 先来先服务调度

6.6.4 SCAN 及其改进算法

SCAN 算法是：让读写磁头在磁盘的直径方向上不断地来回扫描(从一端到另一端，然后反过来)，并在扫描的过程中为输入输出提供请求服务。这一算法有时也叫“电梯”算法，因为它很像电梯在底层和顶层之间来回服务的方式。

仍旧以刚才的磁盘请求序列为例，假设磁头初始位置在 53 柱面上，请求队列为 98、183、37、122、14、124、65、67。

(1) 若磁头由里向外移动，则移动顺序为 53、37、14、65、67、98、122、124、183，那么磁头的总移动量为 208 个柱面。移动情况如图 6.20(a)所示。

(2) 若磁头由外向里移动，则移动顺序为 53、65、67、98、122、124、183、37、14，那么磁头的总移动量为 299 个柱面。移动情况如图 6.20(b)所示。

与 FCFS 算法比较，SCAN 算法减少了磁头的总移动量，因而提高了效率。其缺点是调度顺序依赖于臂的移动方向，实施时随时要记住，对于磁头附近相反方向的请求可能导致响应的较大延迟。

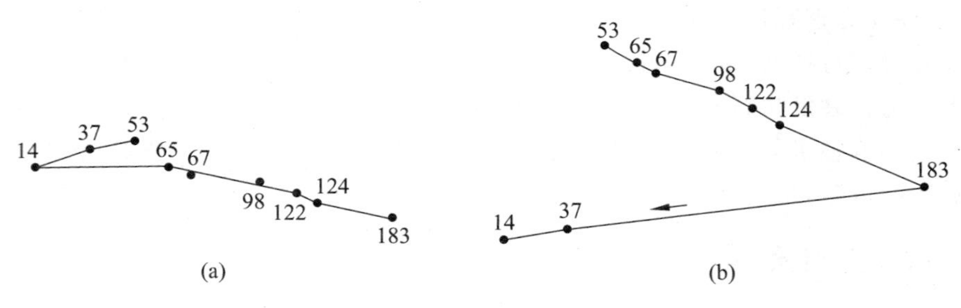

图 6.20 SCAN 调度实例

在 SCAN 算法的基础上提出了 C-SCAN 算法：磁头还是来回扫描，但总是沿着磁道的一端为输入输出提供请求服务，而在“回来的路上”快速空跑。使磁头附近相反方向的请求可以得到尽快的服务，这克服了 SCAN 算法的缺点。

6.7 用户请求输入输出的实现过程

实现具体的输入输出操作是设备管理的一个重要的任务。所谓输入输出，指的是在内存和外部设备之间的信息交换。

一个用户态程序以何种方式向操作系统请求输入输出服务是十分重要的。按照第1章介绍的 POSIX 标准，是通过执行与输入输出有关的系统调用指令来实现的。这些系统调用指令是用户程序与输入输出系统的接口。

如系统调用指令

```
read(logname,length,addr,status)
```

其中，各字段含义如下：

logname 表示本次输入输出设备的逻辑名；

length 表示传送信息的长度；

addr 表示所传送信息的内存的源/目的地址；

status 表示返回值，表示是否成功。

操作系统如何处理用户进程这类输入输出请求？这是值得关心的问题，因为它涉及整个设备管理系统的运作和数据的流动。在操作系统网络课件中，引述了上海交通大学徐良贤、尤晋元等翻译的 A. M. Lister 著的《操作系统原理》一书中的类似部分，并动态地展现了输入输出实现过程，如图 6.21 所示。

图 6.21 描述了操作系统处理一个用户进程的输入输出请求的过程。输入输出过程 DOIO 是可重入的，被几个进程同时调用，启动所需要的服务。通过操作系统边界进入其内部，启动输入输出进程。其工作过程如下：在进程描述块中查找设备，检查参数与该设备特性是否一致，如果出错，则转到出口处理；如果一致则构成输入输出请求块(IORB)，再把 IORB 挂入设备请求队列(以后由设备处理进程处理)。最后通知设备处理进程。设备处理进程被唤醒后，则做以下工作：从请求队列中取出一个 IORB，启动相应的输入输

出操作，等待操作完成。设备产生中断后，中断子程序对信号量 operation complete 进行 signal 操作，唤醒设备处理进程，设备处理程序接着执行出错检查和杂务处理，再对信号量 request serviced 进行 signal 操作，以此通知提出输入输出请求的进程处理。

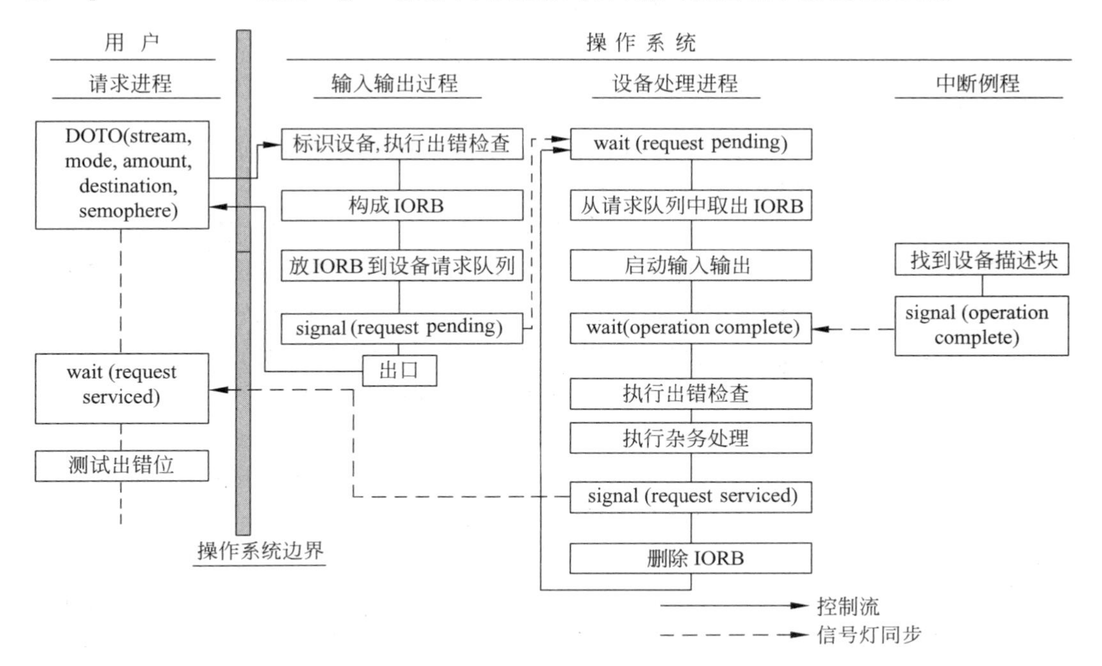

图 6.21　输入输出系统实现过程

6.8　重点演示和交互练习：中断过程、磁盘调度、输入输出实现过程

在操作系统网络课件中，本章各个部分的内容，特别是关于中断过程、磁盘调度和输入输出实现过程、SPOOLing 均有动画演示，并配有语音解释。读者可以有选择地观看演示。

磁盘调度部分给出了测试实例。

(1) 假设磁盘总共有 200 个磁道(编号为 0～199)，磁头正处在 53 柱面上，有磁头请求队列 98、183、37、122、14、124、65、67，那么按照 FIFO 算法，磁头的总移动量为多少个柱面？

(2) 若系统中总磁道数为 200，当前磁头正处在 53 磁道上，磁头由里向外移动，有磁头请求序列 53、37、14、65、67、98、122、124、183，按照 SCAN 算法，磁头的总移动量为多少个柱面？

小　　结

管理外部设备是操作系统的一项重要任务。主机以外的计算机硬件统称外部设备。从输入输出特性上，可把设备分为字符设备和块设备两大类。从设备分配特性上说，设备可分为独占设备、共享设备和虚拟设备。

设备管理的功能主要有：为进程的输入输出请求分配设备和通道，为输入输出建立数据通路；启动输入输出操作；管理缓冲区；管理设备中断。

操作系统的设备管理应该向用户进程和操作系统的其他部分提供使用设备的简单方便的接口。如果可能，这个接口对于所有设备都应相同，这就是所谓设备无关性或设备独立性。使用者完全不用考虑设备之间的差别。

为了随时记住设备状态，设备管理必须设立设备控制块、通道控制块、控制器控制块等数据结构，为每台设备设立状态监控程序。

为了解决信息的到达率和离去率不一致的矛盾，设备管理开辟并管理缓冲存储区。为每个缓存建立一个缓存控制块数据结构，通过BCB对每一个缓存实施具体的管理。系统中有很多设备，需要开辟很多缓冲区，设备管理链接这些BCB以组成缓冲池。

中断管理是设备管理的一部分。但中断对于操作系统还有其他特殊的意义，许多部分都与中断有关。本章讨论了中断处理和嵌套中断处理过程。

SPOOLing技术借助可共享的大容量磁盘，将独占型的慢速输入输出设备虚拟化为每个进程一个的共享设备。一个完整的SPOOLing系统由4部分组成：输入部分的"存输入"程序和"取输入"程序，输出部分的"存输出"程序和"取输出"程序。它们有共用的数据结构。存输入与取输出两个程序以中断方式启动工作，"取输入"和"存输出"以调用方式工作。SPOOLing在辅存上开辟的一些固定的区域，称为输入井和输出井，用以存放待输入和待输出信息。内存中的作业只与共享的磁盘输入井、输出井打交道，不直接与慢速的卡片机和打印机打交道。SPOOLing把只能由一个用户独占的字符设备变成多用户、多进程共享的设备。

设备驱动程序是操作系统中直接与设备打交道并控制设备操作的那部分例程。它是利用特殊的硬件来进行数据传送的。一般说来，设备驱动程序的任务是接收来自它上面一层与设备无关软件的抽象请求，并指挥设备控制器执行这个请求。本章也讨论了设备驱动程序的一般工作过程。

为了让程序员能够只对设备做逻辑引用，保证用户程序对于不同平台的适应性。设备管理提供了从逻辑设备到物理设备的映射功能。

本章还讨论了磁盘特性及调度，介绍了FCFS和SCAN算法，这些算法容易理解，读者应该熟练掌握它们。

考察用户请求输入输出的实现过程是有趣的，可以让读者综合理解计算机的微观工作过程。

习 题

6.1 指出3种设备分配技术。

6.2 指出3种输入输出控制方式。

6.3 指出引入缓冲的3个好处。

6.4 考虑一个程序使用输入输出设备，说明使用1个缓冲区最多可以减少2倍运行时间。

6.5　许多实际系统都使用比较多的缓冲区，如 UNIX 开辟 20 个 512B 的缓冲区，100 个 16B 的缓冲区，试分析这样做的利与弊。

6.6　为什么要引进逻辑设备概念？它是面向用户的还是面向物理设备的？什么程序担任逻辑设备到物理设备的映射？

6.7　设备驱动程序起什么作用？

6.8　指出磁盘调度的 3 种策略。

6.9　设备管理需要哪些基本数据结构？其作用各是什么？

6.10　多项选择题。进程请求读磁盘文件必然要(　　)。

a. 驱动辅存传输

b. 使用内存缓冲区

c. 伴随磁盘完成中断

d. 放弃或被剥夺 CPU

e. 进程状态必然要发生转变

f. 该进程必然要与其他进程通信

6.11　打印机和磁盘在计算机系统中都是共享资源，当多个作业共享时有什么不同？

6.12　磁盘的主要用途是什么？它的基本读写单位是什么？

6.13　如果硬盘中共有 8 个面，每面 110 个磁道，每磁道 96 个扇区，扇区大小为 512B，问共有多少个磁盘块？它们的逻辑编号的范围是什么？磁盘的字节容量多大？最小的物理扇区编号是什么？逻辑编号第 1000 块对应的物理扇区是多少？

6.14　SPOOLing 系统的基本作用是什么？通常为打印机等慢速、独占型外部设备编写 SPOOLing，为什么不对磁盘等设备也这样做？

6.15　磁盘系统调度中，试用 SCAN（“扫描”）调度算法为任务列 67、65、124、14、122、37、183、98 服务，试计算服务结束时，磁头总共移动了几个磁道，假设磁头总在第 0～199 道之间移动，开始服务时，磁头刚从 60 移到 67。

6.16　磁盘请求的柱面以 10、22、20、2、40、6、38 柱面次序到达磁盘驱动器，寻道时每个柱面移动需要 6ms，计算总寻道时间：

(1) 先到先服务。

(2) 电梯算法。

以上均假定磁头臂起始于柱面 20。

6.17　试述设备中断处理程序的一般结构。

第7章 文件系统

CHAPTER

7.1 文件与文件系统

7.1.1 文件

文件(files)是具有符号名字的一组信息元素的集合。文件有两个关键的属性：文件名和存放在存储介质中的信息。而磁盘上的引导记录(boot record)、FAT(文件分配表)等，虽然有重要信息，但是因为没有文件名，都不是文件。各个系统对文件名的要求不同。例如，MS-DOS采用8.3格式；UNIX中采用14.3格式；Windows中则可用最多255个字符表示文件。

现代操作系统提供对于多种不同信息格式文件的支持，例如，在Windows中，可以同时有文本文件、Word文件、BMP图像文件、WAV声音文件、PowerPoint演示文稿、Excel工作表等。这是从使用者角度的区分，不同信息格式文件还需要不同的软硬件支持。从基本的文件系统层面并不关注它们的区别。

7.1.2 文件系统

文件系统(files system)是操作系统中负责存取与管理文件信息的程序和数据结构，位于操作系统核心的最外层，与用户比较接近。文件系统在操作系统中的地位如图7.1所示。

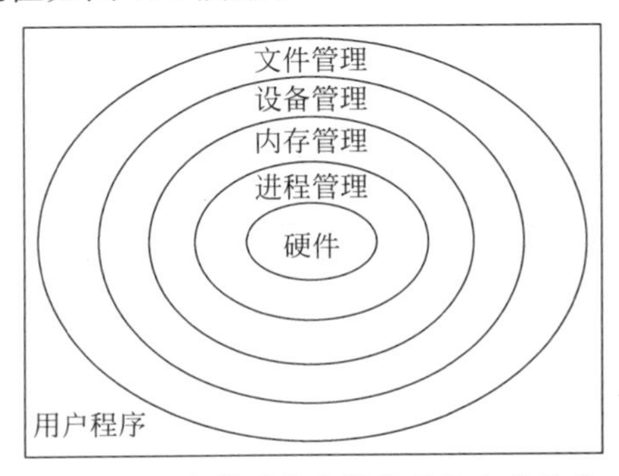

图7.1 文件系统在操作系统中的地位

操作系统中实现文件系统的基本任务如下。

(1) 解决文件信息的逻辑组织,确定文件信息的逻辑结构。

(2) 给每个文件确定一个目录结构,并把系统中所有文件的目录合理地组织起来,实施对文件目录的管理。

(3) 决定文件信息在文件空间(磁盘、磁带、光盘等)的存储方式,即解决文件的物理结构。

(4) 文件存储空间的管理。

(5) 文件属性的设置,提供文件的保护和共享机制。

(6) 文件卷的组织。

(7) 提供使用文件的一组系统调用命令,向用户提供按名存取文件的简单、方便的接口。

下面将对这些基本问题加以讨论。讨论文件的属性和类型,重点放在操作系统如何维护和存取文件,如何保证这些文件的安全性上。这里不讨论数据库,因为数据库是在基本文件系统之上的一级信息组织管理形式。文件系统不知道文件中存储信息的含义,数据库管理系统则知道信息的含义。例如,对于一份学生记录文件,基本文件系统知道文件的大小,在磁盘上的存储位置等较低级的信息,而不知道信息的含义;数据库文件则知道信息的意义,如其中有哪几位是女学生,有几位得了一等奖学金等。数据库系统调用操作系统的文件系统来具体实现文件操作。

7.1.3 文件系统模型

图7.2是文件系统一种可能的结构。

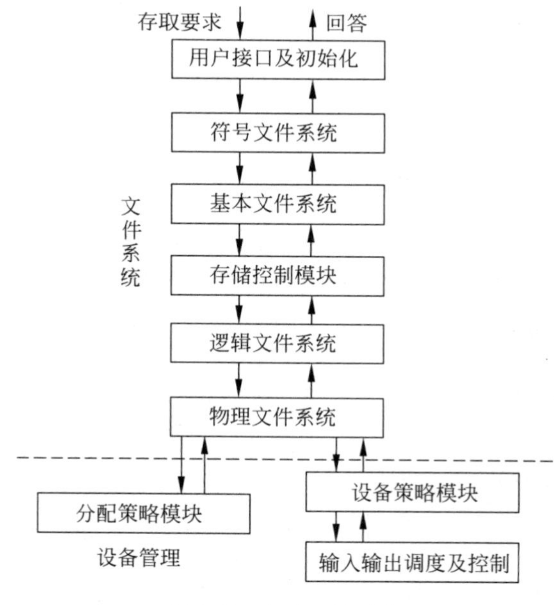

图7.2 文件系统模型

7.1.4　文件卷

文件卷是指对于存取文件信息的介质，按照文件系统的要求划分为必要的区域，对信息加以组织，可以存储文件，称为文件卷。它是卷资源表、目录结构（directory structures）和文件集合及其存储介质的统一体。

1. UNIX 的文件卷

图7.3是UNIX的文件卷示意。

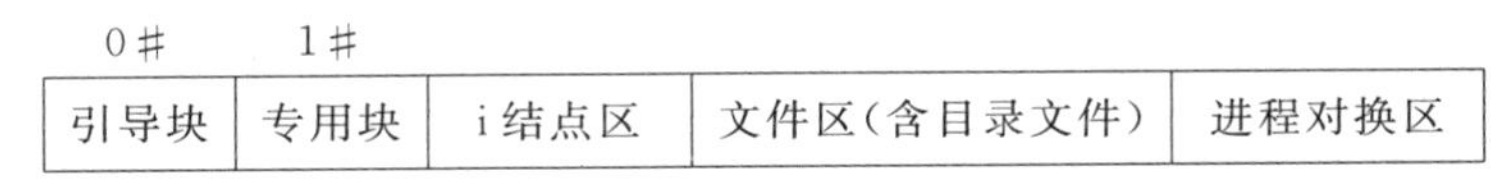

图7.3　UNIX的文件卷

其中，各字段含义如下。

(1) 0#块为引导块，包含一个UNIX的引导程序。其功能是把UNIX从辅存读到内存，并把控制权交给它。

(2) 1#块为专用块，有的系统称其为卷资源表。主要记录卷的资源情况。如卷容量(块)、块大小、文件空间的分配单位、最大文件数、已有文件数、空闲区表。

(3) 2#块之后有一些连续块用做i结点区，包括目录文件的i结点。

(4) 接下去的区域用做文件区。UNIX把目录也作为文件处理，目录文件也存储在这里。

(5) 进程对换区，这部分不属于文件系统，可以看作内存管理的一部分。

2. MS-DOS 的文件卷

图7.4是MS-DOS的文件卷示意。

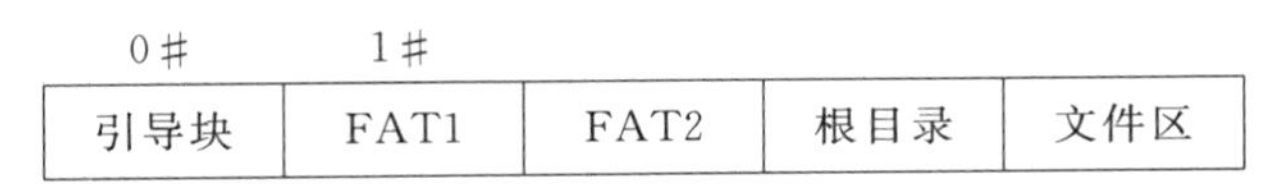

图7.4　MS-DOS文件卷

其中，各字段含义如下。

(1) 0#块为引导块，包含一个BPB(基本磁盘参数表)和引导程序。

(2) 1#块之后的几个连续区域是FAT，整个FAT与文件空间对应。每连续的几个比特为一个表项，每个表项与一个磁盘块簇对应。约定的几个连续块为一簇，作为文件空间的分配单位。FAT有两个作用：一是用来记载盘上每个文件的簇链，文件的磁盘块按照逻辑顺序链接起来，链头则登记在文件的目录中；二是登记空闲块簇。所有以连续标为十六进制F(即－1)的都是空闲簇。

根据上述分析，FAT同时起到文件物理结构和文件空闲空间管理的作用。它是进行各种文件操作必须查询的重要数据结构。

(3) FAT2是FAT1的副本，一般不用。

(4) 接下去的区域用作根目录区。

(5) 最后是文件区。

7.2 文件的逻辑结构

文件的逻辑结构有两种基本形式：一种是记录式结构；另一种是流式结构。

7.2.1 记录式结构

记录式结构把文件分成若干个记录。记录有定长和不定长之分。定长记录文件由一个个长度相等的记录组成，如“花名册”文件、“通讯录”文件都可以作成等长记录文件。用这种结构存储文件的存储开销小，只要额外存储一个记录的长度就行了，可以放在文件信息的前面，或者放在目录里。

非定长记录文件，不要求记录等长，如用高级语言写的源程序可以采用非定长记录文件。存储文件时，不但要逐条存放记录信息，也要同时存放其记录长度。

7.2.2 流式结构

流式结构把文件处理成有序字符的集合，任何输入都作为文件内容，并且加以存储。文件的长度是该文件包含的字符数。

记录式文件与流式文件对 Enter 键的解释不同。对于记录式文件，把 Enter 键看成记录分隔符，而不是文件内容，也不存储。对于流式文件，则认为 Enter 键也是文件中的一个字符。当输出文件时，记录式文件保证每个记录一行。而流式文件，则解释 Enter 键为“回车”加“换行”。

7.3 文件目录组织

7.3.1 文件目录

访问文件信息必须首先访问文件目录。文件目录由文件名和文件管理信息组成。图 7.5 就是可能的一种目录结构，图中除了文件名外，其他都可以看作管理信息。

有的系统，比如 UNIX，把文件的管理信息从文件目录中分离出去，称为文件的 i 结点(i_node)，如图 7.6 所示。

图 7.5 文件目录

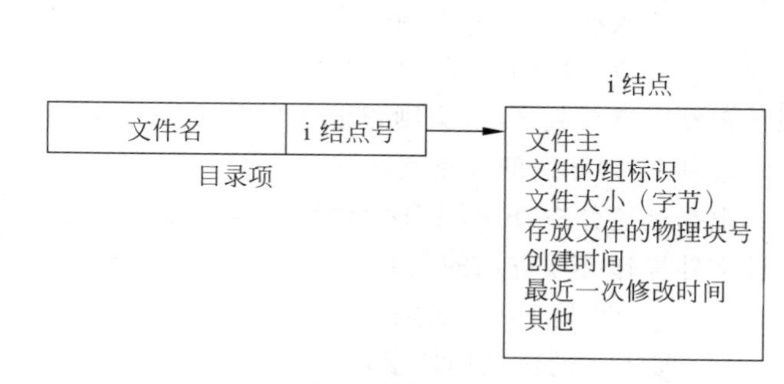

图 7.6 目录与 i 结点

同一级目录下的文件目录项组成一个目录文件,目录文件很小,查找快,匹配文件名后,据其i结点号找到其i结点,文件的所有控制管理信息就找到了。实际上i结点集中了文件的所有管理信息。还要注意,既然目录文件也是文件,它们也有各自的i结点。

文件目录、i结点都存放在磁盘上。有的系统(如MS-DOS)在磁盘文件卷上开辟专门的目录区域,有的(如UNIX)开辟专门的i结点区,作为系统的资源。许多系统都把目录作为文件对待。

7.3.2 目录组织

1. 单级目录结构

将系统中所有文件的目录信息组织在一张表中,就是单级目录结构。这张目录表是线性表,很简单,在文件少时是可行的。但是两个文件不能同名,一个文件也只能取一个名字。在系统中文件数量较多时就不行了。

2. 多级目录与文件的绝对路径名

系统中设一级主目录或根目录。主目录下既可以包含普通文件信息,又可以包含下级目录信息。下级目录又可以再带下级目录,于是系统中便可以形成一棵倒树状的目录树,如图7.7所示,图中椭圆块表示文件的数据信息。

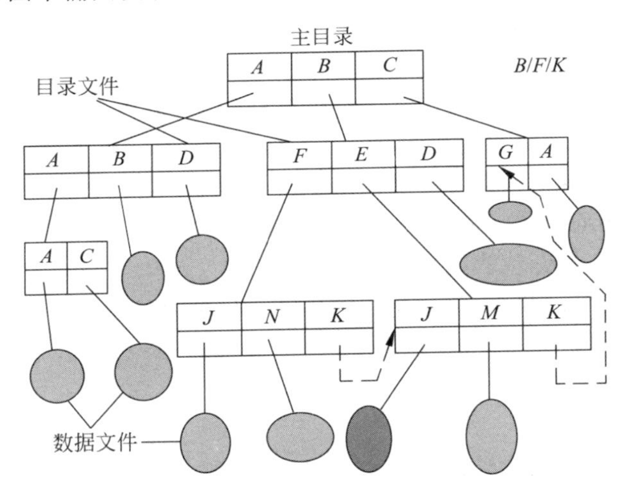

图7.7 树状目录结构

树状目录结构由UNIX系统首先使用。现代计算机系统中往往同时存有几千个甚至几万个文件,为了有效地管理,都采用树状目录结构。

采用树状目录结构便于管理文件。例如,可以将用户文件与系统文件分开存放,系统文件置于某个system目录之下,用户文件置于users目录之下。某个用户li的文件,可放在users的子目录users/li之下。可以按文件的类型划分,例如,设备文件放在dev目录之下,库文件置于lib目录之下。可以按照某种属性划分,例如,系统已配置的可执行程序(命令),置于某个称为bin的目录之下。还可以按用途分,把与系统自身有关的文件放在目录boot之下。

采用这种目录结构时,文件名就不能只是一个简单的名字,必须用一个从根目录("/"或"\")开始的路径名。例如,用 /B/E/J 表示一个文件的名字,指的是该文件位于根目录"/"的子目录 B 之下,直至 B 的子目录 E 之下。在这级子目录 E 下,还有文件名 J。从根目录开始的文件路径名,完整而且唯一地描述了文件的称谓,称为文件的绝对路径名。其中由"/"分隔的分量,体现了目录的层次关系。就像公民的身份证号码唯一地代表公民那样,其中所有号码都是有特定意义的。

树状目录结构有效地解决了文件命名冲突问题。图 7.7 的根目录下有文件 A, A 下面也有同名文件 A, 其命名/A 与/A/A,容易将它们相区别。同一文件也可以以不同名字共享,比如/B/E/J 与/B/F/K/J 代表同一个文件。

引入了绝对路径名后,读写文件之前,为了正确而有效地找到文件,必须按照其绝对路径名,从根目录开始逐级子目录地查询,直到末结点,把它找到为止。这个过程称为目录检索。显然,当目录层次很深时,逐级的目录检索是很费时的。

3. 相对路径名及目录检索

为了缩短用绝对路径名对文件冗长的称谓,减少目录检索时间,引进"当前目录"概念。无论目录层次有多深,系统都为每个用户提供一个"当前目录"。所谓当前目录是用户注册时所在的目录,即注册目录(对于 MS-DOS,注册目录总是根目录"\"),或者最近一次用改变目录命令 cd 所到达的目录。按照 POSIX 标准,当前目录以"."号标记。

所谓文件的相对路径名是从当前目录开始的文件路径名。例如,若当前目录是/usr/li, 则./f1.c 就是/usr/li/f1.c 此时的相对路径名,或者说是相对于/usr/li 的路径名。"."可以省略,./f1.c 可以简化为 f1.c。文件名的这种表示方法比绝对路径名方式简短多了,在目录层次较深时效果更明显。每个文件的绝对路径名是唯一的,而相对路径名根据当前目录的不同而不同。但只要是按上述规则正确使用的相对路径名,无论哪一个都会与其绝对路径名等效,代表同一个文件。

每个目录中还有".."目录,这是它的父目录。只有根目录的".."仍然指向根目录自己。当目录中只显示"."和".."时,就是空目录。

7.3.3 目录检索

为了进行文件操作,必须检索文件名,实施文件定位。考虑检索相对路径名"../a/b",系统(参照 UNIX)要完成下列步骤(见图 7.8)。

(1) 从进程控制块中检索当前目录的索引结点"."。

(2) 使用当前目录索引结点中的信息,检索当前目录文件信息,获得并返回".."的索引结点号。

(3) 检索".."的索引结点。

(4) 使用".."索引结点中的信息,检索".."目录文件信息,获得并返回 a 的索引结点号。

(5) 检索 a 的索引结点。

(6) 使用 a 索引结点中的信息,检索 a 目录文件信息,获得并返回 b 的索引结点号。

(7) 检索 b 的索引结点。

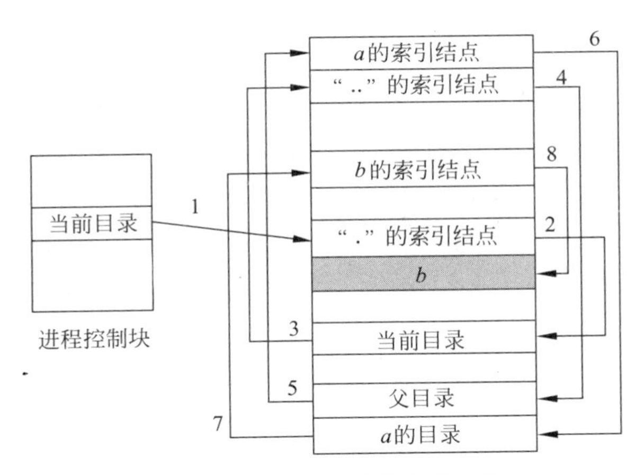

图 7.8　跟踪一个路径名的过程

(8) 存取文件 *b*。

7.4　文件的物理结构

文件的物理组织指的是文件信息在辅助存储器上的安排。

首先要明确一点，文件信息要成块，将连续的记录(对于记录式文件)或字符(对于流式文件)组成与辅存传输单位同样大小(通常是 512B)的块。654KB 就有 1308 块。那么，每个文件众多的信息块是以什么组织方式存储到磁盘上的呢?

7.4.1　连续结构

若一个文件的信息存放在外存的连续编号的物理块中，则为连续存储方式，这样的文件叫连续文件。

这种文件结构的优点：一是结构简单，在目录结构中的“物理块号”域，只要指出首块号和总块数即可；二是当需要连续存取时效率高。例如，MS-DOS 的两个重要文件 IO.SYS 和 MS-DOS.SYS 就采用这种存储方式。缺点是不便于文件尺寸动态增长，而这是用户随时可能进行的。当需要增添文件信息时，为了保持连续结构，往往要先申请一片更大的空闲空间，把原来的所有信息复制过去，再进行添加，这是很费时的。

7.4.2　链接结构

这种结构允许将逻辑上连续的文件块存放到不连续的物理块中，为了保持所有文件块的逻辑顺序，在每一个文件块中设置一个指向存放下一个逻辑块的物理块指针，如图 7.9 所示。最后一块的指针域置为∧(空指针)，表示它已是最后一块。

图 7.9 中，左边是文件的目录，登记了首块号 143，信息块末尾指向下一块的指针指向了 188 块。文件的 8 个块依 143、188、150、123…的逻辑顺序链接起来。

这种结构方式便于文件动态增删。在课件中，有增加一块和减少一块的过程动画示意。缺点是欲对某个块进行操作前，为了找到这个块，必须把它前面所有的块逐块地读到内存，

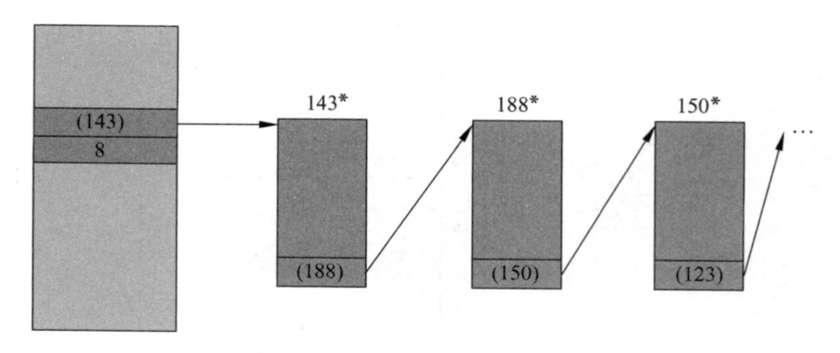

图 7.9 文件的链接结构

末尾添加则要把整个文件读至内存,将耗费大量时间。因此很少采用这种文件结构方法。

7.4.3 索引结构

索引结构的基本方法是在文件目录中设置一张文件物理块的索引表,表中依序登记各个逻辑块所对应的物理块,如图 7.10 所示。

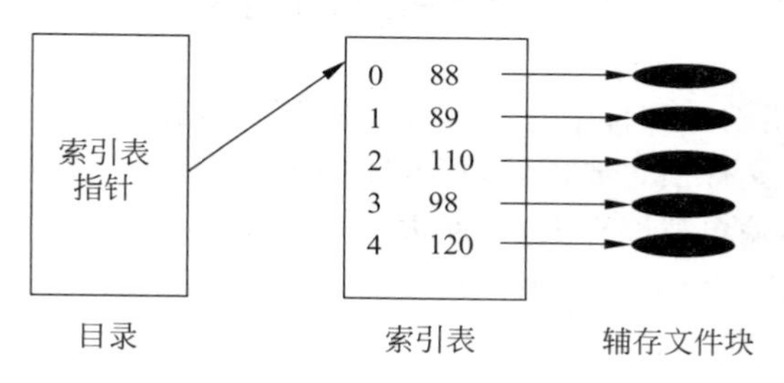

图 7.10 文件块的索引结构

实现时,索引表通常放在磁盘块中,在读写文件前要一次性把它读入内存。

采用索引结构,可以经由索引表实现对文件块的随机存取,这是采用这种物理结构的最大优点。当然同样也可以实现连续存取,因而被广泛采用。MS-DOS、Windows 系列的 FAT 表文件结构,UNIX 的多重索引结构,都是属于这一类型的文件结构。

7.5 文件存储空间管理

文件存储空间的管理,主要是存储空间的分配与回收问题。一个大容量的文件存储器为系统本身及许多用户共享,在创建一个文件时,由系统为之分配存储空间。

7.5.1 空白文件目录

这是一种类似于内存管理的分区分配方案。文件存储空间中,一个连续的未分配区域当作一个空白文件,系统为所有这些文件单独建立一个目录,称为空白文件目录。对应于每个空白文件,在这个目录中建一个表目。表目内容包括它的第一块的物理地址和块数。为文件分配磁盘块时,扫描空白文件目录,找到第一个有足够块数的空白文件表目,实施分配，并对空白文件目录做相应修改。

当删除文件操作回收磁盘块时，为空闲块建立新的空闲文件，或并入已有的某个空闲文件，相应地须调整空白文件目录。

7.5.2　位示图

在内存中为所有磁盘块设置一张位示图，利用字节映像表(一串二进位)来反映磁盘空间的分配情况。每一位(bit)对应一个物理块。如果该块是空闲的，对应位为0；如果该块已分配，则值为1。文件空间的分配与回收都在位示图上进行。

7.5.3　空闲块链

为了记住存储空间的分配情况，可以把其中所有的"空白块"链接在一起。当用户创建或增长文件需要一块或几块时，就从链头依次取下。回收磁盘块时，则把回收的块链入空闲块链。为了操作简便，可以插入链头部。空闲块链的链头指针放在卷资源表中。

空闲块栈和空闲块成组链接是UNIX有特色的技术，参看第9章UNIX实例部分。

7.6　文件保护

对于一个文件，有时候需要共享，有时又不允许其他人访问，因此必须做文件的属性和权限控制。

7.6.1　存取控制矩阵

存取控制矩阵是一个二维矩阵，一维列出使用文件的全部用户，另一维列出存入系统的全部文件，如表7.1所示。

表7.1　存取控制矩阵

用户 文件	ERRTIU	ANDING	SORTU
yuit	{R,X}	{R,X,W}	{R}
sqt	{R}	{R,X}	{R,X}
fertu	{R,X,W}		

当用户ANDING欲读文件sqt时，由文件保护系统验证，读的访问合法，但要求写的访问不合法。而该用户与文件fertu没有关系。

这种机制的优点是一目了然，缺点是对于文件多、用户多的系统，存取控制矩阵中有太多无关项，保存的是一个稀疏矩阵，将为之付出许多额外时空开销。

7.6.2　存取控制表

作为对存取控制矩阵的改进，只用一个表登记存取控制矩阵中用户文件相关联的项目。把用户分为若干类,如文件主、*A* 组、*B* 组。为每一个文件建立一个存取控制表,以记录各类用户对该文件的存取权限。表 7.2 是 BEAT 的存取控制表,示意文件主、*A* 组用户分别对它有{R,X,W}、{R,W}权利,而 *B* 组和其他用户只能读。只有文件主有权修改文件的存取控制表。

UNIX 系统中把用户分成 3 类:文件主、伙伴、其他。把对文件的操作分为 3 种:R、W、X。使用一个 3 位二进制数来定义一类用户对一个文件的存取权限。

如图 7.11 所示文件主对某文件有 R、W、X 权限,伙伴及其他用户仅有权限 R,可以用一个八进制数 0744 表示。

表 7.2 存取控制表

用户名 \ 文件名	BEAT
文件 *i*	{R,E,W}
A 组	{R,W}
B 组	{R}
其他	{R}

{文件主}			{伙伴}			{其他}		
1	1	1	1	0	0	1	0	0
E	W	E	R	W	E	R	W	E

图 7.11 UNIX 的存取控制表

7.6.3 口令

实施文件保护的更简单的方法是口令(password)。用户在建立一个文件时,同时提出一个口令。系统在为此文件建立 FCB 时,记下此口令。然后,文件主把口令告诉允许共享该文件的用户。于是当用户要引用该文件时,必须提供它所掌握的口令。仅当与该文件的 FCB 中的口令相符时才允许访问。

UNIX 中有口令文件,其中每个用户一条记录。每条记录分为 7 个域,格式为"注册号:加密的口令:用户号:组用户号:注册目录:杂域:所用 shell"。用户注册时提供自己的口令,系统将进行验证,只有符合才能够注册,享受合法用户对注册目录所有文件的文件主权利。在阅读口令文件时,口令域是被加密了看不懂的字符串。

只有用户才有权改写自己设置的口令,其他用户包括超级用户都不能读到原始口令,因而都无权改写。用户忘了自己的口令怎么办?那只好求助于超级用户(管理员)。幸好系统赋予超级用户整个删除口令的权限。用户可以重新设置新口令,如银行存款业务系统就是这样做的。

7.7 文件系统的系统调用

7.7.1 用户程序的接口

系统调用是用户程序与操作系统之间的接口(interface)。文件系统的系统调用便是用户程序与文件系统之间的接口,是用户程序取得文件系统服务的唯一途径。

为此,文件系统为用户程序提供了丰富的系统调用。按照 POSIX 标准,至少有 creat

(建立)、open(打开)、read(读)、write(写)、link(链接)、close(关闭)、rename(重新命名)、chmod(改变文件属性)、chown(改变文件属主或文件主)等,以及用于目录操作的 mkdir(创建目录)、chdir(改变当前目录)、rmdir(删除目录)等。

以下是 UNIX 使用系统调用的一个 C 语言实例,功能是用系统调用 open 打开一个由命令行参数指定的文件,再循环地用系统调用 read 逐个字符地读文件内容,统计文件中空格的数目。

```
/ * count blacks in a file reading char by char * /
main(argc,argv)
int argc;char * argv[];
{
int fd;
int count=0;
char c;
fd=open(argv[1],0);              //系统调用 open
if (fd<0){
    printf("Cannot open%s.\n",argv[1]);
    exit(1);                     //系统调用 exit
}
while(read(fd,&c,1)==1)          //系统调用 read
    if(c==' ')
        count++;
  printf("There are %d blanks in %s.\n",count,argv[1]);
}
```

Windows 向用户程序提供六百多个 API(application program interface)函数。目前一些面向对象的程序语言,则把系统调用包含在其输入输出类与文件操作类中,用户程序可以间接地使用系统调用。

7.7.2 文件句柄

在用户进程的 PCB 中,有一张用户打开文件表,每个表目用一个无符号小整数代表,这些小整数就是该进程的打开文件句柄(file handle)。进程每使用一个文件,在 open 后,便取得一个文件句柄。文件的句柄与该文件在内存的打开文件表项相联系。每个打开了的文件都有一个文件句柄。进程可以经由其 PCB 用文件句柄对文件进行操作。

有的系统(如 UNIX)将文件句柄称为文件描述字 fd(file descriptor),或称文件描述符 fd。

操作系统对文件句柄做了规定,前面几个小号句柄为所有进程公用。0 表示标准输入(通常是键盘),1 表示标准输出(通常是显示屏),2 表示标准出错(通常是显示屏)。也就是说,键盘、显示器作为设备文件,对于所有进程都是常开的,任何进程可以用 0、1、2 文件句柄使用它们。

7.7.3 open 的实现

open 的功能是把指定文件的控制管理信息(目录或i结点),从磁盘复制到内存中,在用户和指明文件之间建立一条通路,并返回给用户一个文件描述字 fd,以便用户程序对文件进行操作。

open 的处理过程(UNIX)可分为以下几步。

(1) 检索目录。先调用检索目录过程检索目录,若找到了文件并且有打开文件后指定的文件操作的权限,则进入第(2)步;否则做出错处理。

(2) 分配内存索引结点。为被打开文件分配一个内存i结点,并调用读磁盘过程,将磁盘上i结点的内容复制到内存i结点中,并设置文件引用计数 i_count 为 1。如果该文件已被打开,此时只需对在第(1)步中所找到的i结点执行其 i_count 加 1 的操作。将读写偏移量置为 0,让随后的读写从文件头部开始。

(3) 分配系统文件表项。为文件分配"内存系统文件表"的一个表项,使表项指向刚分到的内存索引结点。

(4) 分配用户文件描述表项。在进程的 PCB(UNIX 的 usr 结构)的用户文件描述表中取得一个空表项,表中的序号便是打开文件的描述字 fd。

(5) 返回用户文件描述字 fd。

7.8 重点演示和交互练习:写文件的实现过程

本书前面几章介绍了操作系统内核的基本技术,本节至此已经把文件系统的主要内容讨论完了,下面具体展示 UNIX 写文件系统调用的实现过程。这个过程可能反复涉及文件系统和内核的其他各个部分,可以借此把相关内容连贯起来,以便了解整个系统协同及动态工作过程。

假如进程 A 在程序中要输出一批数据作为文件记到磁盘上,在源程序中有如下的系统调用语句:

```
rw=write(fd,buf,count);
```

其中,fd 是前面已创建文件的描述字。这条系统调用经过编译以后形成了如下指令(为了便于叙述,以汇编语句形式给出):

```
trap  4;
参数  1;
参数  2;
K1;
```

其中,参数 1、2 分别与用户信息所在始址 buf 及传送个数 count 有关,fd 被存入寄存器 r0 中。第一条指令后的操作数为 4,对应于系统调用 write。以后进程 A 的程序投入运行时,碰到这条指令便产生一个捕获,进入操作系统。由此开始了一系列的加工,直至 write 程序执行完成,又返回到用户程序。在课件中,经文件系统调用,到写文件过程,便进入了一个由Flash动画展示的处理流程。图7.12是其框架画面，涉及用户态与核心态执行，核心又要由中断机构、文件系统、设备管理、进程管理、存储管理协同进行。

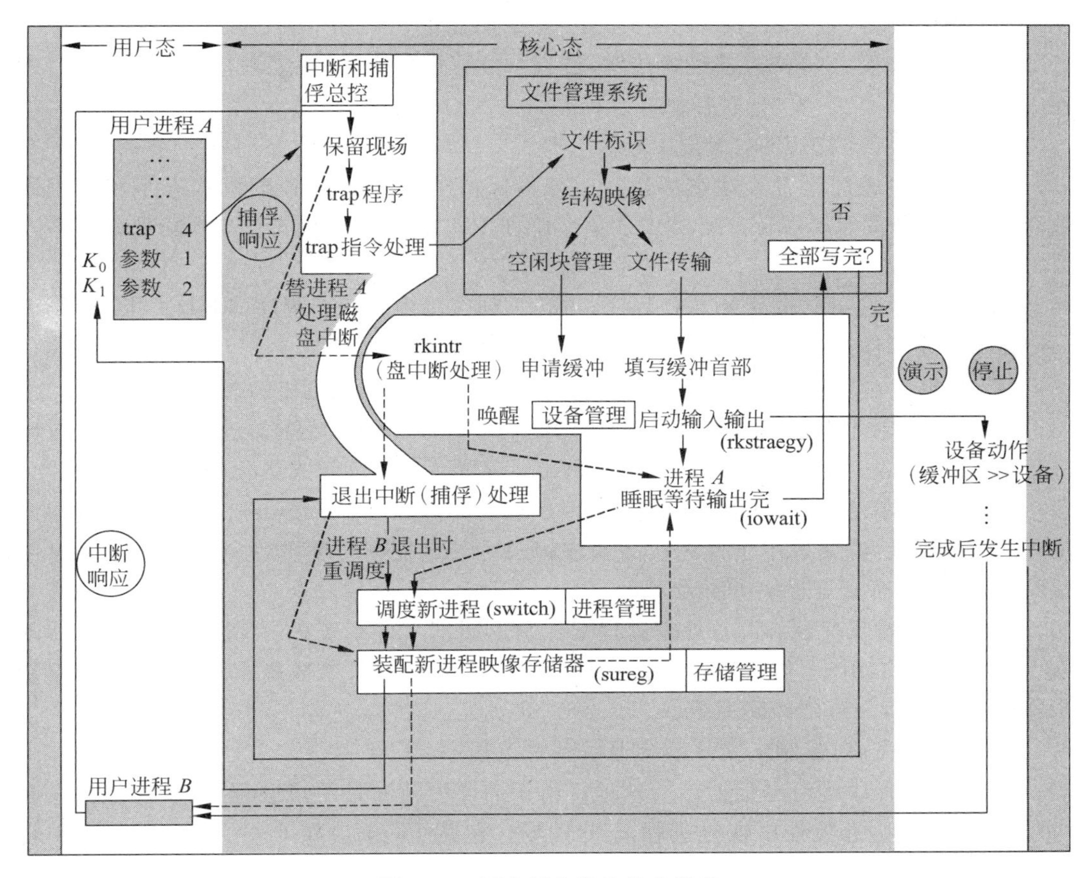

图7.12　用户写文件的处理流程

下面按步骤介绍写文件过程所做的工作。

(1) 系统执行到trap 4指令，产生捕俘事件，硬件保留进程A的处理机状态字和程序计数器内容(即断点K_0)。硬件再把中断向量单元034、036的内容装入pc和ps。控制转向中断总控程序。总控程序进一步保留现场信息，再转入trap程序。trap程序取入参数1和2，修改保留断点K_0为K_1，根据trap 4指令的编号4转入write程序处理。

(2) 在文件系统中，write根据文件描述字参数fd(由r0指出)通过用户打开文件表，系统打开文件表，找到活动索引结点。

(3) 调用文件系统空闲区分配程序(alloc)分配一空闲块，把块号记入索引结点中i_addr中。

调用getblk程序申请一个缓冲区，其缓冲区首部地址为bp。把要写入信息从用户内存区(由参数1指出)写入该缓冲区中。

(4) 调用块设备管理程序中的bwrite(bp)、bawrite(bp)或bdwrite(bp)，填写缓冲首部，启动外部设备传输rkstraegy(bp)。

缓冲首部(bp)送入输入输出队列尾部排队,bwrite(bp)调用 iowait(bp)等待 bp 传送完成。

(5) 外部设备(磁盘)根据 bp 给出的传送要求把缓冲区的内容写到盘上。

(6) 由于进程 *A* 等待外部设备传输,进程调度程序(swtch)把处理机交给进程 *B*。进程 *B* 运行。

(7) 外部设备传送完成,发出中断。

(8) 中断造成进程 *B* 无法继续运行。硬件保留了进程 *B* 的处理机状态字和程序计数器 2。按中断向量 2 单元 220、222 的值装配新 PC、PS。控制转向磁盘中断处理程序入口 rkio 处。

(9) 控制由 rkio 转向中断总控程序,再转入到磁盘中断处理程序 rkintr。rkintr 调用 iodone(bp)唤醒调用 iowait(bp)(步骤 (4))而睡眠的进程 *A*。

rkintr 继续启动输入输出队列中下一个缓冲首部之后返回到中断总控。

(10) 虽然刚才中断的是进程 *B*,假定中断处理程序 rkintr 唤醒的进程 *A* 的优先权比进程 B 高(即优先数小),因而在唤醒时(setrun)设置了重调度标志(runrun)。

(11) 在中断总控程序返回进程 *B* 的用户态之前查到了 runrun≠0,控制又转进程调度程序 swtch,后者又选中了优先权高的进程 *A*。于是控制转到进程 *A* 在 iowait(bp)中睡眠处,重新运行直至退出 bwrite(bp)。

(12) 这次输出完成:设备处理进程把控制返回给文件系统;文件系统对参数及活动索引结点的有关项作了修改后,判别是否传输完(个数由第二参数指出),若未完,则重复步骤(3)~(12),一直到传输完成。

(13) 传输完成,控制从文件系统返回到总控程序。

(14) 总控程序进行退出捕俘的处理。由于捕俘中断的是用户进程 *A*,所以如果没有“重调度”标志,则总控程序恢复进程 *A* 的现场。包括 PC(K_1)和 PS。退出捕俘,控制转到进程 *A* 继续运行。write 操作执行完成。

小　　结

文件是具有符号名字的一组信息元素的集合,文件系统是操作系统中负责存取与管理文件信息的程序和数据结构,位于操作系统核心的最外层,操作系统中实现文件系统的基本任务是:确定文件信息的逻辑结构;给每个文件确定一个目录结构,并把系统中所有文件的目录合理地组织起来,实施对文件目录的管理;决定文件信息在文件空间的存储方式,解决文件的物理结构;文件存储空间的管理;文件属性的设置,提供文件的保护和共享机制;提供使用文件的一组系统调用,向用户提供按名存取文件的简单、方便的接口等。

文件的逻辑结构有两种基本形式:一种是记录式结构;另一种是流式结构。

文件目录由文件名和文件说明信息组成。有的系统,如 UNIX,把文件的说明信息从文件目录中分离出去,称为文件的 i 结点,它是对文件真正的控制管理信息。

文件目录存放在磁盘上。许多系统把目录作为文件对待。通常把多级目录组成一棵倒树状的目录树。采用树型目录结构的系统,文件名用一个从根目录开始的路径名。树型目录结构有效地解决了文件命名冲突问题。

为了缩短用绝对路径名对文件冗长的称谓，减少目录检索时间，引进“当前目录”的概念。

文件的物理组织指的是文件信息在辅助存储器上的安排。文件块通常以连续结构、链接结构或索引结构被安排在文件空间中。连续结构检索效率高，但不利于文件动态增长；索引结构既可对文件顺序访问，也可对文件随机存取，因而被广泛采用。

文件存储空间的管理，主要是存储空间的分配与回收问题。常用的方法有空白文件目录、位示图和空闲块链的空闲块组织法。UNIX 采用空闲块栈和空闲块成组链接法。

文件有时候需要共享，有时又不允许其他人访问，因此必须做文件属性和权限控制。常用的方法有存取控制矩阵、存取控制表、口令等。

文件系统为用户程序提供了丰富的系统调用。常用的有 creat、open、read、write、link、close、rename、chmod 和 chown 等，以及用于目录操作的 mkdir、chdir 和 rmdir 等。

文件句柄或文件描述字是代表打开文件的一个小整数。进程可以经由其 PCB 用文件句柄对文件进行操作。鉴于键盘、显示器作为设备文件，对于所有进程都是敞开的，任何进程可以用 0、1、2 文件句柄使用它们。

open 的功能常常受到特别关注，它把指定文件的目录从磁盘复制到内存中，在进程和指明文件之间建立一条通路，以便对文件进行操作。

习　　题

7.1　什么是文件？什么是文件系统？

7.2　实现一个文件系统需要解决哪些基本的任务？

7.3　文件的逻辑结构通常有哪两种形式？它们怎样解释 Enter 键？

7.4　单级文件目录有什么缺点？多级目录何以解决了这些缺点？

7.5　文件目录中主要包括哪些信息？把文件说明信息从目录中分离出来，组成两级目录结构有什么好处？

7.6　目录可以当作一种只能通过受限访问的“特殊文件”实现，也可以当作普通文件实现。这两种方法分别有哪些优缺点？

7.7　在采用树状目录结构的文件系统中，如果把树的深度限制在某个小的级数上，这种限制对用户有什么影响？它如何简化文件系统的设计(如果能简化的话)？

7.8　有的系统引入磁盘簇的概念，一个簇包含相邻的若干个扇区，试问簇是文件分配单位还是读写单位？

7.9　什么是文件卷？磁盘主要用来存储文件，能否说磁盘就是文件卷？

7.10　指出几种常用的文件物理结构方法，并从顺序、随机存取的角度分析各自的利弊。

7.11　常用的文件空间空闲块的管理有哪几种方法？试比较在采用分页存储时，内存空闲块管理有什么相同和相异之处？

7.12　试指出 3 种常用的文件保护方式。

7.13 利用文件系统时，通常要显式地进行 open、close 操作。

(1) 这样做的目的是什么?

(2) 能否取消显式的 open、close 操作? 应如何做?

(3) 取消显式的 open、close 有何利与弊?

7.14 试在操作系统平台上利用文件系统调用进行编程实践，从某个文件中读取长度为 1000B 的数据到自带数据区 date 中。

第8章 操作系统的安全性

CHAPTER

操作系统是计算机资源的管理者，它直接与硬件打交道，并为用户提供接口；它是计算机其他软件的基础和核心。如果没有操作系统安全机制的支持，就不可能保障计算机上信息的安全。在网络环境中，网络的安全依赖于各主机系统的安全，没有操作系统的安全，就谈不上主机系统和网络系统的安全。因此操作系统的安全是整个计算机系统安全的基础，没有操作系统的安全，就不可能真正解决数据库、网络和其他应用软件的安全。

本章从历史上发生的计算机安全事件开始，对操作系统安全的基本概念、常见的计算机攻击方法和防范、操作系统安全机制、操作系统安全评估标准等有关知识进行讨论，最后对现在流行的 UNIX、Linux 和 Windows 操作系统在安全性方面进行讨论和比较。

8.1 问题的提出

8.1.1 信息系统面临日益严重的安全性挑战

现代计算机的能力已经空前强大。一是它能记录众多的信息量。目前随意买台个人电脑，其 80GB 硬盘可以存储 400 亿个汉字，也就是说，40 万字的书，可以存上 10 万本。二是处理速度快，个人电脑的 Pentium 4 处理器，已达 2GIPS。从整个《人民日报》数据库做单词检索，时间只在秒级之内。而经阵列处理的多 CPU 计算机，速度高达每秒百万亿次级。三是电子信息可以在计算机之间快速流动，因而可以多人共享。自从因特网问世以来，发封 E-mail 到美国的时间可以忽略不计。人们可以从因特网上收到、下载、浏览的信息是无限的。四是计算机软件可以实现自动控制、辅助制造、辅助管理、辅助决策等工作，计算机可以战胜世界象棋冠军，在某种意义上，计算机可以做人所做不到的事。五是计算机越来越人性化，越来越有亲近感。借助于计算机，人们可以把具有多种形态和内容的信息，诸如文字、符号、图形、图像、视频、动画、语音等，都统一在“0”与“1”的大旗之下，计算机可以采集不同媒体的信息，也可以再现，甚至是艺术地再现。可以生成《侏罗纪公园》栩栩如生的恐龙,可以生成《泰坦尼克号》沉没时虚拟现实的悲惨场景。计算机还可以嵌入到多种家用电器中。计算机与人们的生活越来越密切,人们时刻都在享受着计算机技术发展带来的福音。

然而,计算机信息系统又是很脆弱的。计算机操作系统开发的初衷是为了能更方便更高效地使用计算机系统资源,并未把安全性作为一个重要的考虑范畴。事实上计算机信息系统所受到的攻击越来越多了,许许多多微型计算机用户曾都有过系统不可靠,受到病毒攻击,数据丢失,Word 不能用了,IE 无法收发邮件,甚至系统瘫痪不能自举等问题的困扰。下面先来看看一些大的事件,以提高对操作系统安全重要性的认识。

1988 年 11 月 2 日午夜时分,时年 23 岁的美国麻省理工学院(MIT)学生莫里斯,将名为"莫里斯蠕虫"的代码发布到了当时还处于萌芽状态的因特网上。在短短的两小时内,只有 90 行代码的"莫里斯蠕虫"使数千台 DEC 公司与 Sun 公司执行 UNIX 的计算机发生了过载,迫使系统管理员断开他们的计算机与网络的连接,以阻断这种病毒的进一步传播。这种病毒能够自我复制,反复感染同一台计算机,导致资源耗尽。据说因该生初衷无恶意而未被监禁,但也被处以罚款和从事社区服务。

1995 年,世界上的头号黑客——凯文·米特尼克,即第一个被美国 FBI 通缉的黑客终于落网。被捕前,他利用计算机系统的安全漏洞,非法入侵了 Motorola、Nokia 和 Sun 等著名通信公司的网络并大肆篡改用户数据,甚至在 FBI 抓捕他的过程中,他还非法入侵了 FBI 的网络,随时掌握 FBI 的动向。他有句"名言":"在这个世界上没有进不去的电脑。"

1999 年 4 月 26 日,CIH 大爆发,我国 30 万余台电脑损坏,十多亿元损失,全球超过 6000 万台电脑被破坏。CIH 病毒属文件型病毒,主要感染 Windows 95 和 Windows 98 下的可执行文件,使被感染文件的尺寸增加。以后每到当月 26 日就发作。

2004 年 5 月 1 日,"震荡波"病毒开始传播,同以往那些通过电子邮件或者以邮件附件形式传播的病毒不同,它可以自我复制到任何一台与因特网相连接的计算机上。不到一周时间,该病毒在全球范围内感染了超过 1800 万台计算机,使得很多公司被迫中断运营来调试系统,或者对所使用的防病毒软件进行升级更新。

2007 年 2 月 14 日,湖北省仙桃市公安局将"熊猫烧香"病毒作者李某等 8 名犯罪嫌疑人抓获。这是我国破获的国内制作计算机病毒的大案。2004 年该病毒就曾被江民杀毒软件列为当年的十大病毒之首。这种病毒经网页传播,把用户的全部文件转成一个熊猫图案,叫做"满城尽烧国宝香"。目的是定期访问和控制中毒的电脑,把中毒的电脑当"肉鸡",盗窃银行信息、QQ 号等。杀毒软件升级,病毒程序也升级。制毒者还在网上与反病毒高手对话,感谢他们,显示自己水平高。他们还出卖病毒程序,暗藏黑色产业链。2007 年猪年到来的时候,一种称为"金猪报喜"的变种又流行起来。

此案破获前,受害者曾在网上呼吁不惜代价缉真凶,掀起追凶热潮。受害者说,"大家一起来追缉'熊猫烧香'呀,它害得我花了 3 年收集的上百吉字节的动漫毁于一旦!"。"我们公司局域网有很多重要资料都因为这个病毒给毁了,我们正准备起诉病毒作者"。一家损失巨大的帆船公司甚至愿意以一艘价值 5 万元的帆船为代价缉拿"熊猫主人",还有网友开出了 10 万美元赏金的通缉令。这些举动在我国互联网和反病毒史上都是首次。

李某在抓获后用2天时间被勒令写出了专杀工具，经公安主管部门测试后发布。

据我国公安部公布的2004年全国信息网络安全状况调查结果显示，在被调查的7072家政府、金融证券、教育科研、电信、广电、能源交通、国防和商贸企业等部门和行业的重要信息网络、信息系统使用单位中，发生网络安全事件的比例占58%。

据国外有关部门统计，1998年之前发生的计算机安全事件仅6起，其中包括著名的“莫里斯蠕虫事件”，而到2002年底，计算机安全事件已经超过80000起。到2006年，已达23万起，是以往的总和，且有商业化趋势。

美国权威智囊团——兰德公司，曾对信息攻击的后果做过一段假想的，但却并非不可能的描述，2010年的一天，因遭到信息攻击，美国部分军用和民用电话系统中断；因为信息误导，马里兰州一列时速320km的客车与一列载货列车相撞；一家原油提炼厂计算机控制失灵引发爆炸和火灾；由于病毒感染，五角大楼与世界各地大部分军事基地失去联系，命令无法下达；装备、食品、油料配给的计划表数据错误，部队调遣无法正常执行；战备预警指挥机的屏幕出现无名斑点，无法实施指挥；银行计算机出现混乱，账目被任意修改，人们纷纷提取全部存款，金融业务被迫停止；纽约和伦敦的股票市场指数狂跌；政府电视台新闻播音员的面孔突然被替换成敌方领导人的面孔，并且号召军队发动推翻现政府的政变；美国有线电视网的电视信号中断。美国出现全国性大恐慌。

以上资料让人们认识到系统安全十分重要，在关注系统功能的同时，更要关注系统的安全性。人们在享受现代信息技术带来的好处时，又不得不为维护信息安全付出代价，这似乎是不可抗拒的规律。

8.1.2 操作系统的脆弱性

1. 本身的漏洞

操作系统为了完成自身功能，方便用户使用和提高资源利用率，要兼顾各方要求。IBM OS/360、MULTICS都曾因此尺寸过大而不可靠。本来，按照软件工程思想和一代又一代计算机科学家们的实践，软件的正确性至今都还无法证明，每个软件都是在使用中不断发现问题而设法弥补的。因此可以说，操作系统无论是其功能还是安全性，都没有绝对的保证。微型计算机上的DOS曾经为了兼容CP/M而保留一个闲置不用的FAT。为了争取市场，吸引用户，还要公开各种技术细节，磁盘和内存的信息组织情况。甚至还要公开“尚未公开的DOS秘密”，公开操作系统“后门”，让高水平程序员可以跟内核直接打交道。用户程序可以用TSR技术永久地强行占据某片内存区。技术的公开也带来安全隐患和漏洞。例如，《操作系统安全导论》[①]一书，就列举了Windows 2000的前身Windows NT的45个漏洞。欧陪宗的《Windows常见漏洞攻击与防范实战》一书，收集整理了Windows受当前黑客攻击最常用的各种漏洞达数百个。2007年4月12日，成都日报报道，一家反病毒厂商发现，使用新的Windows Vista和Windows XP的用户，在访问带毒网站时，会被威金病毒、盗号木马等多种病毒感染。为此，微软公司发布了4个级别为“危急”的安全公告，要求尽快下载并安装相应的补丁程序。

① 卿斯汉，等. 操作系统安全导论[M]. 北京：科学出版社，2003.

网络时代的个人用机环境,黑客出于兴趣和利益驱动,可以坐在家里试探用各种方法攻击操作系统。如试探某些重要用户的口令,特别是超级用户的口令,实施口令攻击。

2. 计算机病毒

计算机病毒通常是附着于其他程序内的一段可执行程序,它有破坏性、传染性和隐蔽性等特点。破坏性可能表现为通过自我复制把计算机内存空间、磁盘空间耗尽;通过自我复制把可执行文件变大以致无法装入内存;它可能让某些可执行程序无法执行,让计算机瘫痪;可能删除某些文件,带来不可弥补的损失。它可能通过软盘、U盘和网络等多种渠道传染,某种病毒可能一夜之间传遍全球。在它发作时可能有这样那样的外观,如屏幕上一个小球在跳动,占用CPU时间,或者一条毛毛虫在左右爬行,沿途吃掉屏幕上显示的信息。但计算机病毒在不发作时,也许并没有什么症状。

计算机病毒有日益猖狂和商业化趋势。

3. 特洛伊木马

特洛伊木马是一段表面上执行合法功能的交互程序,实际上实施非法功能。例如,一段特洛伊木马程序可能伪装成操作系统接受登录的程序,操作界面和交互过程与操作系统程序一模一样,但它实际上是伪装的,目的是偷窃账号和密码。

4. 隐蔽通道

在实施多级安全策略的系统中,可能存在某些非正常信息传递渠道,造成从高安全级进程向低安全级进程的信息流动。这种"允许进程以危害系统安全策略的方式传输信息的通信信道"叫隐蔽通道。隐蔽通道可以造成严重的信息泄漏。应禁止双方利用隐蔽通道通信。其实隐蔽通道也是操作系统设计上的漏洞之一。

5. 天窗和后门

天窗是嵌在操作系统内部的一段非法代码,入侵者利用该代码侵入操作系统从而可逃避检查。天窗由专门的命令激活而难以被发现。天窗可能是由操作系统开发团队里某个不道德或有私怨的雇员所为。

6. 开发工具和环境的导致的漏洞

自UNIX以来,操作系统一般用C语言编写,这是操作系统设计的一大进步。然而,C语言中的一些函数,缺乏足够的边界检查,容易造成溢出。例如,一些用到数组、堆栈的函数gets、strcpy、strcat、scanf、sprintf等,都不仔细检查输入参数是否越界,存在溢出的可能。攻击者可能利用这一特点,向程序的堆栈(缓冲区)写超出其长度的内容,造成堆栈溢出,或用新地址覆盖掉函数返回时要执行的下一条指令的地址,使执行病毒程序。莫里斯蠕虫就是一次典型的堆栈溢出攻击。

7. 管理上的漏洞

管理上的漏洞常常给入侵者以可乘之机。缺乏整体安全目标,疏于管理、疏于安全的管理,无论部署什么样的安全产品或解决方案,都无法保证系统的安全。因此,安全管理就像是安全系统的中枢神经,是不可或缺的安全核心。近来有人提出了"以管理为核心,以安全产品为基础"的整合安全模式。认为安全源于管理,管理驱动安全,安全管理是构建安全架构的核心。

总之,不存在绝对安全的操作系统,但还是要采取种种措施来提高操作系统的安全性，抵御非法的入侵。作为商用的操作系统，还必须遵守一定的操作系统安全性规范。

8.2　操作系统安全机制

8.2.1　操作系统的硬件保护

1. 存储保护

存储保护指保护用户在存储器中的数据，保护单元为存储器中的最小数据范围，可以为字节、页面或段。保护单元越小，存储保护精度越高。存储保护机制应防止用户程序对操作系统的影响，在多道程序运行的环境中，需要存储保护机制对进程的存储区域进行隔离。

通常把进程的虚拟地址空间分成两部分：用户空间和核心空间。用户程序驻留在用户空间，操作系统驻留在核心空间，两者被静态隔离。驻留在核心空间中的操作系统可以由所有进程共享，组成用户进程的核心空间部分。禁止处在用户模式下的进程对核心空间进行写操作。当用户进程需要核心为自己服务时，应通过系统调用或访管指令，请求核心执行。这就防止了用户程序恶意修改操作系统的可能。

虽然系统允许多个进程共享一些物理页面，但用户之间是相互隔离的。每个用户程序被限制在自己的地址空间中活动。一旦访问越界，操作系统便发出越界中断，通常要停止程序执行，报告出错信息，让用户干预。

页面上锁也是一种硬件保护机制，每个页面锁字节上给一个特定的锁值。访问该页的程序，在PSW中钥匙域形成一个钥匙值。只有钥匙值与锁值相符才允许访问该页。

2. 执行保护

CPU被设置成两种不同的运行状态，用户态和核心态。用户程序在用户态执行，只能执行提供用户编程的指令集。核心态执行时可以执行包括特权指令在内的所有指令。特权指令有：改变CPU工作状态、屏蔽一切中断、启动或停止某个外部设备等。作为安全措施之一，这些特权指令不提供给用户程序使用。

一个安全的操作系统应进行分层设计，一般地，最内层是操作系统核心，它控制整个计算机系统的运行，核外是应用程序。对核心和应用程序都应采用分层结构，并赋予每一层一个适当的执行域。执行域是进程运行的区域，是基于保护环的等级式结构。最内层的环具有最高的特权，最外层的环具有最低的特权。执行保护要求在内层执行的进程不被外层进程破坏，而且允许内层进程有效地控制和利用外层进程。

3. I/O保护

在多用户环境下，I/O操作都是由操作系统完成的。用户可以不管设备细节，可以用逻辑设备名或文件操作的方式使用设备，因而方便了用户。从操作系统角度看，它把设备和用户隔离起来，把设备操作当作特权操作，这又是一项安全举措。

I/O端口是计算机与外界交换信息的地方，也是黑客和病毒入侵的渠道。一个16位端口，有多达2^{16}条通路。为了方便信息交换，要尽量开放端口。为了系统安全则要尽量关闭端口，极端情况下，如果把所有端口都关掉，系统就安全了，但计算机也失去了其意义。因此要根据实际用机环境权衡。例如,银行、公安系统就不准外人插U盘,办护照时用数码相机照相后客户要求用U盘复制走,将被拒绝。许多网吧不让网民用U盘,不能写硬盘,不能改BIOS,不能修改控制面板,删除了format机制等,也是极力采取符合自身要求而不方便用户的安全举措。

4. 还原卡和硬盘加锁

主板上的BIOS程序和硬盘上的引导程序,对于操作系统的安全十分重要。为了保护它们,往往采用主板还原卡和硬盘还原卡。这类还原卡常配备在许多学校实验室供学生用的计算机中。

(1) 内置还原功能的主板。某些主板把还原功能集成在主板BIOS中,可以设定一个时间还原点,即使硬盘的资料损毁,主板也可以恢复至时间还原点的状态。它的原理是通过建立一个硬盘映像文件来备份资料,不需占用大量硬盘空间。约100MB的硬盘空间,就足够保护容量很大的硬盘,而且这个备份空间是隐蔽的。

(2) 硬盘还原卡。硬盘还原卡为插在主板上的一块板卡,多数采用PCI插槽,也有采用ISA插槽的。保护卡主体是一种硬件芯片,插在主板上与硬盘的主引导扇区MBR协调工作。它具有强大的数据保护和还原功能,使误删除、误格式化、感染病毒等不希望发生的硬盘数据改变,在下一次开机时能够瞬间还原。

以某型号还原卡在Windows下的工作原理为例,它通过修改中断向量来达到保护硬盘不被真正写入。其中int 13H是关键,同时可能还修改了时钟中断,来达到反跟踪、恢复中断向量表(因被破解者调试而修改)的目的。int 13H是BIOS提供的用来完成磁盘扇区数据读写的中断处理程序,保护卡拦截了int 13H的处理程序,将自己的程序挂到上面。它修改引导区,在起动时自动加载自己的程序,它的驱动程序放在某些隐藏扇区中或(特定位置)文件中。保护卡在硬盘中找到一部分连续的空闲磁盘空间,然后将修改的文件保存到其中。由于保护卡接管int 13H,当卡发现写操作时,便将原先数据目的地址重指向新的连续空闲磁盘空间,使写数据实际是对原文件的备份文件的修改。

(3) 硬盘加锁。计算机正常情况下的启动过程如下:BIOS→主引导程序→引导分区的引导程序→操作系统。一个完整的硬盘锁程序,就是人为地改写主引导程序,将原来的主引导程序放在其他隐藏扇区。

给硬盘加锁后,由于原来的主引导程序已经被移到了其他扇区,0柱面0磁道1扇区被换成了新的程序。而BIOS启动后总是读取0柱面0磁道1扇区并把控制权交给它。在0柱面0磁道1扇区的程序里就可以询问口令,口令相符则调用原主引导程序,进行正常引导,口令不对则死机。原理如图8.1所示。0柱面0磁道1扇区中的分区表数据也要加以改写,以防止他人用软盘启动进入硬盘。此后虽可以从软盘启动,但由于进入硬盘需要读硬盘分区表而无法进入。

8.2.2 注册与身份验证

在用户使用计算机前必须先注册,目的是上机时验明身份。操作系统设立的注册机制应允许管理员给每个用户一个唯一的标识UID。用户标识通常被存储在一个文件或者一个数据库中。

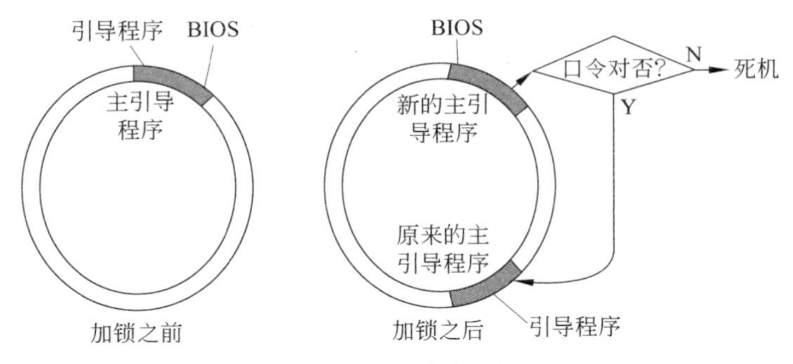

图 8.1 硬盘加锁原理

用户上机时，通常以用户名加口令方式登录。系统检查用户输入的口令是否与系统中存在的口令一致。这种口令机制是简便易行的鉴别手段，但该手段比较脆弱，许多用户常常使用自己的姓名或生日作为口令，这种口令很不安全。较安全的口令应不小于6个字符并同时含有数字和字母。口令应经常改变。

另外，生物技术是一种比较有前途的鉴别用户身份的方法，如利用指纹来进行身份验证。这种技术的应用越来越广泛。

认证机制要做到以下几点。

(1) 系统要为每个用户提供一个唯一的标识，通过该标识可以对用户进行身份认证。

(2) 通过该标识可以对用户进行记账和审计。

(3) 提供界面允许用户输入自己的口令，并有重输确认机制。用户输入口令时不回显，以免泄漏。

(4) 保证认证数据的安全性。存储口令的文件不允许非法读取和改写。存储的口令应该是加密了的，作为特权用户的管理员也无法读到口令原文。

(5) 在交互接收用户输入口令时，应提示用户输入必要的口令长度。因为口令越长，安全性越大。这是因为

$$S=A^M$$

其中，S 是口令空间，A 代表字母表中字母的个数，M 为口令长度。故口令越长，口令空间越大，被猜测出来的可能性越小。

(6) 应有一定的机制，在某个密码使用了一段时间后，适时提醒用户更新密码。因为时间越长，口令被猜测的可能性增大，安全性将降低。

应有系统管理员协助执行用户认证，管理员的职责如下。

(1) 确定用户标识、ID号及用户组号。

(2) 确定用户在系统中的注册目录，在这个空间中，用户享有比在别处更多的权利。

(3) 给用户分配一个初始口令。

(4) 当用户忘记自己的密码时，接受用户求助，删除用户前一次设定的口令。允许用户重新输入新口令。

用户也应该有安全意识，不要怕麻烦，防止口令泄漏。输入口令时应对别人有所回避，用适当长的口令，用不易被人猜测的口令，适时地修改口令等。

8.2.3 存取控制

CPU管理的存取控制的安全机制是：不允许用户态程序访问核心空间，不允许它们执行特权指令。

内存管理的存取控制的安全机制是：不允许用户程序越界访问，限定它们只能访问操作系统分配的空间。

文件存取控制的安全机制的任务如下。

(1) 授权。确定授予哪些用户以存取数据文件的权利。

(2) 确定存取权限。权限是读、写、执行、添加、删除等项目的组合。权限的确定有两个层面，一是由系统管理员确定的权限，比如只授予用户在其注册目录范围自主授权，对于其他数据，只能有限制地读取，而绝无权改写。二是在用户注册目录范围，允许用户自主地为自己的文件设定权限。系统将为每个用户确定一个存取权限表。

在UNIX，LINUX，VMS等操作系统中，采用了一种十分简单而有效的自主存取控制模式，在每个文件的控制管理信息中，用一个包含9个二进制位的域描述各用户对该文件的存取权限(见图8.2)。其使用也很方便。比如，文件主只要用命令：

rwx	rwx	rwx
文件主	同组用户	其他用户

图8.2 一种常用的存取控制模式

```
chmod 0755 f1
```

(其中0表示后面的数字是8进制数)，就可以给文件f1赋予文件主可读、可写和可执行，同组用户和其他用户只有可读和可执行的权利。

(3) 实施存取权限控制。在访问数据时，按照存取权限表设定好的权限加以验证，拒绝非授权的访问。比如一个进程在其PCB中表明需要以写方式打开或共享一个文件，而该文件对于这个进程是无权写的，实施安全控制的模块将不允许这种写操作。

8.2.4 最小特权原则

在现有一般多用户操作系统(如UNIX、Linux等)中，超级用户具有可怕的特权。这种特权管理方式便于系统维护和配置，但不利于系统的安全性。一旦超级用户的口令丢失或超级用户被冒充，将会对系统造成极大的损失。另外，超级用户的误操作也是系统极大的潜在安全隐患。因此，必须实行最小特权管理机制。

最小特权原则的思想是系统不应给予用户超过执行任务所需特权以外的特权，如将超级用户的特权划分为一组细粒度的特权，分别授予不同的系统操作员/管理员，使各种系统操作员/管理员只具有完成其任务所需的特权，从而减少由于特权用户口令丢失或错误软件、恶意软件、误操作所引起的损失。

例如，可在系统中定义5个特权管理职责，任何一个用户都不能获取足够的权限破坏系统的安全策略。

(1) 系统安全管理员。其职责是对系统资源和应用定义安全级；限制隐蔽通道活动的机构；定义用户和自主存取控制的组；为所有用户赋予安全级。

(2) 审计员。其职责是设置审计参数;修改和删除审计系统产生的原始信息;控制审计归档。

(3) 操作员。其职责是启动和停止系统,进行磁盘一致性检查等操作;格式化新的存储介质;设置终端参数;允许或限制用户登录,但不能改变口令、用户的安全级和其他有关安全性的登录参数;产生原始的记账数据。

(4) 安全操作员。其职责是完成操作员的责任;例行的备份和恢复;安装和拆卸可安装介质。

(5) 网络管理员。其职责是管理网络软件,如TCP/IP;设置网络连接服务器;启动和停止远程文件系统和网络文件系统。

特权是超越存取控制限制的能力,它和存取控制结合使用,提高了系统的灵活性。普通用户不能使用特权命令。系统管理员在特权管理机制的规则下使用特权命令,代表管理员工作的进程具有一定特权,它可以超越存取控制完成一些敏感操作,即任何企图超越强制存取控制和自主存取控制的特权任务,都必须通过特权机制的检查。

一种最小特权管理实现的方法是,对可执行文件赋予相应的特权集,对于系统中的每个进程,根据其执行的程序和所代表的用户,赋予相应的特权集。一个进程请求一个特权操作(如mount),将调用特权管理机制。判断该进程的特权集中是否具有这种操作特权。

这样,特权不再与用户标识相关,已不是基于用户ID了,它直接与进程和可执行文件相关联。一个新进程继承的特权既有进程的特权,也有所执行文件的特权,一般把这种机制称为"基于文件的特权机制"。这种机制的最大优点是特权的细化,其可继承性提供了一种执行进程中增加特权的能力。因此,对于一个新进程,如果没有明确赋予特权的继承性,它就不会继承任何特权。

系统中不再有超级用户,而是根据敏感操作分类,使同一类敏感操作具有相同特权。

例如,许多命令需要超越强制存取控制的限制读取文件,这样在系统中就可以定义一个P_MACREAD特权,使这类命令的可继承特权集中包含此特权,于是执行其中某个命令的进程,如果先前已经具有此特权,它就可以不受强制存取控制读的限制。

(1) 文件的特权。可执行文件具有两个特权集,固定特权集和可继承特权集,当通过exec系统调用时,进行特权的传递。其中固定特权集是这个文件的固有特权,其特权将全部传递给执行它的进程。可继承特权集,是只有当调用进程具有这些特权时,才能激活这些特权。这两个集合不能重合,即固定特权集与可继承特权集不能共有一个特权,当然可执行文件也可以没有任何特权。

当文件的属性被修改时(例如,文件打开写或改变它的模式),它的特权会被删去,这将导致从可信计算基中删除此文件。因此,如果要再次执行此文件,必须重新给它设置特权。

(2) 进程的特权。当fork一个子进程时,父子进程的特权是一样的。但是,当通过exec执行某个可执行文件时,进程的特权决定于调用进程的特权集和可执行文件的特权集。

每个进程都具有两个特权集:最大特权集和工作特权集。最大特权集包含固定的和可继承的所有特权。工作特权集是进程当前使用的特权集。

新进程的工作特权集和最大特权集的计算基于文件和进程具有的特权，当通过 exec 系统调用执行一个可执行文件时，用下述方法计算新进程的特权：调用进程的特权集“与”上可执行文件的可继承特权集，然后再“或”上可执行文件的固有特权集，如图 8.3 所示。

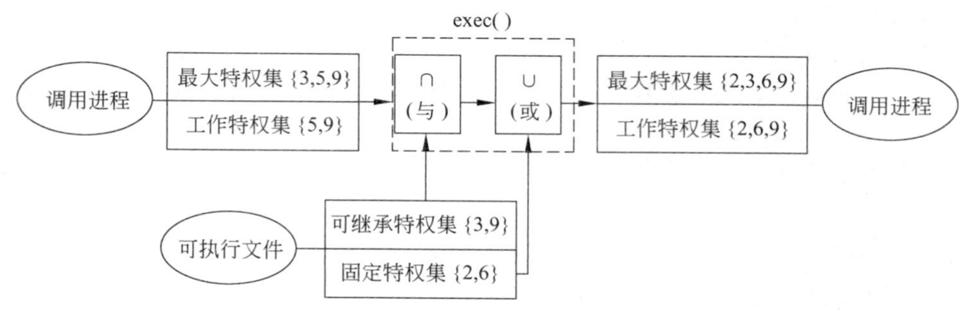

图 8.3　exec()一个新进程时的特权传递

8.2.5　建立可信通道

系统必须防止特洛伊木马模仿登录过程，窃取用户的口令。特权用户在操作时，也要有办法证实从终端上输出的信息是正确的，而不是来自于特洛伊木马。这些都需要一种机制来保障用户和内核的通信，这种机制就是由可信通道提供的。可信通道的作用是保证在用户登录、定义用户的安全属性、改变文件的安全级别等操作时，用户必须确实能与安全核心通信，而不是与一个特洛伊木马打交道。

对用户建立可信通道的一种现实方法是使用通用终端，通过它给内核发送一个信号，要确保不可信软件不能拦截、覆盖或伪造该信号。一般称这个信号为“安全注册符”。

以 Linux 为例，为了使用户的注册名和口令不被窃走，Linux 提供了“安全注意键”。安全注意键(secure attention key，SAK)是一个键或一组键(在 x86 平台上是 Alt+SysRq+k)，按下后，保证用户看到的是真正的登录提示，而不是登录模拟器提示。

安全注意键按下后，相关处理程序便会杀死正在监听终端设备的终端模拟器，并给内核发信号。因此原则上说，SAK 和相关处理程序构成了在用户和内核间的一条可信通道。

8.2.6　消除隐蔽通道

1. 隐蔽通道的概念

系统中有正常的通信通道，比如用户进程通过系统调用向内核提出使用系统资源要求，内核解释执行，并把出口参数传送回调用进程。用户进程之间通过进程间同步与通信机制，在内核协助下进行通信。用户进程经用户空间，在 CPU 用户态下交换信息等。都是正常通信，对系统安全不会构成威胁。但是否有隐蔽的，对系统安全构成威胁的通信通道呢？

我国的《GB/T 17859—1999　计算机信息系统安全保护等级划分标准》将隐蔽通道定义为“允许进程以危害系统安全策略的方式传输信息的通信信道”，在实施多级安全策略的系统中,安全策略可归结为“不上读不下写”。因此,所谓“危害安全策略的方式”就意味着违反“不上读不下写”的策略。存在“上读”、“下写”的动作,即存在某些非正常信息传递渠道实现的,从高安全级进程向低安全级进程的信息流动。隐蔽通道的双方是被禁止通信的。隐蔽通道可以造成严重的信息泄漏。

隐蔽通道通常有两类:隐蔽存储通道和隐蔽时间通道。隐蔽存储通道是借助于内存单元构成的信道;隐蔽时间通道是接收方通过观察响应时间的改变获得信息而构成的信道。

2. 隐蔽通道的识别与处理

操作系统内核中有一些共享的存储单元,比如某些个全局的或静态的变量,抑或是数据结构。它们描述某个对象的属性:文件名,文件属性,可用磁盘空间大小,打印机状态等。识别隐蔽存储通道的关键是寻找内核中共享的存储单元,看作用于这些存储单元的进程、原语、函数,是否存在低安全级写而高安全级读,从而低安全级支配高安全级的情况。目前的识别技术有信息流分析法、共享资源矩阵法、隐蔽流树法等。

若发现了隐蔽通道,一般应设法改变系统的设计或实现,以便清除隐蔽通道。例如,消除产生隐蔽通道的共享单元的共享性,去掉或改造可能导致隐蔽通道的接口和机制,通过对所有用户预分配最大资源需求以降低共享性,都是一些可能的措施。当然这与资源利用率是矛盾的。

8.2.7 安全审计

安全审计是对系统中有关安全活动进行记录、检查及审核。它的主要目的是检测和阻止非法用户对计算机系统的入侵,并显示合法用户的误操作。审计作为一个事后追查的手段用来保证系统的安全,它对涉及系统安全的操作做出一个完整的记录。审计为系统进行事故原因的查询、定位,事故发生前的预测、报警以及事故发生后的实时处理提供详细、可靠的依据和支持。在有违反系统安全规则的事件发生后能够有效地追查事件发生的地点和过程。

审计事件是系统审计用户动作的最基本单位。系统将所有要求审计或可以审计的用户动作归纳成一个可区分、可识别、可标志用户行为和可记录的审计单位,即审计事件。哪些事件是要审计和可被审计的呢?一般多用户多进程系统,比如 UNIX/Linux 系统,用户程序经系统调用与内核打交道,因此只要在系统调用总入口设置审计控制,就可以审计系统中所有调用内核服务的事件。比如打开文件 f1,这一动作是通过系统调用 open(“f1”,mode)(其中 mode 是打开文件的方式)实现的。为了反映用户的这一动作,系统可以设置事件 open,该事件就在用户调用上述系统调用时由核心记录下来。

审计记录一般包括如下信息:事件的日期和时间、引起事件的用户标识符、事件的类型、事件的成功与失败等。审计日志是存放审计结果的二进制文件。每次审计进程启动后,都会按照已设置好的路径和命名规则产生一个新的日志文件。

8.2.8 病毒防护

通过操作系统的强制存取控制机制可以起到一定的抵制病毒的保护作用。可以将信息存储区域划分为三个区：系统管理区、用户空间和抵制病毒的保护区，它们通过强制存取控制机制被分隔。不具特权的普通用户在用户空间的安全级下登录；系统管理员在系统管理器的安全级别下登录。系统管理区不能被一般用户读写，如TCB数据、审计信息等将被保护。而抵制病毒的保护区包含不能被用户进程写的数据和文件，但可以读。这样可以把通用的命令和应用程序放在抵制病毒的保护区供用户使用，因这个区域一般用户只能读而不能写，从而防止了病毒传染。在可读写的用户空间，由于用户的安全级别不同，即使遭遇病毒，也只能传染相同安全级别的程序和数据，限制了病毒传染范围。

但正如前面所述，病毒是无孔不入的，单靠操作系统防范还不够，通常还应安装专门的防毒/杀毒软件。

目前一些杀毒软件也做得相当有水平。既可查毒杀毒，通常还每周(甚至更短周期)更新病毒库和程序，可以通过网络自动升级，以保持能够对付新病毒。操作界面也很简洁，图8.4是某杀毒软件的操作界面。操作系统中广泛使用的虚拟技术现在也被用到了杀毒软件中。杀毒软件将构造某种虚拟计算机环境，让病毒在这个虚拟环境发作，以便像公安人员那样能够抓住罪犯的犯罪事实，而断定抓住了病毒程序，进而杀掉它。使用这种欲擒故纵的虚拟技术，病毒程序破坏的并非物理的计算机，因而不会造成实际的损失。虚拟技术被认为是反病毒技术的一种发展趋势。

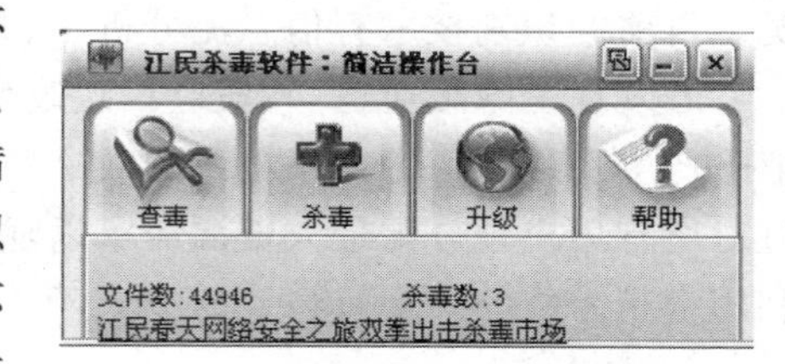

图8.4 某杀毒软件的操作界面

8.3 操作系统安全评测标准

8.3.1 主要的评测标准

美国是世界上最早进行操作系统安全研究和给出评测标准的国家，随后德国、英国、加拿大等国纷纷制定了各自的计算机系统评测标准。近年来，我国也制定了强制性国家标准。表8.1给出了国内外计算机安全评测标准的概况。

表8.1 国内外计算机安全评测标准的概况

标准名称	颁布的国家和组织	颁布年份
美国TCSEC	美国国防部	1983
美国TCSEC修订版	美国国防部	1985
德国标准	前联邦德国	1988
英国标准	英国	1989
加拿大标准VI	加拿大	1989
欧洲ITSEC	西欧四国(英、法、荷、德)	1990
联邦标准草案(FC)	美国	1992

续表

标准名称	颁布的国家和组织	颁布年份
加拿大标准 V3	加拿大	1993
CC V1	美、荷、法、德、英、加	1996
中国军标 GJB 2646—96	中国国防科学技术委员会	1996
国际 CC	美、荷、法、德、英、加	1999
中国 GB/T 17859—1999	中国国家质量技术监督局	1999
中国 GB/T 18336—2001	中国国家质量技术监督局	2001

美国国防部于1983年推出了历史上第一个计算机安全评测标准《可信计算机系统评测准则(trusted computer system evaluation criteria, TCSEC)》。

1992年美国国家标准与技术协会和国家安全局联合开发联邦标准，拟用于取代TCSEC标准。该标准与欧洲的ITSEC标准相似，它把安全功能和安全保证分离成两个独立的部分。该标准只有草案，没有正式版本，因为草案推出后，该标准的开发组转移到了与加拿大及ITSEC标准的开发组联合开发共同的工作之中。该标准提出了保护轮廓定义书和安全目标定义书的概念。

由德国(前西德)信息安全局推出的计算机安全评价标准，定义了10个功能类，并用F1～F10加以标识。其中，F1～F5对应美国TCSEC的C1～B3等级的功能需求，F6类定义的是数据和程序的高完整性需求，F7类定义了高可用性，F8～F10类面向数据通信环境。另外，该标准定义了Q0～Q78个表示保证能力的质量等级，分别大致地对应到TCSEC标准D～A1级的保证需求。该标准的功能类和保证类可以任意组合，潜在地产生80种不同的评价结果，很多组合结果超过了TCESC标准的需求范围。

加拿大可信计算机产品评估标准(canadian trusted computer product evaluation criteria, CTCPEC)，提出了在开发或评估过程中产品的功能和保证。功能包括机密、完整性、可用性及可描述性。保证说明安全产品实现安全策略的可信程度。

英国标准定义了一种称为声明语言的元语言，允许开发商借助这种语言为产品给出有关安全功能的声明。采用声明语言的目的是提供一个开放的需求描述结构，开发商可以借助这种结构描述产品的质量声明，独立的评价者可以借助这种结构来验证那些声明的真实性。该标准定义了L1～L6共6个评价保证等级，大致对应到TCSEC标准的C1～A1。

20世纪90年代，西欧四国联合提出了信息技术安全评价标准ITSEC，它吸收了TCSEC的成功经验，还提出了信息安全的保密性、完整性、可用性的概念，首次把可信计算基(trusted compute base, TCB)的概念提高到可信信息技术的高度来认识。ITSEC定义了7个安全级别。

- E6：形式化验证级。
- E5：形式化分析级。
- E4：半形式化分析级。

- E3：数字化测试分析级。
- E2：数字化测试级。
- E1：功能测试级。
- E0：不能充分满足保证级。

8.3.2 美国评测标准介绍

TCSEC是美国国防部根据国防信息系统的保密需求制定的，首次公布于1983年，后来在美国国防部国家计算机安全中心(NCSC)的支持下制定了一系列相关准则，例如，可信任数据库解释(trusted database interpretation)、可信任网络解释(trusted network interpretation)。1985年，TCSEC再次修改后发布，并一直沿用至今。

美国可信计算机系统评测准则，在用户登录、授权管理、访问控制、审计跟踪、隐蔽通道分析、可信通路建立、安全检测、生命周期保障、文档写作等各个方面，均提出了规范性要求，并根据所采用的安全策略、系统所具备的安全功能将系统分为四类7个安全级别。即D类、C类、B类和A类，其中C类和B类又有若干个子类或级别。

1. D类

D类是安全性最低的级别。该级别的硬件，没有任何保护作用，操作系统容易受到损害：不提供身份验证和访问控制。例如，MS-DOS，Macintosh等操作系统属于这个级别。

2. C类

C类为自主保护类，包括C1和C2两个级别。

(1) C1级。自主安全保护(discretionary security protection)系统，它依据的是一个典型的UNIX系统制定的安全评测级别。对硬件来说，存在某种程度的保护。用户必须通过注册名和口令让系统识别。有一定的自主存取控制机制(DAC)，使得文件和目录的拥有者或系统管理员，能够阻止某些人访问某些程序和数据，UNIX的owner/group/other存取控制机制是典型的实例。

该级别中，许多日常系统管理的任务通过超级用户执行。可能出现不审慎的系统管理员无意中损害了系统的安全。

(2) C2级。受控制的存取控制系统。它具有以用户为单位的自主存取控制机制(DAC)，且引入了审计机制。

除了C1包含的安全特性外，C2级还具有进一步限制用户执行某些命令或访问某些文件的能力。它不仅基于许可权限，而且基于身份验证级别。另外，这种安全级别要求对系统加以审计，包括为系统中发生的每一事件编写一个审计记录。审计用来跟踪记录所有与安全有关的事件，包括那些由系统管理员执行的活动。

3. B类

B类为强制保护类，由B1、B2和B3级别组成。

(1) B1级要求具有C2级全部功能，并引入强制型存取控制(MAC)机制，以及相应的主体、客体安全级标记和标记管理。它支持多级安全。该级别说明了一个处于强制性访问控制之下的对象，不允许文件的拥有者改变其存取许可权限。

(2) B2级要求具有形式化的安全模型，描述式顶层设计说明(descriptive top design

specification,DTDS)、更完善的MAC机制、可信通路机制、系统结构化设计、最小特权管理、隐蔽通道分析和处理等安全特征。它要求计算机系统中所有的对象都加标记,而且给设备分配单个或多个安全级别。

(3) B3级要求具有全面的存取控制机制,严格的系统结构化设计及可信计算基(TCB)最小复杂性设计、审计实时报告机制、更好地分析和解决隐蔽通道问题等安全特征。它使用安全硬件的办法增强域的安全性,例如,内存管理硬件用于保护安全域免遭无授权访问或其他安全域对象的修改。该级别还要求用户的终端通过一条可信途径连接到系统上。

4. A类

A类是TCSEC中最高的安全级别。它包含了一个严格的设计、控制和验证过程。该级别包括了其低级别所具有的所有特性。设计必须是从数学上经过验证的,而且必须进行隐蔽通道和可信任分布的分析。可信任分布的含义是,硬件和软件在传输过程中受到保护,不可破坏安全系统。

A类要求具有系统形式化顶层设计说明(formatigation top design specification,FTDS),并形式化验证FTDS与形式化模型的一致性,用形式化技术解决隐蔽通道问题等。

美国国防部采购的系统,要求其安全级别至少达到B类,商业用途的系统也追求达到C类安全级别。国外厂商向我国推销的计算机系统基本上是B类以下的产品,自主开发符合TCSEC B类安全功能的,尤其是达到TCSEC B2级安全功能的操作系统是我国研究人员首选的开发目标。

8.3.3 中国评测标准

1999年10月,国家技术监督局发布了中华人民共和国国家标准《GB/T 17859—1999 计算机信息系统安全保护等级划分准则》,该准则参考了美国《美国可信计算机系统评估》(TCSEC)和《可信计算机网络系统说明》(NCSC-TG-005),将计算机信息系统安全保护能力划分为5个等级。

1. 第一级 用户自主保护级

每个用户对属于他的客体具有控制权。控制权限可基于三个层次:客体的属主、同组用户、其他用户。另外,系统中的用户必须用一个注册名和一个口令验证其身份,目的在于标明主体是以某个身份进行工作的,避免非授权用户登录系统。同时要确保用户不能访问和修改“用来控制客体存取的敏感信息”和“用来进行身份鉴别的数据”。该级别相当于TCSEC的C1级。

2. 第二级 系统审计保护级

第二级在第一级基础上,增加了以下内容。

(1) 自主存取控制的粒度更细,要达到系统中的任何一个单一用户。

(2) 审计机制。审计系统中受保护客体被访问的情况,用户身份鉴别机制的使用,系统管理员、系统安全管理员、操作员对系统的操作,以及其他与系统安全有关的事件。要确保审计日志不被非授权用户访问和破坏。

(3) 对系统中的所有用户进行唯一的标识,系统能通过用户标识号确认相应的用户。

(4) 客体复用。当释放一个客体时,将释放其目前所保存的信息;当它再次被分配时,新主体不能根据原客体的内容获得原主体的任何信息。该级别相当于TCSEC的C2级。

3. 第三级 安全标记保护级

该保护级应具有下述安全功能。

(1) 自主访问控制。

(2) 在网络环境中,要使用完整性敏感标记确保信息传送过程中不受损失。

(3) 系统提供有关安全策略模型的非形式化描述。

(4) 系统中主体与客体的访问要同时满足强制访问控制检查和自主访问控制检查。

(5) 在审计记录的内容中,对客体增加和删除事件要包括客体的安全级别。

该级别相当于TCSEC的B1级。

4. 第四级 结构化保护级

该级别要求具备以下安全功能。

(1) 可信计算基(TCB)建立在一个明确定义的形式化安全策略模型之上。

(2) 对系统中的所有主体和客体实行自主访问控制和强制访问控制。

(3) 进行隐蔽存储信道分析。

(4) 为用户注册建立可信通路机制。

(5) 可信计算基(TCB)必须结构化为关键保护元素和非关键保护元素,TCB的接口定义必须明确,其设计和实现要能经受更充分的测试和更完整的复审。

(6) 支持系统管理员和操作员的职能划分,提供了可信功能管理。

该级别相当于TCSEC的B2级。

5. 第五级 访问验证保护级

该保护级的关键功能如下。

(1) 可信计算基(TCB)满足访问监控器需求,它仲裁主体对客体的全部访问,其本身足够小,能够分析和测试。在构建TCB时,要清除那些对实施安全策略不必要的代码,在设计和实现时,从系统工程角度将其复杂性降低到最小程度。

(2) 扩充审计机制,当发生与安全相关的事件时能发出信号。

(3) 系统具有很强的抗渗透能力。

该级别相当于TCSEC的A级。

8.4 UNIX和Linux操作系统的安全性

当前的UNIX和Linux系统很多都达到了TCSEC规定的C2级安全标准。在这里不去关注两类系统以及不同版本之间的差别,就常用的安全功能作一些讨论。

UNIX和Linux是多用户、多任务的操作系统,该类操作系统安全性问题主要是防止同一台计算机上的不同用户之间相互干扰。安全性措施如下。

(1) 系统调用。用户进程通过系统调用接口从内核获得服务,内核根据调用进程的要求执行用户请求。

(2) 异常。进程的某些不正常操作,如除数为0,用户堆栈溢出等将引起硬件异常,异常发生后内核将干预并处理之。

(3) 中断。内核处理外围设备的中断,设备通过中断机制通知内核I/O完成状态。

(4) 由一组特殊的系统进程执行系统级的任务。例如,控制活动进程的数目或维护空闲内存空间。

系统具有两个执行状态:核心态和用户态。运行内核中程序的进程处于核心态,运行核外程序的进程处于用户态。系统保证用户态下的进程只能存取它自己的指令和数据,而不能存取内核和其他进程的指令和数据,并且保证特权指令只能在核心态执行,如中断、异常等不能在用户态使用。用户程序可以使用系统调用进入核心,运行完系统调用后,再返回用户态。系统调用是用户态进程进入系统内核的唯一入口,用户对系统资源中信息的存取要通过系统调用实现。

8.4.1 标识与鉴别

1. 标识

各种管理功能都限制在一个超级用户(root)中。作为超级用户,它可以控制一切,包括:用户账号、文件和目录、网络资源等。超级用户管理所有资源的变化,例如,每个账号都是具有不同用户名、不同口令和不同访问权限的一个单独实体。这样就允许超级用户授权或拒绝任何用户、用户组和所有用户的访问。用户可以生成自己的文件,安装自己的程序等,系统为用户分配的用户目录,每个用户都可以得到一个主目录和一块磁盘空间。这块磁盘空间与系统区域和其他用户占用的区域分割开来,这样,可以防止一般用户的活动影响其他文件系统。超级用户可以控制哪些用户可能把文件存放在哪里,控制哪些用户能访问哪些资源,以及如何进行访问等。

用户登录到系统中时,需要输入用户名标识其身份,内部实现时,系统管理员在创建用户账户时,为其分配一个唯一的标识号(UID)。

系统文件/etc/passwd中,含有每个用户的信息,包括用户的登录名、经过加密的口令、用户号、用户组号、用户主目录和用户所用的shell程序,其中用户标识号(UID)和用户组号(GID)用于唯一地标识用户和同组用户及用户的访问权限。系统中,超级用户的UID为0,每个用户可以属于一个或多个用户组,每个组由一个GID唯一地标识。在大型的分布式系统中,为了统一对用户进行管理,通常将每台工作站上的口令文件存放在网络服务器上,如Sun公司的网络信息系统(NIS),开发软件基金会的分布式计算机环境(DCE)等。

2. 鉴别

用户名是用户身份的标识,口令是个确认证据。用户登录时,需要输入口令来鉴别身份。当用户输入口令后,系统使用改进的数据加密标准(data encryption standard, DES)算法对其进行加密,并将结果与存储在/ect/passwd或NIS数据库中的用户口令进行比较,若两者匹配,说明该用户的登录合法,否则拒绝用户登录。

8.4.2 存取控制

系统的存取控制机制通过文件系统实现。

1. 存取权限

文件存取权限共有9位,分为三组,每三位一组,用于指出不同类型的用户对该文件的访问权限。用户有3种类型,owner:文件主,即文件的所有者;group:同组用户;other:其他用户。权限有3种,r:允许读;w:允许写;x:允许执行。每一位都是为1有效,为0时没有相应的权限。

2. 改变权限

改变文件的存取权限可以由文件主使用chmod命令,比如:

```
chmod 0755 file
```

将授予文件file以文件主可读可写可执行,同组用户和其他用户可读可执行的权限。合理的文件授权可防止偶然性或删除文件。

改变文件的属主可用命令chown,改变文件的组可用命令chgrp。

8.4.3 审计与加密

1. 审计

系统的审计机制能监控系统中发生的事件,以保证安全机制正确工作并及时对系统异常进行报警提示。审计结果常写在系统的日志文件中,丰富的日志为系统的安全运行提供了保障。包括哪些用户曾经或者正在使用系统,可以通过日志来检查错误发生的原因,在系统受到黑客攻击后,日志可以记录下攻击者留下的痕迹,通过查看这些痕迹,系统管理员可以发现黑客攻击的某些手段以及特点,从而能够进行处理工作,为抵御下一次攻击做好准备。

1) 丰富的日志文件

常见的日志文件见表8.2。

表8.2 Linux系统的日志文件

日志文件	说明
acct或pacct	记录每一个用户使用过的命令
aculog	记录拨出modems的记录
lastlog	记录用户最后一次成功登录的时间和最后一次登录失败的时间
loginlog	不良的登录尝试记录
messages	记录输出到系统主控台以及由syslog系统服务程序产生的信息
sulog	记录su命令的使用情况
utmp	记录当前登录的每个用户
utmpx	扩展的utmp

续表

日志文件	说　明
wtmp	记录每一次用户登录和注销的历史信息
wtmpx	扩展的 wtmp
void. log	记录使用外部介质,如软盘或光盘出现的错误
xferlog	记录 FTP 的存取情况

上述日志文件可以分为三类。

(1) 连接时间日志 wtmp 和 utmp 文件。相关程序把记录写入到/var/log/wtmp 和/var/run/utmp 文件中,login 等程序会更新 wtmp 和 utmp 文件,使系统管理员能够跟踪谁在何时登录到系统。

(2) 进程统计 pacct(或 acct)文件。当一个进程终止时,系统内核为每个进程往其中写一个记录,以提供命令的运行统计。

(3) 错误日志 messages 文件。由 syslogd 守护程序执行,各种系统守护进程、用户程序和内核通过 syslogd 守护程序向文件/var/log/messages 报告值得注意的事件。另外有许多 UNIX 程序创建日志,像 HTTP 和 FTP 这样提供网络服务的服务器也保持详细的日志。

2) 日志文件的使用

(1) 由管理人员直接使用。系统管理人员可以按时和随机地检查各种系统日志文件,包括一般信息日志、网络连接日志、文件传输日志以及用户登录日志等,注意是否有不合常理的时间记载。例如以下几种。

① 用户在非常规的时间登录。

② 不正常的日志记录,比如日志文件是否完整。

③ 用户登录系统的 IP 地址和以往的不一样。

④ 用户登录失败的日志记录,尤其是那些一再连续尝试进入失败的日志记录。

⑤ 非法使用或不正当使用超级用户权限 su 的指令。

⑥ 无故或者非法重新启动各项网络服务的记录。

另外,尤其提醒管理人员注意的是:日志并不是完全可靠的。高明的黑客在入侵系统后,经常会打扫现场。所以需要综合运用以上的系统命令,全面、综合地进行审查和检测。

(2) 由基本日志命令使用。utmp、wtmp 日志文件是多数 Linux 日志子系统的关键,它保存了用户登录进入和退出的记录。有关当前登录用户的信息记录在文件 utmp 中;登录进入和退出记录在文件 wtmp 中;数据交换、关机以及重启的计算机信息也都记录在 wtmp 文件中。所有的记录都包含时间戳。时间戳对于日志来说非常重要,因为很多攻击行为分析都是与时间有极大关系的。这些文件在具有大量用户的系统中增长十分迅速。例如,wtmp 文件可以无限增长,除非定期截取。许多系统以一天或者一周为单位把 wtmp 配置成循环使用。它通常由 cron 运行的脚本来修改,这些脚本重新命名并循环使用wtmp文件。

utmp文件被许多命令文件使用,包括who、w、users和finger。而wtmp文件被程序last和ac使用。它们都是二进制文件,不能被诸如tail命令剪贴或合并(使用cat命令)。需要使用who、w、users、last和ac来使用这两个文件包含的信息。

(3) 由系统服务程序syslog使用。任何程序都可以通过syslog记录事件。系统事件发生时可以写到一个文件或设备中,或给用户发送一个信息。它能记录本地事件或通过网络记录另一个主机上的事件。

syslog设备核心包括一个守护进程(/etc/syslogd守护进程)和一个配置文件(/etc/syslog.conf配置文件)。通常情况下,多数syslog信息被写到/var/adm或/var/log目录下的信息文件中(messages.*)。一个典型的syslog记录包括生成程序的名字和一个文本信息。

系统管理员通过使用syslog.conf文件,可以对生成的日志的位置及其相关信息进行灵活配置,满足应用的需要。例如,可以配置把所有邮件消息记录到一个文件中;可以把UUCP和news设备产生的外部消息保存到自己的日志(/var/log/spooler)中;当一个紧急消息到来时,可以让所有的用户都得到,也可以让自己的日志接收并保存。

在有些情况下,syslog可以把日志送到打印机,这样网络入侵者怎么修改日志都不能清除入侵的痕迹。因此,syslog是一个被攻击的目标,破坏了它将会使用户很难发现入侵以及入侵的痕迹,因此要特别注意保护其守护进程以及配置文件。

(4) 程序日志的使用。在应用程序中也可以使用和设置日志文件,以了解和分析系统安全。例如,su命令允许用户获得另一个用户的权限,它的日志文件为sulog和sudolog。诸如Apache等HTTP的服务器都有日志:access_log(客户端访问日志)以及error_log(服务出错日志)。FTP服务的日志记录在xferlog文件中,Linux下邮件传送服务(sendmail)的日志一般存放在maillog文件当中。

程序日志的创建和使用在很大程度上依赖于用户的良好编程习惯。对于一个优秀的程序员来说,任何与系统安全或者网络安全相关的程序的编写,都应该包含日志功能,这样不但便于程序的调试和纠错,而且更重要的是能够给程序的使用方提供日志的分析功能,从而使系统管理员能够较好地掌握程序乃至系统的运行状况和用户的行为,及时采取行动,排除和阻断意外的和恶意的入侵行为。

2. 加密

加密是指一个消息用一个数学函数和一个专门的加密口令转换为另一个消息的过程,解密是它的反过程。系统中提供了加密程序,使用加密命令可以对指定文件进行加密。

系统可以提供点对点的加密方法,以保护传输中的数据。当数据在因特网上传输时,要经过许多网关,在数据传输过程中很容易被窃取。进行数据加密后,即使数据被截获,窃取者得到的也是一堆乱码。Secure Shell就是有效地利用加密来保证远程登录的安全。

在使用passwd修改密码时,如果输入的密码不够安全,系统会给警告,说明密码选择得很糟糕,这时,最好换一个密码,即shadow password。在/etc/passwd文件中的密码串被替换成'x',系统在使用密码时,发现'x'标记后寻找 shadow 文件,完成响应的操作。而 shadow 文件只有 root 用户才可存取。

8.4.4 网络安全

UNIX 和 Linux 系统通常在网络环境中运行,默认支持 TCP/IP 协议,网络安全性主要指防止本机或本网络被非法入侵、访问,从而达到保护本系统可靠、正常运行的目的。

1. 网络的使用限制

系统有能力提供网络访问控制和有选择地允许用户和主机与其他主机的连接。相关的配置文件如下:

/etc/inetd.conf　　文件中指出系统提供哪些服务
/etc/services　　文件中列出了端口号、协议和对应的名称

使用文件/etc/hosts.allow 和/etc/hosts.deny 可以很容易地控制哪些 IP 地址禁止登录,哪些可以登录。有了服务限制条件,可以更好地管理系统。

系统可以限制网上访问常用的 telnet、ftp、rlogin 等网络操作命令,最简单的方法是修改/etc/services 中的相应的端口号,使其完全拒绝某个访问,或者对网上的访问做有条件的限制。

(1) 当远程使用 ftp 命令访问系统时,Linux 系统首先验证用户名和密码,无误后查看/etc/ftpusers 文件(不受欢迎的用户表),一旦其中包含登录用户的用户名则系统自动拒绝连接,从而达到限制的作用。

(2) Linux 系统没有对 telnet 的控制,但/etc/profile 文件是系统默认的 shell 变量文件,所有用户登录时必须首先执行它,故可修改该文件达到安全访问目的。

2. 网络入侵检测

某些版本还配备了入侵检测工具,利用它可以使系统具备较强的入侵检测能力。包括记录入侵企图,当攻击发生时及时给出警报;在规定情况的攻击发生时,采取事先确定的措施;让系统发出一些错误信息,比如模仿成其他操作系统。

8.4.5 备份和恢复

无论采取怎样的安全措施,都不能完全保证系统没有崩溃的可能性。系统的安全性和可靠性与备份密切相关。定期备份是一件非常重要的工作,它可使灾难发生后将系统恢复到一个稳定的状态,将损失减低到最小。

备份的常用类型有:零时间备份、整体备份和增量备份。系统的备份应根据具体情况制定合理的策略。

系统中提供了几个专门的备份程序:dump/restore 和 backup。网络备份程序有:rdump/rstore、rcp、ftp、rdist 等。

最安全的备份方法是把备份数据备份到其他地方,如网络、磁带、可移动磁盘和可擦写光盘等。

8.5 Windows 2000 和 Windows XP 操作系统安全性

Windows 2000 和 Windows XP 的安全性目前也达到了美国可信计算机系统评测准则(TCSEC)中的 C2 级标准,实现了用户级自主访问控制、具有审计功能等安全特性。

8.5.1 安全模型

Windows 2000 和 Windows XP 的安全模型影响整个 Windows 2000 和 Windows XP 操作系统。由于对象的访问必须经过一个核心区域的验证,因此没有得到正确授权的用户不能访问对象。

首先,用户必须在 Windows 2000 和 Windows XP 中拥有一个账号,规定该账号在系统中的特权。在 Windows 2000 和 Windows XP 中,特权是指用户对整个系统能够做的事情,如关闭系统、添加设备和更改系统时间等。权限专指用户对系统资源所能做的事情,如对某文件的读、写操作,对打印机队列的管理等。系统中有一个安全账号数据库,其中存放有用户账号和该账号所具有的特权,用户对系统资源所具有的权限和特定的资源一起存放。

在 Windows 2000 和 Windows XP 中,安全模型由本地安全认证、安全账号管理器和安全参考监督器构成。除此之外,还包括注册、访问控制和对象安全服务等,如图 8.5 所示。图中管理工具包括访问控制、对象安全服务等。

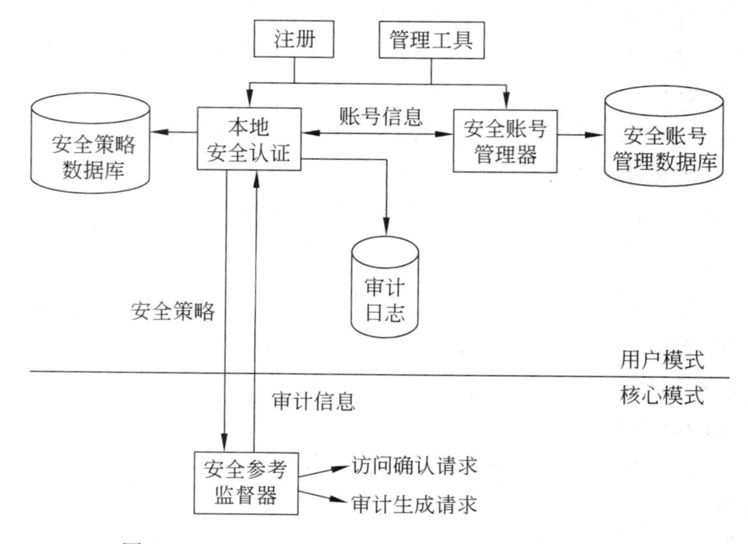

图 8.5 Windows 2000 和 Windows XP 安全模型

1. 用户和用户组

在 Windows 2000 和 Windows XP 中,每个用户必须有一个账号,用于登录和访问系统中的计算机资源和网络资源。用户账号包括的内容如表 8.3 所示。

表 8.3 用户账号说明

项　　目	说　　明
用户名(user name)	用户登录名
用户全称(full name)	用户全称
用户密码(password)	用户登录密码
隶属的工作组(group)	用户隶属于哪个工作组
用户环境配置文件(profile)	设置和记录登录的工作配置文件
可在哪些时间登录(logon hours)	设置用户只能在允许的时间内登录
可在哪些站点登录(logon computer)	限制用户只能在允许的工作站登录
账号有效日期(expiration date)	有效日期过期后,用户无法登录
登录脚本文件(logon script)	设置用户在登录时自动运行的文件
主目录(home directory)	设置用户登记后的工作目录
拨入(dial in)	设置用户是否可以通过拨号的方式连接到网络上

系统有两种默认类型的账号：管理员账号(administrator)和访问者(guest)账号。管理员账号可以创建新账号,创建新账号的工具是系统的标准配置,它是随系统同时安装的。

Windows 2000 和 Windows XP 支持工作组。通过工作组,可以方便地给一组相关的用户授予特权和权限。一个用户可以属于一个或多个工作组。Windows 2000 和 Windows XP 提供了许多内置的工作组：管理员(administrators)、备份操作员(backup operators)、打印操作员(printer operators)、特权用户(power users)、一般用户(users)和访问用户(guess)。

2. 域和委托

域模型是 Windows 2000 和 Windows XP 网络系统的核心,所有 Windows 网络的相关内容都是围绕着域来组织的。与工作组相比,域模型在安全方面具有优越性。

域是一些服务器的集合,这些服务器被归为一组,它们共享同一安全策略数据库和用户账号数据库。域的集中化用户账号数据库和安全策略使得系统管理员可以用一个简单而有效的方法维护整个网络的安全。域由一个主域服务器,若干个备份域服务器、服务器和工作站组成。域可以把机构中不同的部门分开。设定正确的域配置可使管理员控制网络用户的访问。

维护域的安全和安全账号管理数据库的服务器称为主域服务器,而其他存有域的安全数据和用户账号信息的服务器则称为备份域服务器。主域服务器和备份域服务器都能验证用户登录上网的要求。备份域服务器的作用在于,当主域服务器崩溃时,提供一个备份并防止重要的数据丢失,每个域中允许有一个主域服务器。安全账号数据库的原件就存放在主域服务器中,并且只能在主域服务器中对数据进行维护。在备份域服务器中,不允许对数据进行任何改动。

委托是一种管理方法,它将两个域连接在一起,并允许域中的用户互相访问。委托关系可使用户账号和工作组,在建立它们的域之外的域中使用。委托分为受委托域和委托域,受委托域使用的用户账号可以被委托域使用。这样,用户只需要一个用户名和口令就可以访问多个域。

3. 活动目录

活动目录是 Windows 2000 和 Windows XP 网络体系结构中一个基本且不可分割的部分。它提供了一套为分布式网络环境而设计的目录服务。活动目录使得组织机构可以有效地对有关网络资源和用户的信息进行共享和管理。另外,目录服务在网络安全方面扮演着中心授权机构的角色,从而使操作系统可以验证用户的身份并控制其对网络资源的访问。

活动目录允许组织机构按层次、面向对象的方式存储信息,并提供支持分布式网络环境的多主复制机制。

(1) 层次式组织。活动目录使用对象表示用户、组、主机、设备及应用程序等网络资源,使用容器表示组织或相关对象的集合。它将信息组织为由这些对象和容器组成的树形结构。

(2) 面向对象的存储。活动目录用对象的形式存储相关网络元素的信息,这些对象可以被设置一些属性来描述对象的特征。这种方式允许系统在目录中存储各种各样的信息并且密切控制对信息的访问。

(3) 多主复制。为了在分布式环境中提供高性能、可用性和灵活性,活动目录使用多主复制机制,该机制允许组织机构创建多个目录的备份,并把它们放置在网络中的各个位置上。网络中任一位置上的变更都将自动被复制到整个网络上。

活动目录服务有以下特点。

(1) 简化管理。以层次化组织用户和网络资源,活动目录使管理员拥有对用户账号、客户、服务器和应用程序进行管理的单一点,从而减少了冗余的管理任务,同时让管理员管理对象组或容器而不是每个单独的对象,增加了管理的准确性。

(2) 加强安全性。强大且一致的安全服务对企业网络而言是必不可少的。管理用户验证和访问控制的工作单调且容易出错。活动目录集中进行管理并加强了与组织机构的商业过程一致的、且基于角色的安全性。

(3) 扩展的互操作性。将不同的系统结合在一起,并增强目录及管理任务,活动目录提供了一个中枢集成点。

4. 登录

Windows 2000 和 Windows XP 的登录分为本地登录和网络登录。通过登录系统建立一个安全环境并为用户完成一些有用的工作。

5. 资源访问控制

Windows 2000 和 Windows XP 实现了用户级资源自主访问控制,如图 8.6 所示。

为了实现进程间的安全访问,Windows 2000 和 Windows XP 中的对象采用了安全描述符(security descriptor),安全描述符主要由用户、用户组、访问控制列表和系统访问控制列表组成。

当某个进程要访问一个对象时，进程的用户与对象的访问控制列表进行比较，以决定是否可以访问该对象。访问控制列表由访问控制项组成，如图 8.7 所示。每个访问控制项标识用户和工作组对该对象的访问权限。

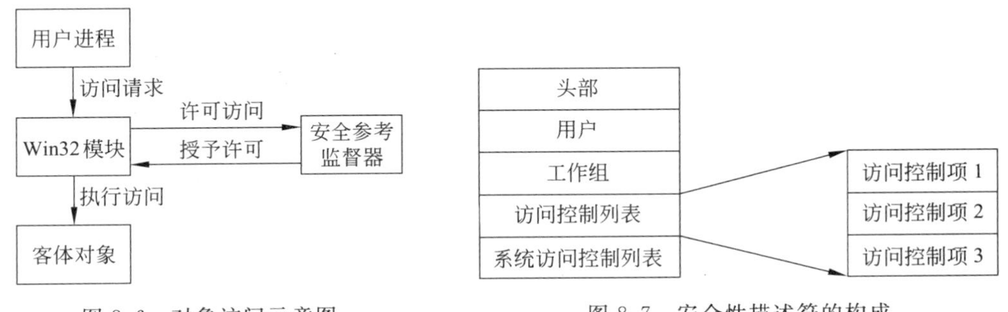

图 8.6 对象访问示意图　　图 8.7 安全性描述符的构成

一般情况下，访问控制列表有 3 个访问控制项，分别代表：拒绝对该对象的访问；允许对该对象读取和写入；允许执行该对象。

在 Windows 2000 和 Windows XP 中，用户进程不直接访问对象，而是由 Win32 代表用户访问对象。这样做的好处是由操作系统负责实施对对象的访问，使得对象更加安全。

当进程请求 Win32 对对象执行一种操作时，Win32 借助安全参考监督器进行校验，安全参考监督器首先检查用户的特权，然后再将进程的访问令牌与对象的访问控制列表进行比较，决定进程是否可以访问该对象。

6. 审计子系统

Windows 2000 和 Windows XP 具有审计功能。系统有三种日志：系统日志、应用程序日志和安全日志，可以使用事件查看器浏览和按条件过滤显示。系统日志和应用程序日志是系统和应用程序生成的错误警告和其他信息，用户可随时进行查看。安全日志则是审计数据，只能由审计管理员查看和管理。

Windows 2000 和 Windows XP 的审计子系统在默认情况下是关闭的，审计管理员可以在服务器的域用户管理或工作站的用户管理中打开审计子系统，并设置审计事件类。事件分为 7 类：系统类、登录类、对象存取类、特权应用类、账号管理类、安全策略管理类和详细审计类。对于每类事件，可以选择审计失败或成功的事件。对于对象存取类的审计，管理员还可以在资源管理器中进一步指定各文件和目录的具体审计标准，如读、写、修改、删除和运行等操作。

审计数据以二进制结构的形式存放在磁盘上，每条记录都包含有事件发生的时间、事件源、事件号和所属类别、计算机名、用户名和事件本身的详细描述。

用户登录时，WinLogon 进程为用户创建访问令牌，其中包含用户及所属组的标识符，它们作为用户的身份标识。文件等客体则含有自主访问控制列表（DACL），用于标明哪些用户有权访问该客体。系统中还有系统访问控制列表（SACL），用于标明哪些用户的访问需要被系统记录。

当用户进程访问客体对象时，通过 Win32 子系统向核心请求访问服务，核心的安全参考监督器将访问令牌与客体的 DACL 进行比较，确定该用户是否拥有访问权限，同时检查客体的SACL,确定本次访问是否在既定的审计范围内,若是,则送至审计子系统。整个审计过程如图8.8所示。

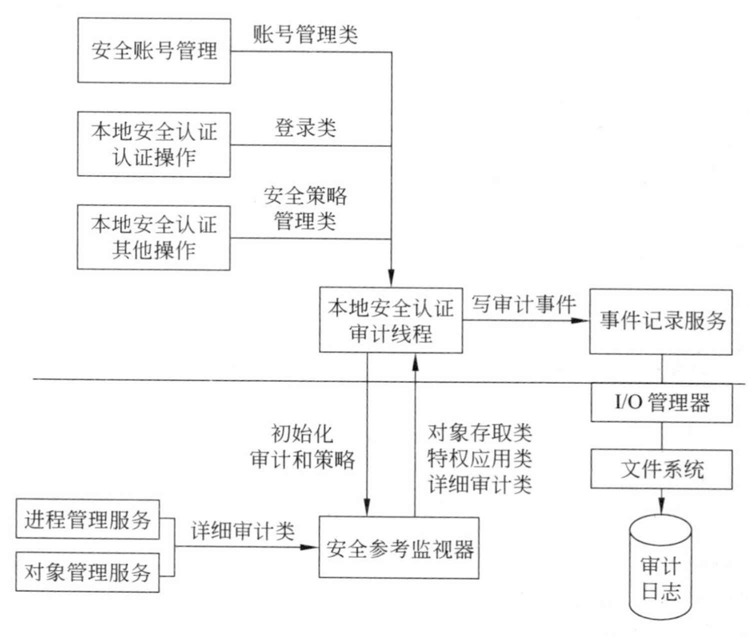

图8.8 审计子系统结构图

8.5.2 文件保护及防盗版安全机制

1. 文件保护机制

系统采用NTFS文件系统,它有许多安全特性。

NTFS文件系统具有可恢复性。NTFS文件系统可在系统崩溃和磁盘失效的情况下恢复,在失效情况发生后,NTFS重新构建磁盘的NTFS文件系统。NTFS通过事件处理模型达到这一目的。在事件处理模型中,每个重要的文件系统修改都被看成是一次原子操作,要么成功,要么失败,不允许有中间状态。另外,NTFS保留有文件系统关键数据的冗余存储,从而不会因为磁盘扇区的失效而丢失用于描述文件系统结构的数据。

NTFS主要采用两种措施对文件系统进行安全性保护,一是对文件和目录权限的设置,二是对文件和目录进行加密。

NTFS卷上的每个文件和目录在创建时,创建人就是文件的拥有者,文件的拥有者控制文件和目录权限的设置,并由他赋予其他用户的访问权限。权限设置规则如下。

(1) 只有被赋予了权限或是属于拥有这种权限组的用户,才能对文件或目录进行访问。

(2) 权限是累计的。如果组A的用户对一个文件拥有“写”的权限,组B的用户只有“读”的权限,而组C同属于两个组,则组C将具有“写”的权限。

(3) “拒绝访问”权限的优先级高于其他所有权限。

(4) 文件权限优先于目录权限。

(5) 当用户创建新的文件和子目录时，创建的文件和子目录继承该目录的权限。

(6) 创建文件或目录的用户，总是可以随时更改文件或目录的权限设置来控制其他用户对该文件或目录的访问。

NTFS 还提供了文件加密技术，可以将磁盘上的文件加密存放。

2. 防盗版安全机制

为了防止 Windows XP 的盗版，在 Windows XP 产品中包含了一项基于软件的产品激活技术，用来验证软件产品是否有合法的使用许可。同时引入了授权机制来规定用户的使用年限。

Windows XP 产品的激活原理是，它验证软件程序的产品密钥是否在多于软件许可证上所规定数目的个人计算机上使用。必须使用产品密钥安装软件，产品密钥转换成安装 ID 号，使用激活向导将此安装 ID 号提供给 Microsoft 公司，接着 Microsoft 公司返回一个确认的 ID 发送给用户的计算机，激活用户的软件产品。ID 号可以通过 Internet 安全传送。

安装的 ID 号包括一个加密的 ID 和硬件 hash 值或校验和，确认 ID 是一个将特定 PC 上安装的 Windows XP 解锁的过程。

当用户更换硬件并重启系统时，系统将去辨认原有的激活码，少量与系统关系不大的外部设备的更换不影响激活。但若硬件更换过多，对计算机硬件的基本配置做了改动，则允许在一定时间（120 天）内自动激活硬件发生了改动的系统。若一年内超过 4 次自动激活，则需要与 Microsoft 激活中心联系，以确认用户是否有权使用软件。

没有激活的系统，有 30 天的激活期限，每次系统登录时都将有激活提示。

小　结

本章讨论了操作系统的脆弱性及常用的安全机制，讨论了安全标准，介绍了目前流行操作系统的安全技术。

首先引用信息系统容易受到攻击的实例，说明操作系统安全的重要性。操作系统由于本身的原因和环境，以及管理上的问题，它又是容易受到攻击的，因此应该特别重视操作系统的安全。

保护操作系统的安全有硬件措施和软件两个方面。这里着重讨论了软件机制，主要是操作系统本身的安全机制。操作系统的安全机制包括注册与身份验证、存取控制、实施最小特权原理的分级安全控制、建立可信通道、消除隐蔽通道、安全审计和病毒防护等。

美国是最早制定信息系统安全性评定标准的国家，许多发达国家都随后陆续制定了相应标准，我国也在参照美国标准的基础上，于 1999 年发布了中华人民共和国国家标准《GB/T 17859—1999　计算机信息系统安全保护等级划分准则》，将计算机信息系统安全保护能力划分为 5 个等级。

第一级，用户自主保护级，每个用户对属于他的客体具有控制权。相当于美国标准的 C1 级。

第二级，系统审计保护级，自主存取控制的粒度更细，要达到系统中的任何一个单一用户。并增加了审计机制。对系统中的操作和事件能够进行日志记录和审计。相当于美国标准的C2级。

第三级，安全标记保护级，要保证在网络环境中，信息传送不受损失。提供有关安全策略模型的非形式化描述等安全功能。相当于美国标准的B1级。

第四级，结构化保护级，对可信计算基建立结构化保护，有明确定义的形式化安全策略模型。有进行隐蔽存储信道分析，为用户注册建立可信通路等机制。相当于美国标准的B2级。

第五级，访问验证保护级，相当于美国标准A类。

本章接着对UNIX、Linux、Windows 2000和Windows XP的安全机制进行了讨论。当前的UNIX、Linux、Windows 2000和Windows XP系统一般都达到了TCSEC规定的C2级安全标准，有自主控制和审计机制。

UNIX和Linux将用户划分为特权用户、组用户和一般用户，通过口令进行身份认证。超级用户具有最高权力。允许用户对自己的文件设置读写保护权限，允许用户给自己的文件加密。丰富的日志文件和审计机制，对不安全事件保持警惕。在系统遭遇攻击后可以进行分析，尽可能挽回损失。

Windows 2000和Windows XP安全模型由本地安全认证、安全账号管理器和安全参考监督器构成。系统设置管理员账号和guest账号，NTFS文件系统主要采用两种措施对文件系统进行安全性保护，一是对文件和目录权限的设置，二是对文件和目录进行加密。活动目录允许组织机构按层次、面向对象的方式存储信息。目录服务使操作系统可以验证用户的身份并控制其对网络资源的访问。Windows 2000和Windows XP同样提供了日志审计机制。

习　　题

8.1　自己的计算机遭遇过病毒或黑客攻击致使操作系统瘫痪吗？自己是如何修复或不得不重装系统的？

8.2　操作系统的安全性和使用的方便性是有矛盾的。能否提出一些思路，根据不同的使用环境和应用需求，在二者之间进行折中？

8.3　为了防范口令攻击，用户使用口令时应该注意哪些问题？

8.4　何谓最小特权原则？如何实施这一原则？

8.5　有的系统设立了特权用户，试讨论其优缺点。

8.6　目前最有代表性的美国计算机安全标准TCSEC，怎样划分计算机安全等级？各个安全级别应具有哪些典型的安全技术措施？

8.7　目前我国计算机安全标准是哪年制定的？名称是什么？它如何对应美国计算机安全标准TCSEC？

8.8　简述UNIX、Linux和Windows系统是如何实施存取控制的？

8.9　简述UNIX、Linux系统是如何实施安全审计的？

8.10　按照TCSEC标准衡量，MS-DOS的安全级别是什么？

第9章 UNIX和Linux实例分析

CHAPTER

9.1 系统结构

9.1.1 UNIX的特点

UNIX自1970年问世以来，迅速在世界范围推广，不仅可以用于小型机、微型计算机工作站系统，而且进入了大中型机计算机系统领域，成为实用机型最多的操作系统，特别是已成为因特网的操作系统。

UNIX主要特点如下。

(1) 内核精巧，其他部分以核外实用程序出现，使得UNIX十分可靠。

(2) 多用户、多任务分时操作系统。

(3) 提供了以文件方式使用外部设备的简便接口，使得使用外部设备跟使用文件一样。

(4) 创立了用管道作为进程之间的通信机制。

(5) 绝大部分程序用高级语言C语言写成，因而用户程序容易移植。

9.1.2 UNIX系统结构

UNIX采用内核(kernel)加进程(process)的系统模型(system model)，如图9.1所示。

内核不是进程，它为核外进程运行提供环境。内核程序处于核心空间，用户程序处于用户空间。图9.2给出了UNIX系统工作状态示意。用户进程可以经“系统调用”调用核心的某些例程，但是不能直接访问系统数据。核心程序可以访问用户空间的数据。

UNIX中程序运行的一般策略如下。

系统初始启动完成以后，在用户态下运行，这是通常的方式。一个进程在用户态下正常执行，如果不发生状态变化，它将这样正常执行下去。仅当发生中断或捕俘时，系统才从用户态转向核心态，也就是说中断和捕俘是进管的唯一途径。

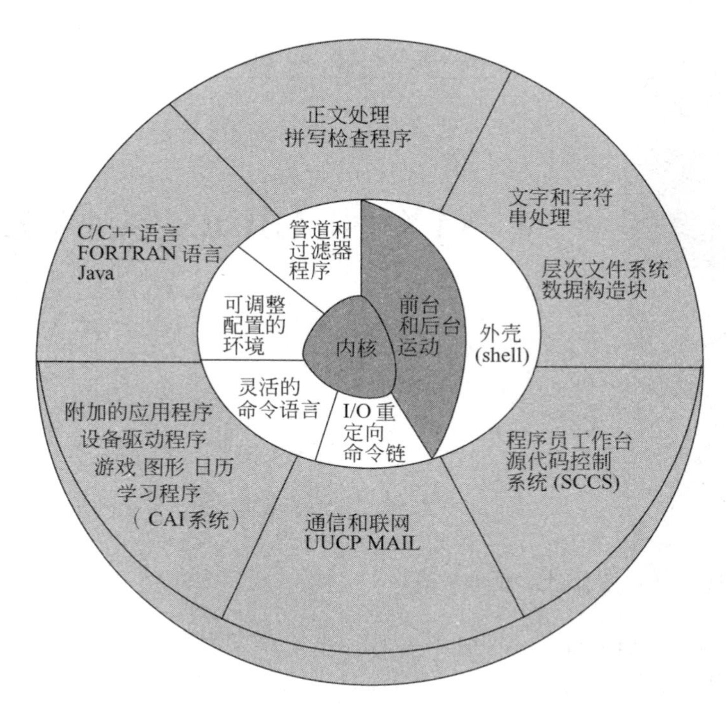

图 9.1 UNIX 系统模型

通过中断与捕俘转入核心态后,进行中断、捕俘处理,它被认为是原进程的继续。在此期间,如果不是当前进程本身调用 switch 放弃处理机的话,是不会发生进程转道的。因此在此期间不会插入其他进程的代码。

捕俘、中断处理结束后,在返回用户态断点前可能要进行进程调度,这时将可能导致处理机转道。

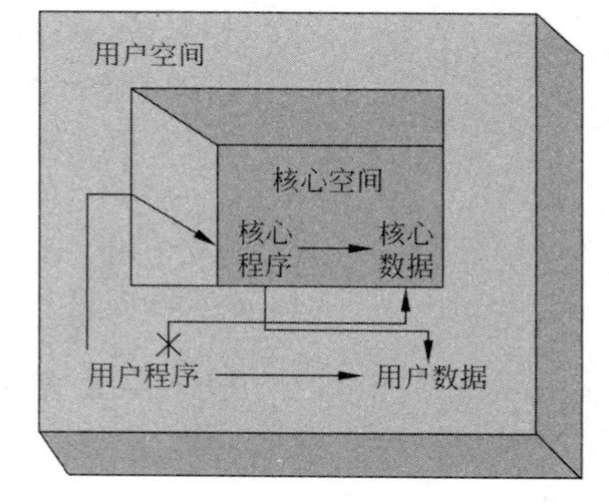

图 9.2 UNIX 工作状态示意

处理机在核心态下转道在以下两种情况下发生。

(1) 在中断、捕俘处理期间,当前进程调用 switch 主动放弃 CPU,这是由于等待某种事件。

(2) 中断、捕俘处理结束后,返回到用户态断点前进行重新调度,这是因为有 runrun 标志,系统强行抢走 CPU。

进程调度选中某一进程时,此前该进程也是以上述两种方式之一失去 CPU 的。因此,此时它处在中断捕俘处理之中或处理之后返回到用户态断点前。如果是前一种情况,则继续完成中断捕俘处理,如果是后一种情况,则直接返回用户态断点。

9.1.3 UNIX 系统的主要数据结构

UNIX 系统的主要数据结构如图 9.3 所示。

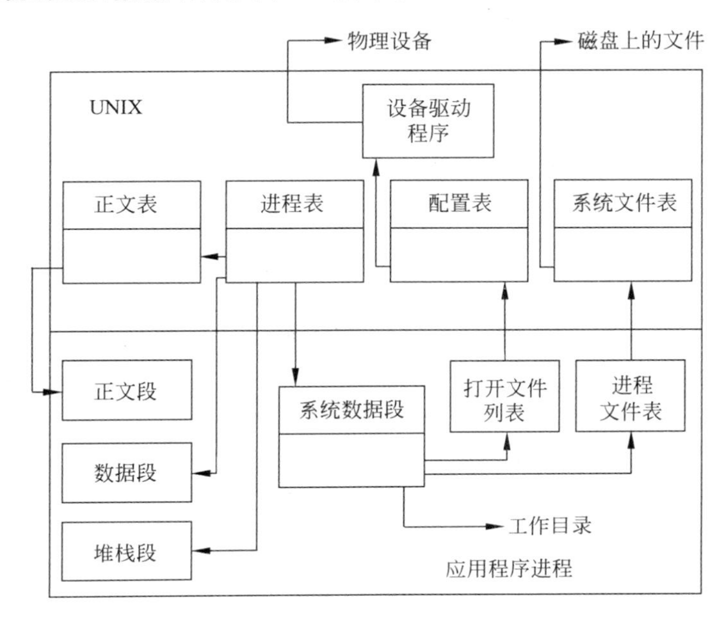

图 9.3 UNIX 系统的主要数据结构

9.2 进程管理

9.2.1 进程数据结构

进程的数据结构称为进程映像，UNIX 定义进程为映像的执行。进程映像包括常驻内存部分和可以对换部分。常驻部分包括 proc 表和 text 表，proc 表包含调度信息，text 表描述区的属性。可对换部分包含每一进程数据区，这一区中包含了进程运行时所必需的核心数据。可对换部分还包括用户数据区和纯正文区，用户数据区包括用户数据，纯正文区由输入的程序和常数组成，如图 9.4 所示。

9.2.2 进程状态

进程建立时处于“创建”状态。如果内存足够，则进入内存，排入“就绪”队列，否则在外存就绪等待。一旦 CPU 空闲，则从内存就绪队列选一个运行。当用户进程运行时，进入运行态。当核心进程抢占用户进程时，则变为另一个运行状态。在运行进程因为输入输出或其他原因而睡眠时，则进入睡眠态，既可能在内存睡眠，也可能在外存睡眠。进程运行完成后成为僵死进程而退出系统。如图 9.5 所示，图中示意 UNIX 的进程像在第 2 章讨论的那样，有就绪、运行和睡眠这三种基本状态，但有些变通。状态 2 是在内存就绪，状态 3 则是在磁盘对换区就绪；状态 4 是真正的运行态，状态 5 是处在内存而被核心进程抢占的运行态,状态 6 是被对换到磁盘对换区的运行态;状态 7 在内存睡眠,状态 8 在磁盘睡眠。

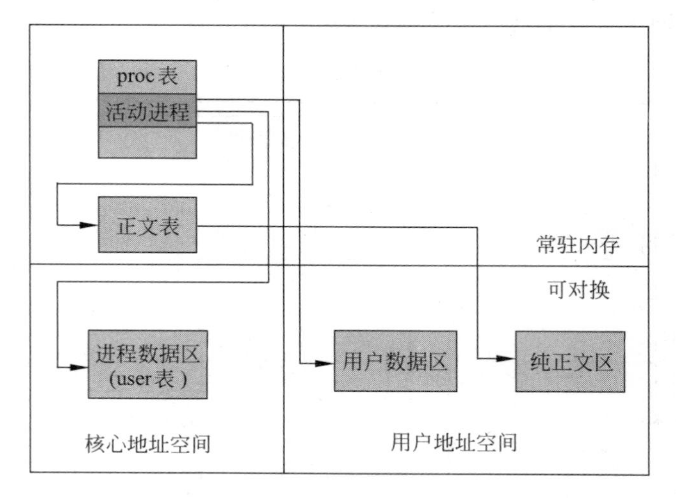

图 9.4 进程数据结构

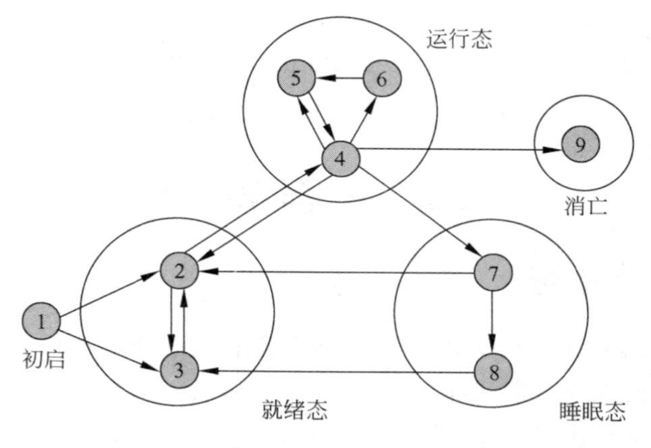

图 9.5 进程状态图

9.2.3 进程的产生与进程族系

UNIX 初启时创建进程 0,进程 0 生成进程 1,进程 1 为每个终端建立 shell 进程,shell 进程去启动用户进程,用户进程又可以生成子进程,从而形成以进程 0 为祖先的树型进程体系。

进程 0 和进程 1 运行在核心态,其余进程都运行在用户态。除了进程 0 外,所有进程都是由 fork 生成的。在创建了子进程后,立即给子进程复制父进程的进程表项,复制父进程的 ppda、用户数据、用户栈。父子进程共享正文段和文件,如图 9.6 所示。

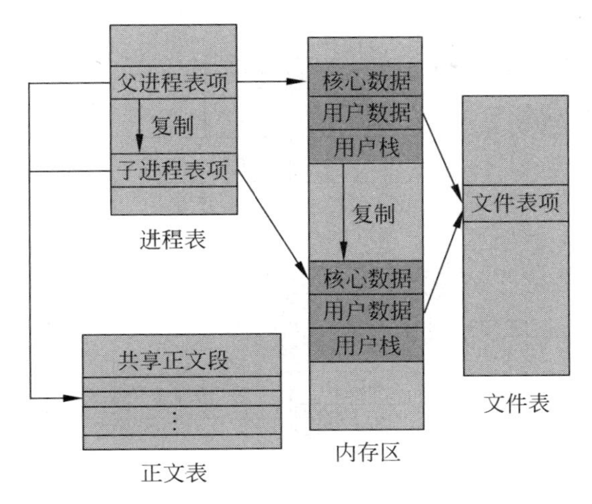

图 9.6　fork 创建子进程的过程

9.2.4　管道通信机制

管道通信机制首先出现在 UNIX 中，并作为 UNIX 的一大特色。管道用于在进程之间传输大量的信息，且非常有效，本节主要讨论管道的概念、分类、存取及读写等。

1. 管道(pipe)的概念

管道是指连接几个读进程和写进程，专门用于进程通信的共享文件(又称 pipe 文件)。如图 9.7 所示，写进程 $P_{写}$ 写入的数据供读进程 $P_{读}$ 读出。

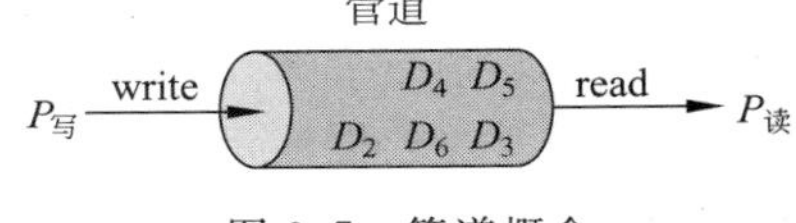

图 9.7　管道概念

管道允许读写进程按先进先出的方式传送数据，即写进程从管道的一端写入数据流，读进程从管道的另一端读出数据流，且可同步进行，即在写管道时，同时可以从管道中读数据。

管道可分为两种类型：有名管道(named_pipe)和无名管道(unnamed_pipe)。进程对有名管道的存取使用 open 系统调用；对无名管道的存取采用 pipe 系统调用。

管道可供多个进程共享，但也有一定的限制，如图 9.8 所示。

在图 9.8 中，进程 B 调用 pipe 建立了一个管道，然后进程 B 调用 fork()创建子进程 C 和进程 D。此时若进程 B 想写管道，则可允许它写，进程 C 和进程 D 想读管道，也可以允许它们读，而进程 A 作为进程 B 的父进程，却不能允许它读或写管道。即只有相关进程，也就是说发出 pipe 调用的进程及其后代，才能共享对无名管道的存取。

图 9.8 所说的是对无名管道的存取，而对于有名管道，所有进程都能按通常的文件许可权存取。

2. 管道读写同步

进程以先进先出的方式从管道中存取数据，它只使用管道 i 结点中直接地址项 i_addr(0)至 i_addr(9)，并且读、写可同步进行。

开始时，读、写指针都指向 i_addr(0)，每写一次，写指针往前移一步，此时若读进程也

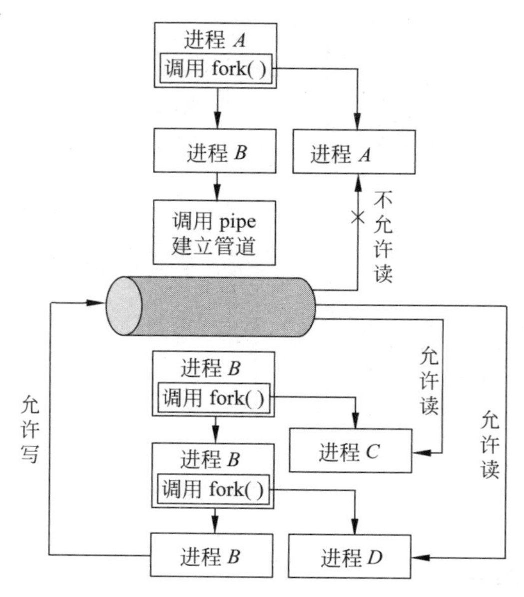

图 9.8 管道存取权限控制

想读管道中的数据,则也可同时进行。当写指针写到 i_addr(9)时,此时因 i_addr(0)中无数据,则写进程又可往 i_addr(0)中写数据,如图 9.9 所示。

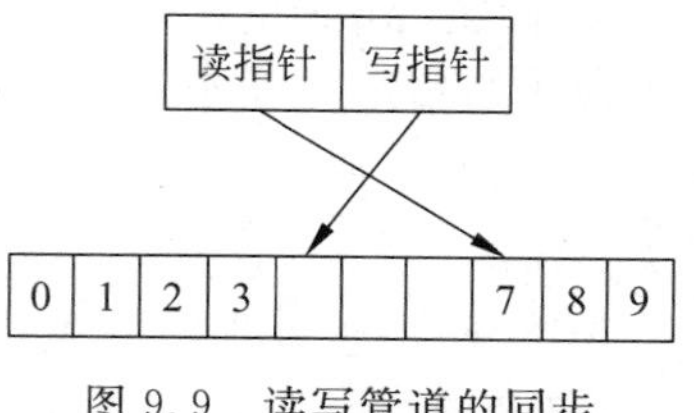

图 9.9 读写管道的同步

若读进程不想读,而写进程继续,当写到地址项 i_addr(7)时,管道中已无空闲空间放数据,此时,写进程睡眠等待,直到读进程读走数据,有空闲空间时,唤醒写进程继续写管道。这样读、写进程又可继续。当读到 i_addr(3)时,读进程已读完管道中的所有数据,而写进程还未写数据到管道中,则读进程睡眠等待,直到写进程写进数据后再唤醒读进程。

3. pipe

pipe 是个专用于管道通信的特殊的打开文件,pipe 又是一条系统调用。系统调用 pipe 的语法格式如下:

```
int fd[2];
int pipe(fd);
```

其中,参数 fd[0]为返回 pipe 的读通道打开文件号;fd[1]为返回 pipe 的写通道打开文件号。

管道文件初生成时,其数据结构如图 9.10 所示。它由基本文件系统建立的一个位于存储设备上的 inode,一个与其相连接的内存 inode,两个打开文件控制块以及要求生成 pipe 的进程打开文件表中的两项组成。图中左侧是进程数据结构 user,它经由位于图的中间部分的系统打开文件表与管道文件的控制管理信息 inode 勾连起来。

pipe 机构中的一个打开文件控制块用于控制对 pipe 文件进行读操作,称之为 file_r,

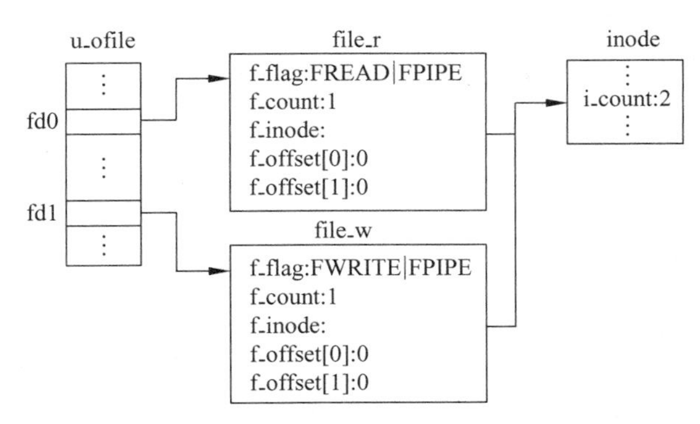

图 9.10　创建管道后的数据结构

其标志设置为 FREAD|FPIPE，表示这是 pipe 机构中的只允许读部分，也就是说它是 pipe 通信机构中的信息接收端。另一个打开文件控制块记为 file_w，其标志设置为 FWRITE|EPIPE，表示这是 pipe 机构中的只允许写部分，是信息发送端。

pipe 文件生成时，它在进程打开文件表项中占有两项，分别指向 file_r 和 file_w，所以它有两个打开文件号 fd[0]、fd[1]（图 9.10 中，用 fd0、fd1 表示），分别对应于信息接收端和发送端。

4. 管道通信实例

下列 C 语言程序的功能是，先建立两个管道，而后创建一个子进程，并把包括管道文件在内的资源传给子进程。父进程往管道 1 写数据“A：How do you do?”，让子进程读；子进程则往管道 2 写数据“B：How do you do?”，让父进程读，达到双向通信的目的，如图 9.11 所示。该程序引用了 UNIX 的 pipe、fork、close、read、write 和 exit 等 6 条系统调用。

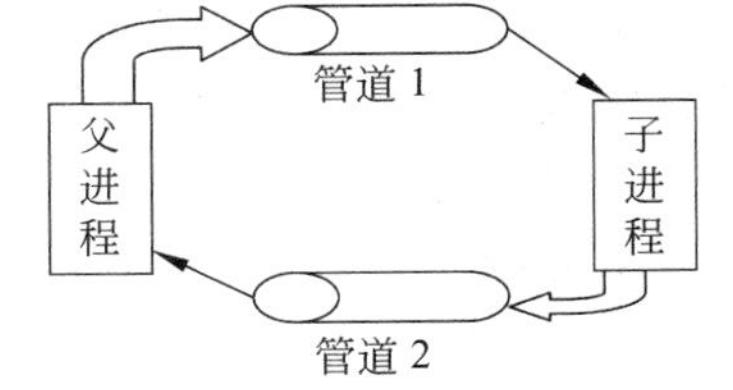

图 9.11　父子进程借助管道通信

```
/ * 父子进程借管道双向通信的 C 语言程序 * /
char buf1[]={"A: How do you do? \n"};
char buf2[]={"B: How do you do? \n"};
main ()
{
      int fdp1[2],fdp2[2];
      char buf[100];
      pipe(fdp1);                    / * 创建第一个管道 * /
      pipe(fdp2);                    / * 创建第二个管道 * /
      if(fork()==0)                  / * 创建子进程 * /
      {                              / * 子进程代码 * /
            close(fdp1[1]);          / * 关闭第一个管道的写端 * /
            close(fdp2[0]);          / * 关闭第二个管道读端 * /
            read(fdp1[0],buf,100);   / * 从第一个管道读 * /
            printf("%s\n",buf);      / * 显示读出的信息 * /
            write(fdp2[1],buf2,100); / * 往第二个管道写 * /
```

```
            close(fdp2[1]);                  /* 关闭第二个管道写端 */
            exit(0);                         /* 子进程完成了任务;自行消灭 */
        }
        /* 以下是父进程继续执行 */
        close(fdp1[0]);                      /* 关闭第一个管道读端 */
        close(fdp2[1]);                      /* 关闭第二个管道写端 */
        write(fdp1[1],buf1,100);             /* 往第一个管道写 */
        close(fdp1[1]);                      /* 关闭第一个管道写端 */
        read(fdp2[0],buf,100);               /* 从第二个管道读 */
        printf("%s\n",buf);                  /* 显示读到的内容 */
    }
```

此程序执行结果,从屏幕上先后显示出:

```
A: How do you do?
B: How do you do?
```

程序说明如下。

父进程用 pipe 创建两个管道之后,便得到 4 个文件描述字 fdp1[0], fdp1[1], fdp2[0], fdp2[1]。随后调用 fork 创建了进程,子进程便全部继承了父进程的资源,包括由父进程打开的管道文件的文件描述字。故子进程代码中进行管道读写之前,先有针对性地做了两个 close 操作,同样,父进程在读写管道之前也做了相应的关闭操作。因父子进程共用文件描述字,故这种操作是必需的。

系统调用 fork()创建子进程后,程序中用判断其返回值的方法,很容易区分父子进程各自要执行的代码。fork()有两次返回,首先是父进程返回不为 0 的子进程的标识号,随后是被创建而就绪的子进程被调度执行后立即返回 0。但是由于进程的并发性,父进程写与子进程读的顺序难以确切预知。父子进程读写管道的逻辑顺序是,父进程 write 操作往管道 1 写"A: How do you do?",而后执行 read 试图读管道 2,但因子进程还没有机会写管道 2,故父进程将等待。此后子进程从管道 1 读到父进程写入的"A: How do you do?"并在屏幕上显示。接着子进程往管道 2 写"B: How do you do?",并唤醒等待读的父进程。最后父进程读管道 2 的"B: How do you do?"并在屏幕上显示。内核将协调管道读者写者的同步,故程序中不用担心父子进程的同步问题。

9.3 内存管理

9.3.1 支持虚存和分段

UNIX 依赖于虚拟内存(virtual memory)和分段技术管理内存空间。用户的映像是虚拟机的虚拟模型。组成映像的正文、数据和堆栈段被独立地装进实际内存。如果需要,段(甚至一个完整的映像)将被调换到辅存而为活动的进程释放空间。

9.3.2 swap 交换技术

UNIX 从一开始就采用交换技术。磁盘除了主要用于存储文件外,还开辟了一个专门的区域作为进程对换使用。这个区域被叫做进程的磁盘对换区。进程在内存和磁盘对换区之间调进调出,而对换动作对于用户是透明的。磁盘对换区就起到了扩充内存容量的作用。当进程首次进入内存,整个映像被装载。由于进程需要,可能分配新的主存,这样进程被复制到新的空间并更新进程分配表。如果无法分配足够的内存,将为需求变大的进程分配辅存并换出。如果被换出的进程在辅存就绪,将准备随时被换入主存。在一段时间内,许多进程可能同时驻留在辅存上。

交换程序 swap 是内核进程 0 的一部分(见图 9.12),每当 UNIX 得到处理器控制权的时候,它都能活动起来。它的基本任务是扫描进程分配表,寻找被换出主存的就绪进程,总想把它们换入内存,以便增加系统的多道程序设计能力。如果找到,则分配内存空间并把进程换入主存。如果得不到足够的内存空间,交换例程就选择一个进程换出,把换出的进程复制到辅存,并释放它占有的内存空间,然后换进就绪进程。

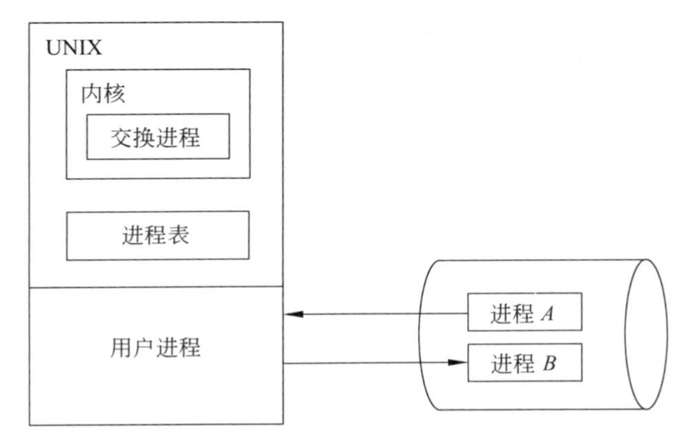

图 9.12 UNIX 的交换技术

进程映像被从磁盘"换进"是主动的,其策略一是考察进程状态,只换进磁盘上的就绪进程。二是考虑进程在辅存上驻留时间长短,驻留的时间越长,被调入的优先级越高。

进程映像从内存"换出"则是被动的,是为了给换入进程腾出地方来。其策略,首先选择睡眠的进程,其次才考虑就绪进程,特别必要时也强迫换出运行态的用户进程。驻留内存的时间长短将是第二个判断准则。在内存长时间等待的进程是主要被考虑的"换出"候选进程。不过只有在主存中驻留超过一个最低时限(比如 2s)后,一个进程才成为换出的候选者进程。这样做的目的是为了防止可能的抖动。

早期的 UNIX 版本进行段式交换。较新的面向页式硬件的版本把段细分为页,进行页式交换。

9.4 文件管理

UNIX 经典著作之一的、由 B. W. Kernighan 等编著的《The UNIX Programming environment》一书中说,在 UNIX 中,一切都是文件(Everything in the UNIX system is a file)。常用的打印机、显示器、键盘也都是文件。由此可见,文件是多么重要。

用户给自己的文件命名，按照文件名进行文件操作。而在文件系统管理层面，用一个小整数给每个正在使用的文件一个内部标识号，叫做文件描述字(file descriptor)。特别地，文件描述字0代表键盘，1代表显示器。

文件管理的任务是管理文件空间，支持用户按名存取自己的文件。本节介绍UNIX的文件分类、目录结构、文件卷、文件空间的组织和文件空闲块的管理。文件的物理结构是文件系统的难点之一，为了帮助读者较快掌握，课件中配置了针对文件物理结构的Java语言的交互练习。

9.4.1 文件分类

UNIX的文件采用字符流式逻辑结构，存储于文件中的信息与用户输入完全一致，无需加入诸如记录长度之类的附加信息。采用流式结构也便于实现把设备当作文件处理。

UNIX把文件分为三类：普通文件、目录文件和设备文件。

普通文件用于存放数据和信息：源程序、文档、表格、图形、动画都可以是普通文件。文件名是以字母打头的字母数字串，长度不超过14个字符。

目录文件的内容是一个又一个目录项。每当文件创建时，就在当前目录文件中增加一个目录项。目录文件名规则与普通文件名一样。

设备文件是为方便用户使用外部设备而设立的，设备文件有由系统给予的固有名字，并不存储信息。它把用户对设备的操作变成对文件操作，因而十分简单。例如，命令：

```
cat f1.c>/dev/lp
```

由cat收集普通文件f1.c的内容，重定向输出到代表宽行打印机的设备文件/dev/lp，便轻松地达到宽行打印的目的。

9.4.2 树状层次目录

UNIX采用树状目录结构，如图9.13所示。UNIX根目录用“/”表示，其下有几个子目录，usr包含各个用户的注册目录文件，bin包含系统常用命令(二进制)文件，lib包含

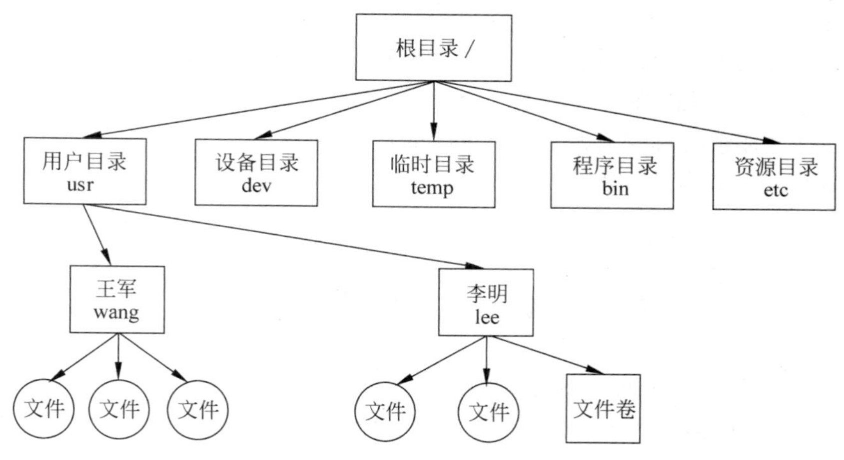

图9.13 UNIX的树型目录结构

库文件，dev是设备文件目录，etc包含管理文件，比如口令文件、记账文件。

7.3节中曾指出，UNIX中，为了提高检索目录的效率，目录中只包含文件名和i结点号，而把真正意义上的目录信息放到i结点中。UNIX作为采用树型目录结构的系统，在7.3节讨论的关于文件的绝对路径名的概念，当前目录和相对路径名的概念，“.目录”以及“..目录”的概念都可以用到UNIX中来。

9.4.3 文件空间的组织

UNIX为每个文件建立一张物理块的多重索引表，位于其索引结点中，在C语言程序中用一个包含13个元素的整形数组表示。每个元素登记一个磁盘块号，相当于指针，指向文件在外存中存放的物理块号，如图9.14所示。图中左侧是文件的索引结点的多重索引结构，右侧表示文件的逻辑块。中间由第10至第12个元素索引，有颜色填充的块是为了索引大文件额外开销的间接块。

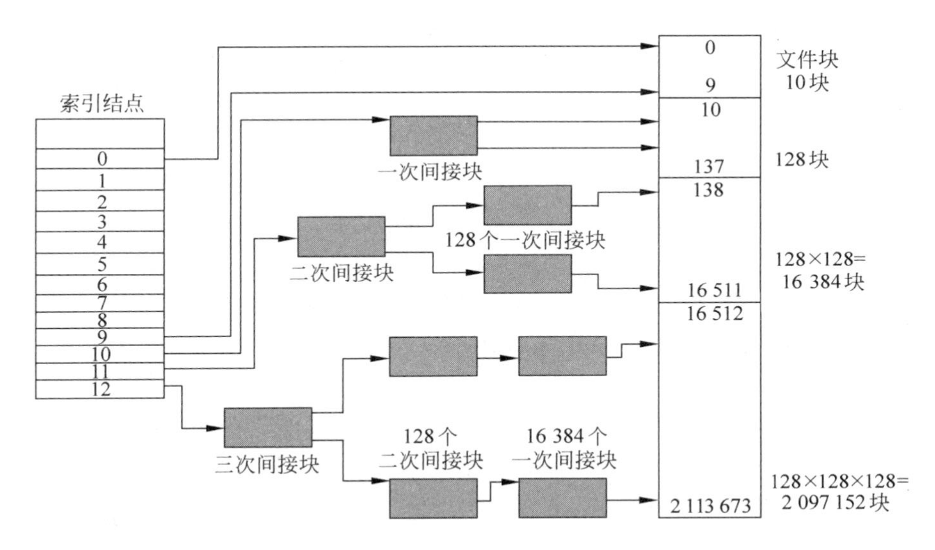

图9.14　文件块的多重索引结构

索引结点表中，指针0～9直接指向文件的数据块，在这10块中的索引，称为直接索引。故UNIX直接索引的文件块数是10块，文件逻辑字节地址范围是0～5119。

指针10指向一个一次间接块，这个间接块有128项，每一项指向一个文件数据块，因此指针10共可索引128个块，称为一次间接索引。故UNIX一次间接索引的最大文件块数是128块，文件逻辑字节地址的范围是5120～70 655。

指针11指向一个二次间接块，这个二次间接块有128项，每一项指向一个一次索引块，这128个一次索引块每个又分别指向了128个数据块，因此，指针11共可索引128×128=16 384个数据块，这称为二级索引。故UNIX二次间接索引的最大文件块数是128^2块，文件逻辑字节地址的范围是70 656～8 459 263。

指针12指向了一个三次间接块，这个三次间接块有128项，每一项指向了一个二次间接块，这128个二次间接块共有128×128=16 384项，每一项又指向了一个一次间接块,每个一次间接块又指向了128个数据块,因此,指针12共可指向128×128×128=2 097 152个数据块,这称为三级索引。故UNIX三次间接索引的最大文件块数是128^3块,文件逻辑字节地址的范围是8 459 264～1 082 201 087。

综上所述,UNIX能够支持的最大文件尺寸是($10+128+128^2+128^3$)×块大小(单位为字节)。

下面是直接索引与间接索引的例子。

(1) 直接索引。

例如,寻址3680,因为3680<5119,故只需直接索引。

3680/512=7 余 96

所以,指针7所指向的数据块的第96项。

(2) 一次间接索引。

例如,寻址11 610,因为5120<11 610<70 655,故需一次间接索引。

(11 610－5120)/512=12 余 346

所以,由指针10找到一次索引块,一次索引块的指针12所指向的数据块的第346项。

(3) 二次间接索引。

例如,寻址334 610,因为70 656<334 610<8 459 263,故需二次间接索引。

(334 610－5120－128×512)/512=515 余 274

515/128=4 余 3

所以,由指针11找到二次索引块,由二次索引块的指针4找到相应的一次索引块,由这个索引块的指针3指向的数据块的第274项。

(4) 三次间接索引。

例如,寻址265 000 000,因为8 459 264<265 000 000<1 082 201 087,采用三次间接索引。

265 000 000－5120－128×512－128×128×512)/512=501 056 余 64

501 056/128=3914 余 64

3914/128=30 余 74

所以,由指针12找到三次索引块,由三次索引块的指针30找到相应的二次索引块,由这个二次索引块的指针74找到相应的一次索引块,由这个一次索引块的指针64指向的数据块的第64项。

UNIX采用如上所介绍的多重索引技术有什么好处呢?第一,无论文件尺寸大小,在i结点中都能统一用一个包含13个元素的数组来登记各自的磁盘块。第二,对于尺寸不超过10块的小文件,采用直接索引,保证了快速地读写操作。UNIX的设计者认为之所以选择10,对于UNIX环境是比较适合的。第三,对于大文件,它所占用的一些额外的间接块,是在文件增大的过程中,根据文件空间当时的情况,由空闲块管理和分配程序统一分配的。它既不需要保留一些专门的块当作间接块,也不需要编制专门的程序来完成这个工作。当大文件变小或者被删除时,间接块将像文件块那样被释放,继续分配给其他文件存储信息,因此不会浪费。可以说UNIX文件多重索引技术,很好地协调了空间、时间以及效率之间的矛盾。

9.4.4 空闲块的管理

UNIX 采用空闲块的成组链接法，每一组记 50 个空闲块号，每一组的第一个块号（最先回收的一块）有下一组的索引信息，唯有最开始的组只有 49 块。空闲块组链的链头在内存专用块的空闲块栈中，如图 9.15 所示。

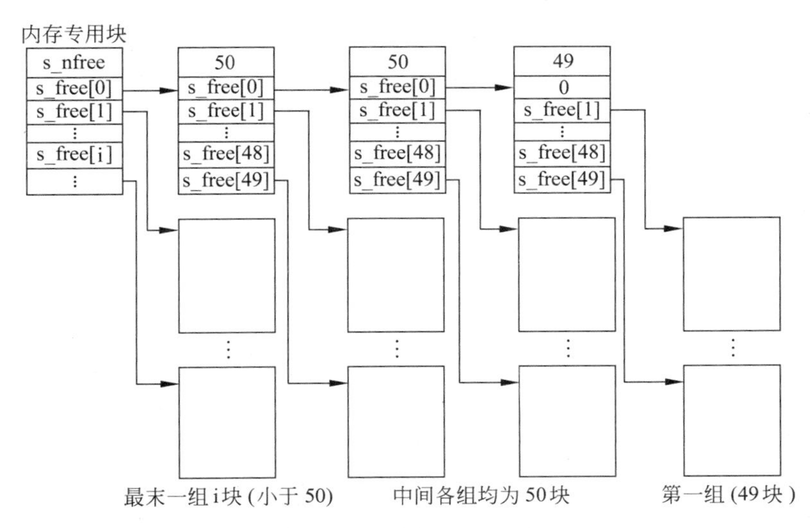

图 9.15　空闲块成组链接

空闲块的分配与释放都在空闲块栈中进行，因其栈式特性，刚刚回收登记的空闲块可能马上又被分走。但是当栈中只有一个块号时，必须先把该块的内容，即其中登记的下一组空闲块块号复制到栈中，再进行分配，如图 9.16 所示。此后空闲块栈中又有了下一组的 50 个块号可供分配了。

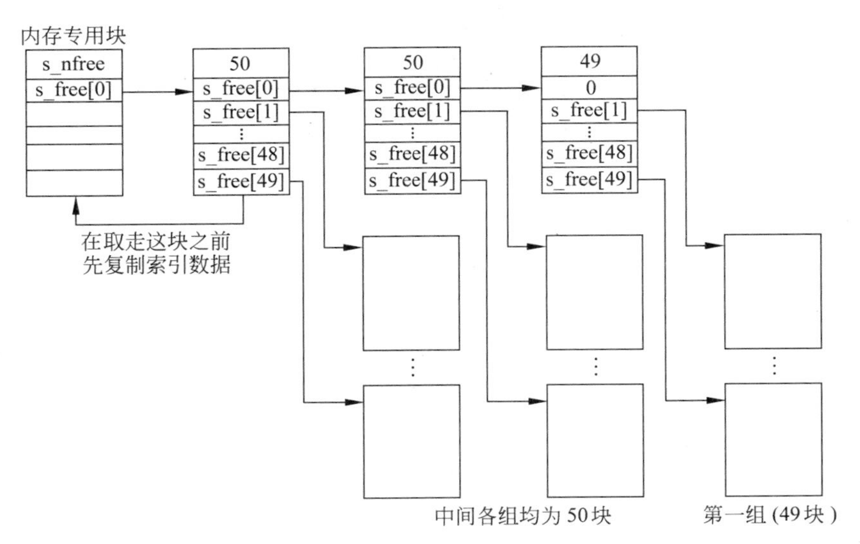

图 9.16　将栈中最后一块的内容复制到栈中再分配该块

释放空闲块时,逐一地将块号登记到空闲块栈中。但当栈已经满了的时候,必须将已满的栈中数据先行复制到新回收的空闲块中,如图 9.17 所示,再将栈清空,把该块的块号登记到栈中,如图 9.18 所示。

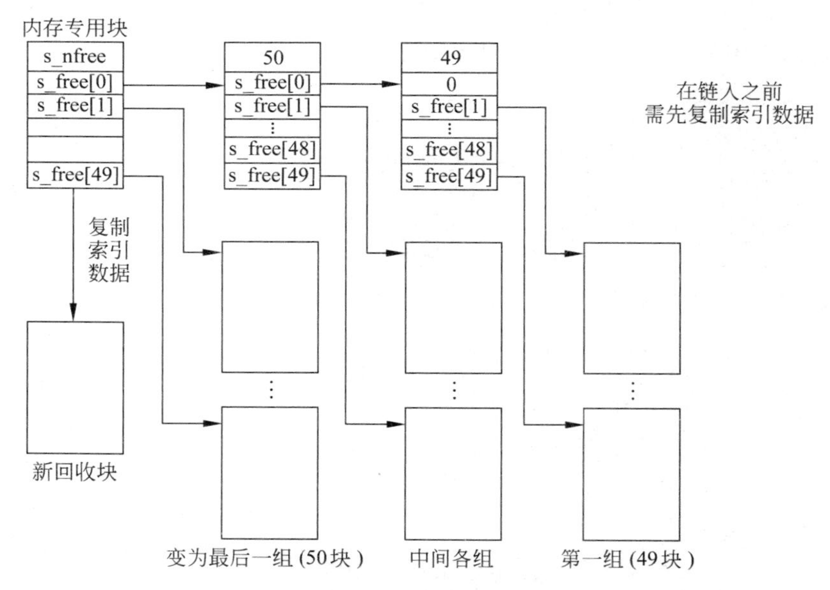

图 9.17 将已满的栈中数据先行复制到新回收的空闲块中

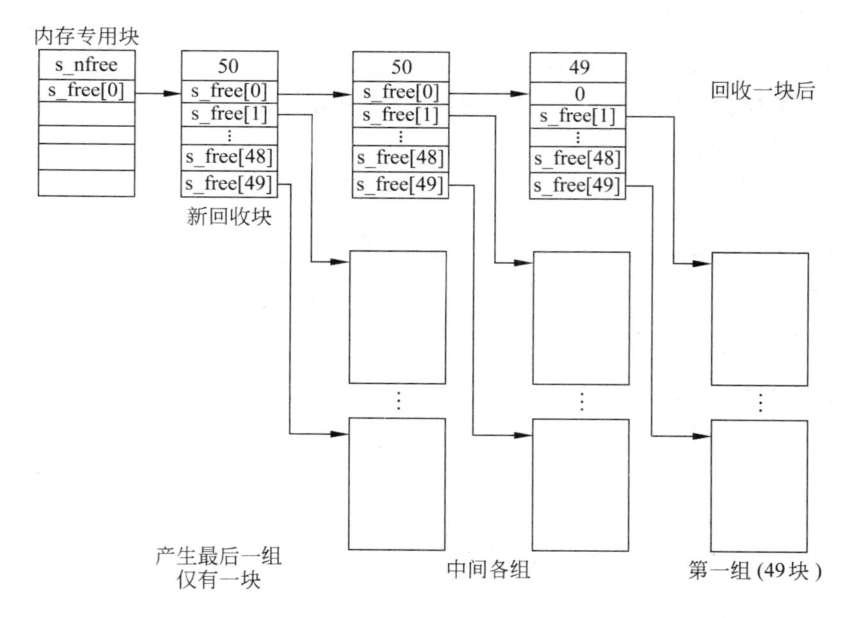

图 9.18 将写满了一组空闲块号的块登记到栈中

9.4.5　有关文件操作的系统调用

系统调用是用户程序取得操作系统服务的唯一方式，是用户程序与系统核心的接口。下面介绍 UNIX 中有关文件的系统调用的功能和内核的实现方法，包括 open、creat、close、link、read 与 write 系统调用。还有一些系统调用的功能，限于篇幅，本书无法详细罗列，课件中有资料进行介绍。

1. open

系统调用 open 是进程要存取一个文件时所必须采用的第一步。利用 open，将指定文件的 i 结点信息从磁盘读到内存，并在用户程序与指定文件间建立一条通路，并且返回给用户进程一个唯一的文件描述符 fd，以便进行后续操作。

open 系统调用的语法格式如下：

```
int open(path, oflag)
char * path;
int oflag;
```

其中，path 表示文件路径名，oflag 为打开后读或写。

open 的工作过程如图 9.19 所示。核心将文件名转换为索引结点号去查找文件。若未找到或指定文件不允许存取，则出错返回。否则为文件分配一个打开文件表项，使表项中的引用指针指向索引结点。接着分配用户文件描述符表项，并将指针 fd 指向系统打开文件表项。以返回用户文件描述符 fd 作为结束。

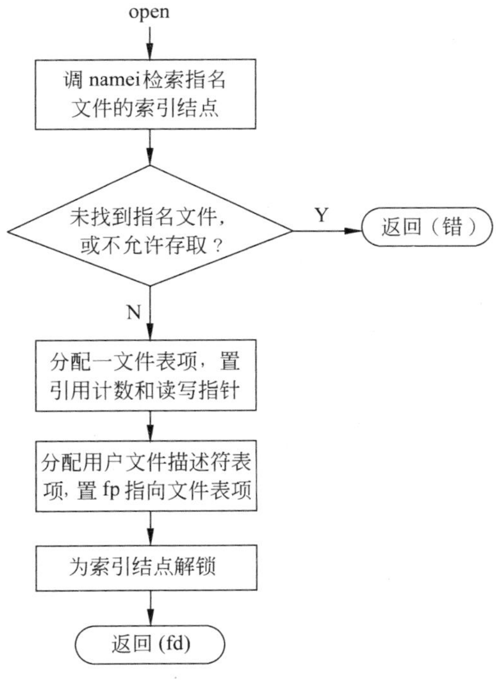

图 9.19　open 的工作过程

与 open 相关的数据结构如图 9.20 所示。图中还表示了多次打开时引用计数的递增情况。进程 A 以读方式要求打开文件/etc/passwd,执行后返回 fd=3；接着,它又以读写方式打开这个文件,成功后返回 fd=5；并使该文件的引用计数加 1。在此前后,进程 B 要求以读方式打开同一文件,执行后,引用计数成为 3。

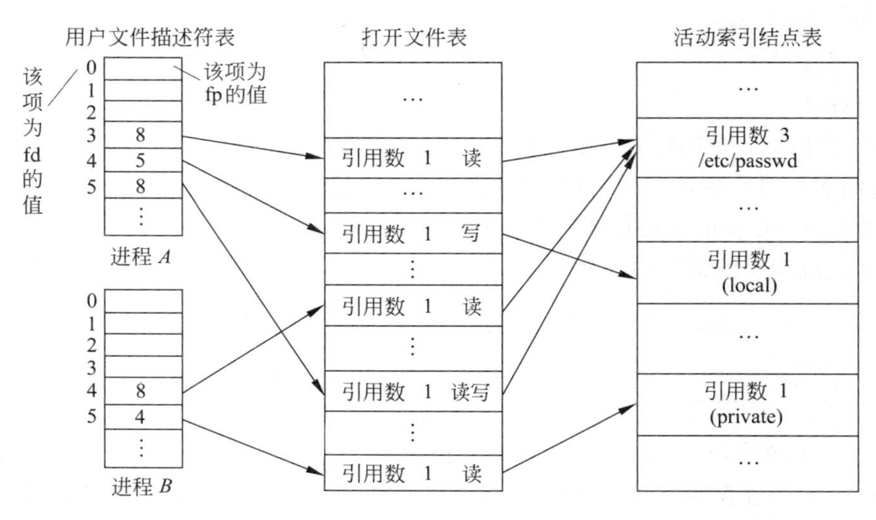

图 9.20 打开文件的数据结构

2. creat

系统调用 creat 是根据用户提供的文件名和许可权方式,创建一个新文件。creat 的语法格式如下：

```
int creat (path,mode)
char * path;
int mode;
```

其中,path 是要创建文件的路径名,mode 为文件属性。

若系统中不存在指定的文件,核心便以给定的文件名和许可权方式创建一个新文件。若系统中已有同名文件,核心便先释放其已有数据块,并将文件大小置为 0。

创建后的文件随即打开,并返回文件描述符 fd。

creat 的实现流程如图 9.21 所示,它首先检索目录,查找指定的文件是否已经存在,若尚不存在,则分配一个索引结点,随后按 open 的步骤将文件打开,返回其文件描述字；若已经存在,则先释放其已有的磁盘空间,利用原有的索引结点,也将文件打开,返回其文件描述字。

3. close

系统调用 close 用来关闭使用完毕后的文件,即切断该文件与用户程序间的通路,收回其文件描述符,把文件的 i 结点写回磁盘,以便使盘上 i 结点与自上次打开文件以来新的文件内容一致。程序设计时在读写文件后应注意及时做 close 操作。

close 系统调用的语法格式如下：

```
int close(fd)
int fd;
```

其中,参数 fd 表示一个已打开文件的文件描述符。

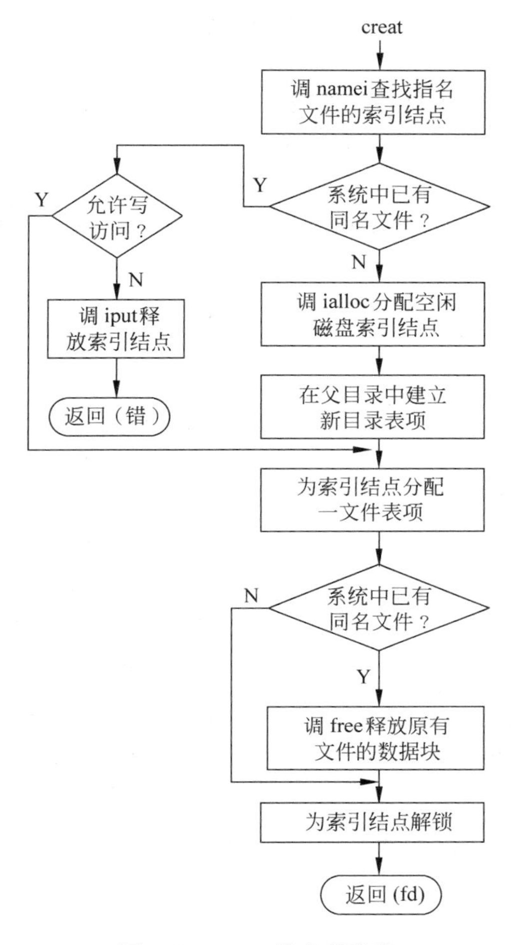

图 9.21　creat 的实现流程

执行 close 操作有以下 3 种情况。

(1) 当打开文件表项中的引用计数不等于零时,置用户文件描述符表项为空。

(2) 当打开文件表项中的引用计数等于零时,则用户文件描述符表及对应的打开文件表项皆为空。

(3) 当活动索引结点表的引用数为零时,图 9.20 中 3 个表项均为空。

4. read

系统调用 read 是对文件进行读操作,调用的语法格式如下:

```
int read(fd,buf,nbyte);
int fd;
char * buf;
```

```
unsigned nbyte;
```

其中,参数 fd 为文件描述符,buf 为用户要求的信息传送的目标地址,nbyte 是要求传送的字节数。

read 的功能是在以 fd 所代表的已打开的文件中,从当前读指针位置开始读取 nbyte 个字节到内存目标区 buf 中。

系统调用 read 执行时,若打开文件表项中的 f_flag 为读,则将 read 入口参数 buf 及 nbyte 的值,分别送入 u 区中的用户地址 u. u_bas 和 u. u_count 中,设置输入输出方式为读,把用户区传送标志 u. u_segflag 置为 0。在根据打开文件表项中的索引结点指针 f_inode 找到内存索引结点,并予以上锁。对于普通文件,把打开文件表中读写指针 f_offset 赋予 u. u_offset。若 f_flag 为写,则该操作失败,如图 9.22 所示。

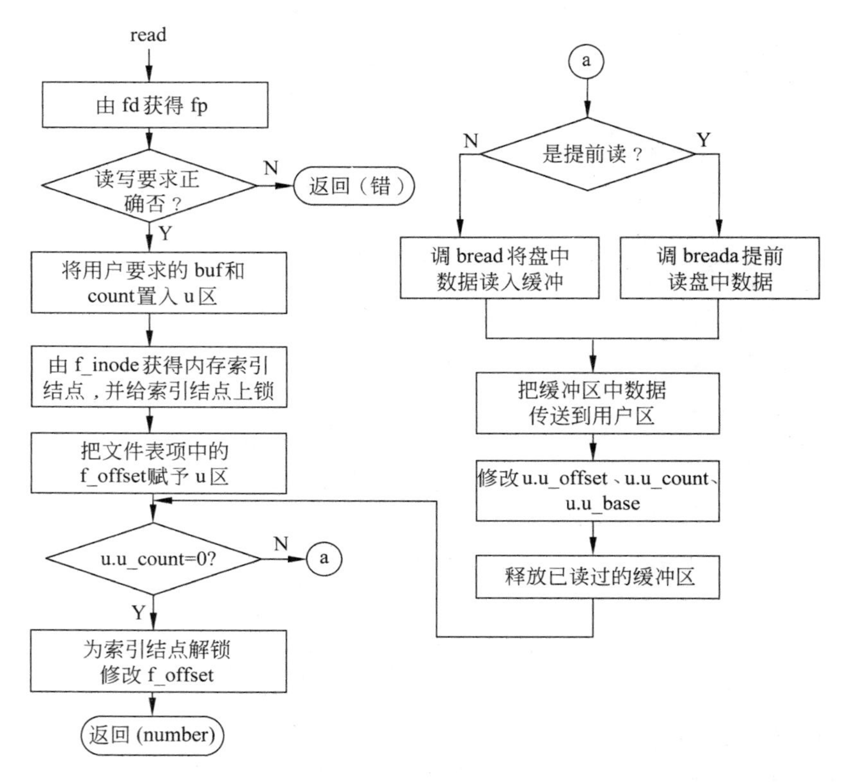

图 9.22 read 的工作流程

5. write

系统调用 write 的功能是写文件,与 read 的数据流动方向相反。其语法格式与 read 相类似:

```
int write(fd,buf,nbyte);
int fd;
char * buf;
unsigned nbyte;
```

其中,参数 fd 为文件描述符,buf 为用户要求的信息传送的源地址,nbyte 是要求传送的字节数。

write 的功能是将内存源地址 buf 中 nbyte 个字节写到以 fd 所代表的已打开的文件中。

6. 应用实例

参看 9.2.4 小节的管道通信程序实例,其中包含了 read 和 write 等的使用。

9.5 设备缓冲管理

9.5.1 块缓冲与字符缓冲

UNIX 采用了完善的缓冲技术来管理外部设备。缓冲分为块缓冲与字符缓冲两类。有的 UNIX 版本在内存开辟 20 个 512B 的块缓冲,100 个 16B 的字符缓冲,这将提高设备利用率。

为了管理块缓冲区,为每一个缓冲区设置一个缓冲首部。缓冲首部有指针指向相应的缓冲区,并通过前、后向链指针将缓冲区链成双向链,如图 9.23(a)所示。字符缓冲以字符为单位,开头两个字节作为链接指针 c_next,用于链接同一类设备的字符队列。每个队列都有数据控制信息块。c_cc 是队列中的字符数,c_cf 指向队列中的首字符, c_cl 指向队列中的末字符,如图 9.23(b)所示。

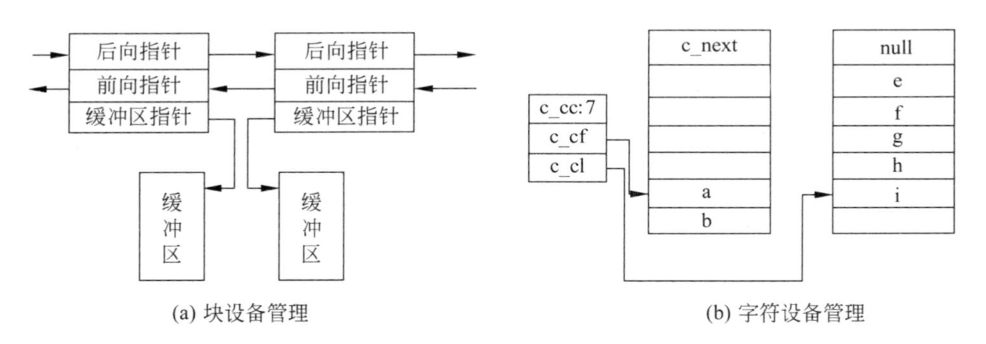

图 9.23 块缓冲与字符缓冲

9.5.2 块缓冲队列管理

如图 9.24 所示,系统初启时形成 3 个队列:自由缓冲队列、nodev 队列和设备缓冲队列。自由队列由 av_forw 和 av_back 形成双向链,队首为 bfree_list, 每个缓冲都是空闲的。缓冲首部 bfree_list 只起头结点作用,它不与任何缓冲区相连。nodev 队列以 b_forw 和 b_back 形成双向链,这是个特殊的设备队列,其队首也用 bfree_list。各设备队列以 devtab 为队首,也以 b_forw 和 b_back 形成双向链。

(1) 系统初启时设备队列是空的,所有的缓冲区尚不与任何设备相联系。

(2) 当需要为某设备分配缓冲区时,将其从自由队列和 nodev 队列抽出,如图 9.25 中的 buf[0], 插入到相应的设备队列中去。下一次将分配 buf[1]。

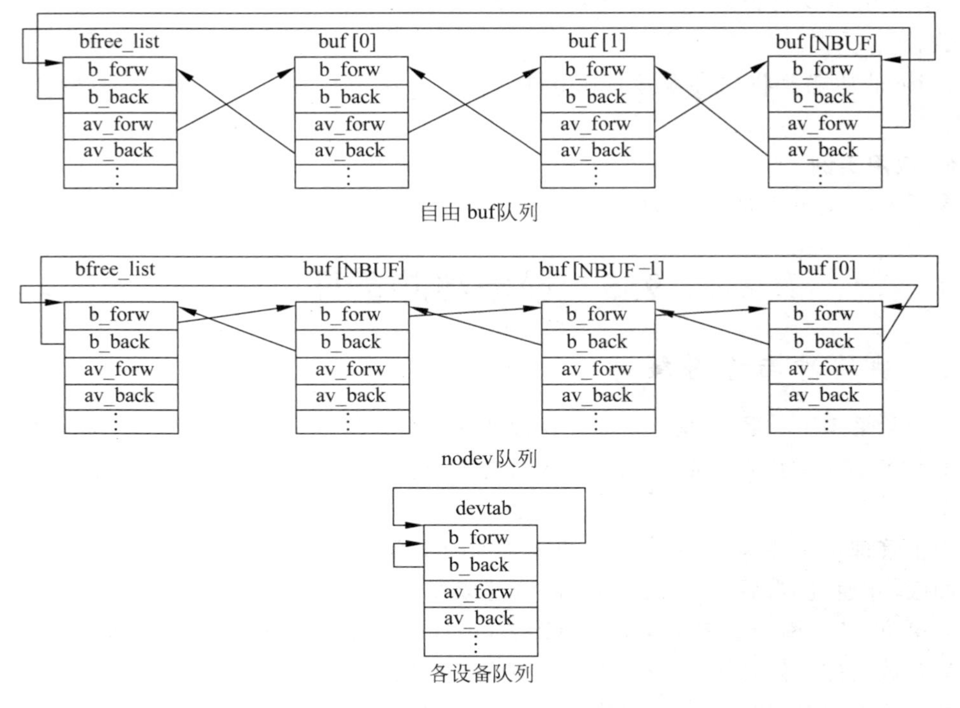

图 9.24　块缓冲的三个队列

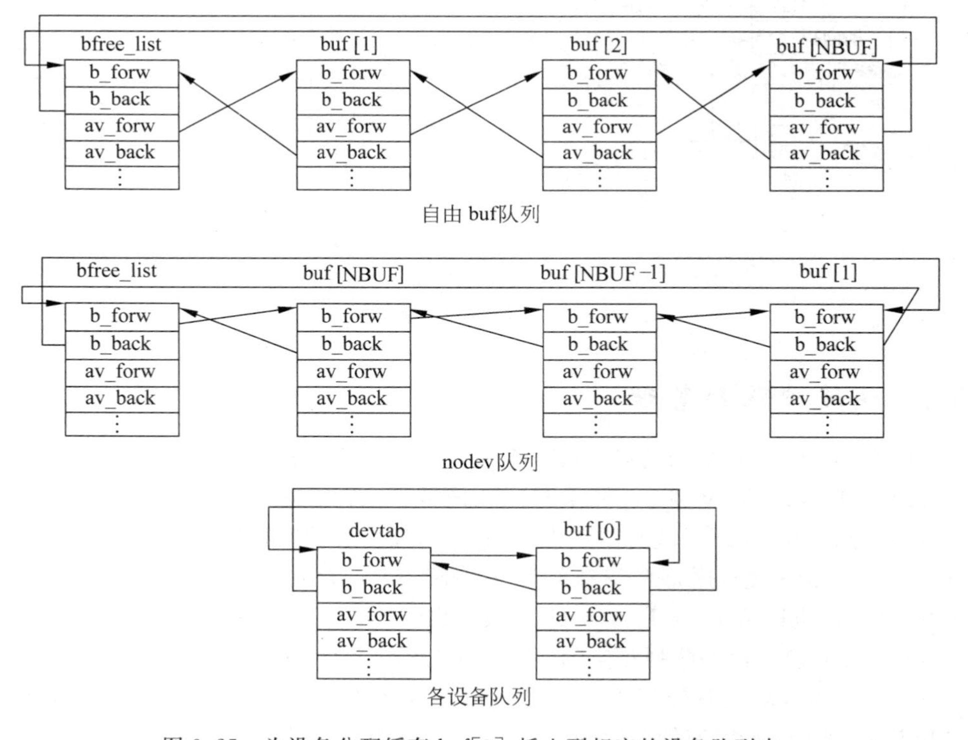

图 9.25　为设备分配缓存 buf[0]，插入到相应的设备队列中

(3) 当 buf[0] 使用完毕后将回到自由缓冲队列，但仍旧留在设备队列，以便下次使用同一数据时无须从外部设备调入。所以，任一缓冲块总是同时处在两个队列中。

9.5.3　字符缓冲队列管理

空闲的字符缓冲通过 c_next 连成空闲字符缓冲队列。头指针为 cfree_list，各设备字符队列的队首为一控制信息块，如图 9.26 所示。

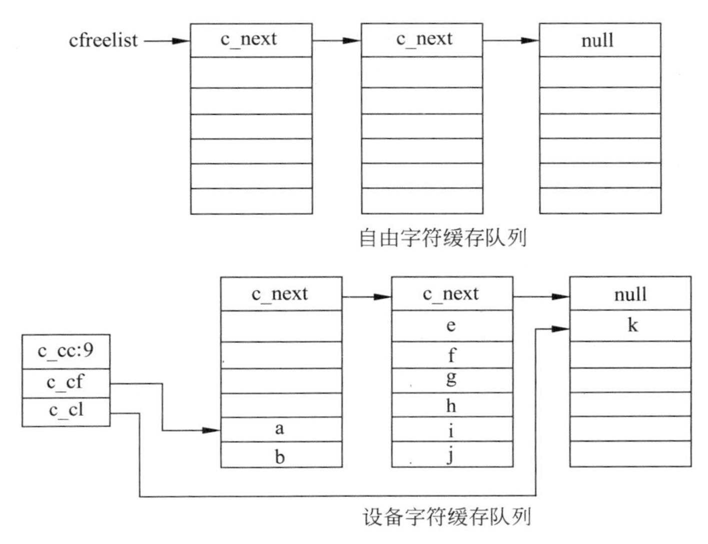

图 9.26　字符缓冲队列

向设备字符队列加入字符时，c_cl 下移，c_cc 加 1。如最后一块缓存已满，则从自由缓存队列取一个缓存。从设备字符队列取字符时，c_cf 下移，c_cc 减 1。如当前的缓存取空，那么这块缓存将回到自由缓存队列。因此，一个缓存仅在一个队列中。

9.6　shell 程序设计

9.6.1　概述

UNIX 系统逻辑上可分为两部分：核心和实用程序。核心常驻内存，而实用程序放置在磁盘的文件系统中，用到时才把它调入内存。UNIX 系统的 shell 也是一个实用程序，一旦被注册到系统之后，就将它装入到内存中，在退出系统之前一直处于运行之中。因此 shell 是操作系统的外壳，为用户提供了使用操作系统的接口。

shell 是命令语言、命令解释程序及 shell 程序设计语言的统称。

shell 有许多功能，它除了能分析用户输入的命令行、查询到程序的运行外，还具有程序的运行、变量和文件名的替换，输入输出的重定向，管道的连接，环境的控制，解释执行 shell 程序等功能。

shell 有两种并用的典型版本：贝尔实验室的 bshell 与加州大学伯克利分校的

cshell。

9.6.2 shell 命令及命令的解释执行

1. 命令分类

shell 提供了几十条简单命令，这些命令可以分为 5 类，如图 9.27 所示。

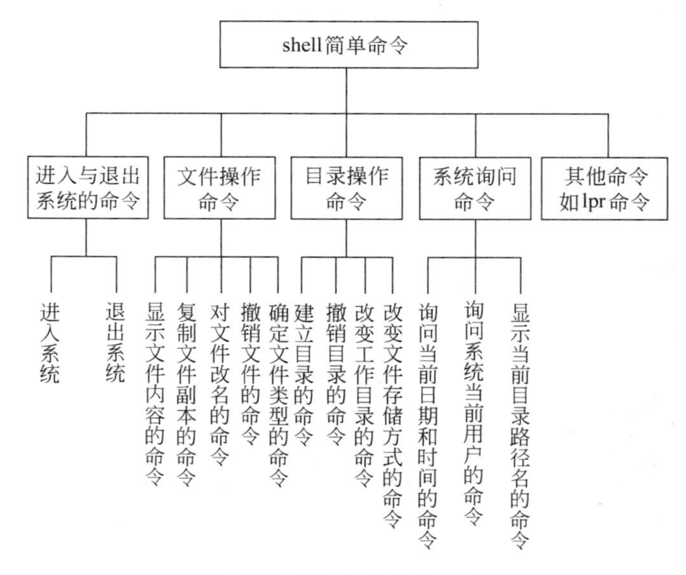

图 9.27 shell 命令分类

每一条命令的功能和使用格式可以从使用手册和本书的网络课件中看到，在此不具体引述。

2. 重定向与管道命令

操作系统标准规定各种程序以键盘输入作为标准输入，以屏幕输出作为标准输出。shell 向用户提供了标准输入与输出的重新定向，分别用重定向符＜及＞表示输入转向与输出转向。这就简化了应用程序的设计环境，所有程序都可以只考虑标准的输入输出，当需要以其他设备或者文件作为输入输出时，借助 UNIX 现成的重定向与管道机制就很容易实现。

例如，命令 ls 功能是列出当前目录下的文件名，但 ls＞ls. out，则把列出的文件名不往屏幕上显示，而是存于文件 ls. out 中。＞把输出改向了。

又如 sort 对标准输入排序，但 sort＜best，让命令 sort 对文件 best 的内容排序，结果仍然显示在终端上，＜实现了输入重定向。

命令 sort＜best＞temp，表示 sort 的输入来自文件 best，而不是终端，把排序后的结果导向文件 temp，而不在终端显示。＜与＞表示的是输入输出都作了重定向。

为了进一步增强功能，shell 巧妙地利用了管道机制。在命令行引进符号|当作管道来连接两条命令，使其前一条命令的输出作为后一条命令的输入。例如，命令 cat file | wc 表示命令 cat 把文件 file 中的数据收集起来，不送往终端而送往连接另一条命令 wc

的管道，作为 wc 命令的计数用输入。其 cat 命令的输出既不出现在终端上，也不存入到某个文件中，而是由 UNIX 系统的 shell 作为第二条命令的输入。

图 9.28 给出了两个进程经管道连接的示意。在执行命令 prog1|prog2 时，进程 prog1 从终端的键盘取输入，输出被重定向到管道。进程 prog2 则从管道取输入，把执行结果送终端的显示器。

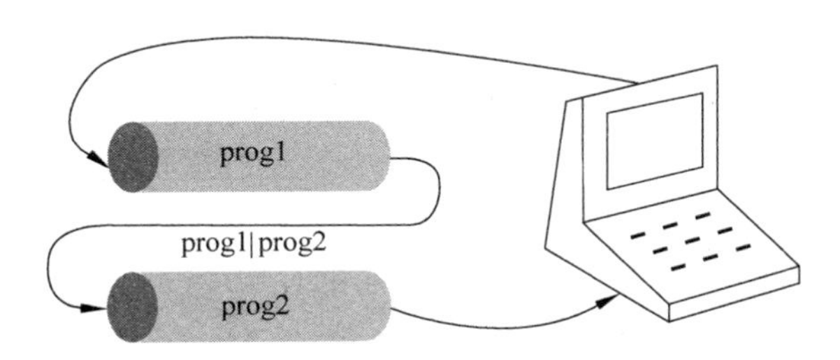

图 9.28 两个命令进程经管道连接

3. shell 命令解释程序

(1) 概述。命令解释程序 shell 在 UNIX 系统中具有极其重要的作用，它处于内核与外层应用程序间。其基本功能是：从标准输入或文件中读入命令，加以解释，并予以执行。它执行时，先分析命令行，按命令行中分隔符类型的不同，根据一定的规则（即从左到右，先分隔符“;”、“&”，然后管道符“|”，最后处理一般命令）构成二叉树结构的命令行树，然后执行该命令行树，为它生成一个对应的进程族树，先根树、后左子树、再右子树的顺序执行，如图 9.29 所示。

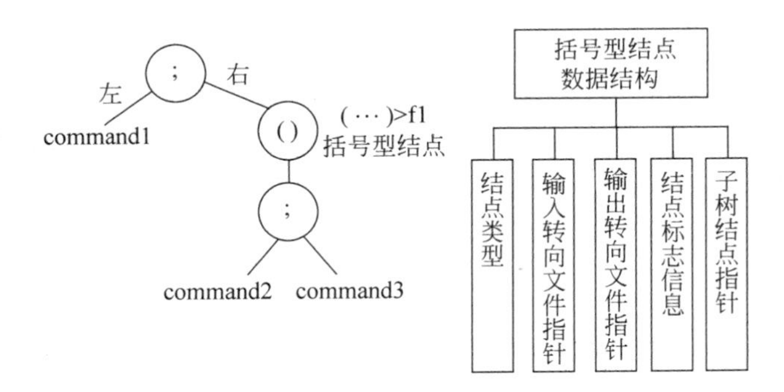

图 9.29 括号型结点的处理

(2) 结点的类型。命令行树是棵二叉树，它由各种可能的结点组成，其中包含有 4 种类型的树结点：命令表型、管道文件型、括号型及简单命令型，它们分别针对命令分隔符、管道连接符、括号和可以立即执行的简单命令设置，如图 9.30 所示。

命令表中各命令针对分隔符“;”、“&”而建立的结点是命令表型结点。针对管道命令中的管道算符顺次建立管道文件型结点。用花括号或圆括号括起来的命令表建立括号型结点。针对每一个简单命令（可以带输入输出转向符）建立一个简单命令型结点。

(3) 结点的构成及执行。下面分别说明各种不同类型的结点的数据结构及由该类型的结点构成的命令树的执行情况。

① 命令表型结点。shell 解释程序每当遇到“;”及“&”时，为之建立一个命令表型结点，并赋予该结点的结点类型为 TLST。如图 9.30(a)所示，执行 command1; command2 & command3 时，对“;”型结点，先递归地执行其左子树，执行完毕，再执行右子树。对于“&”结点，可在起动其左子结点的执行后，无须等待其执行完毕，便转去执行其右子结点。如图 9.30(b)所示，命令表型结点的数据结构含有 4 个字，分别为该结点类型、左子树根结点指针、右子树根结点指针及结点标志信息。

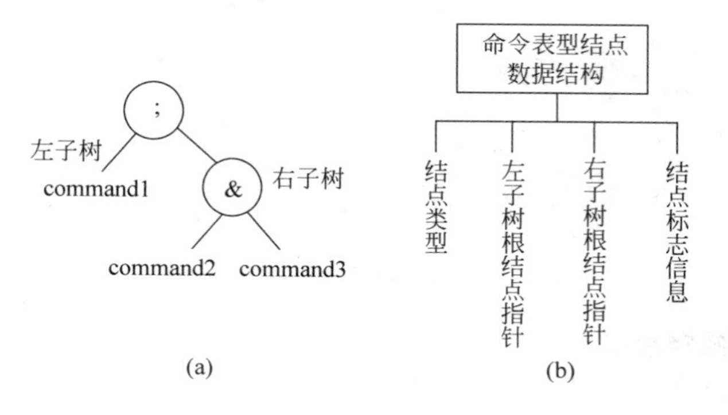

图 9.30 命令表型结点的处理

② 管道文件型结点。shell 每遇到一个管道符，先为之建立一个管道文件型结点，并赋予该结点的结点类型为 TFIL，再将管道算符前面部分构成该结点的左子树，右边部分构成右子树。当执行到管道文件结点时，先构造一个通信通道，然后使其左、右两棵树的标准输入输出分别与该通道的写、读部分勾连起来。其执行方式是只要左子树有数据送入管道中，右子树便可开始执行。管道文件型结点的数据结构含有 4 个字，分别为该结点类型(TFIL)、左子树根结点指针、右子树根结点指针及结点标志信息。

③ 括号型结点。当命令行中的一部分被用一对圆括号或花括号括起来时，shell 先把它作为一个整体，按一般命令处理。在对它进行具体处理时，再为括号及与其相结合的输入输出重定向符，建立括号型命令结点，然后对括号内的命令表进行处理。例如，如果有下列类型的命令：

```
command1;(command2;command3)>f1
```

命令执行时，shell 先为“;”构成一个命令表型结点，再为括号及输出重定向符建立括号型结点，接着再为括号内的分隔符“;”构成命令表型结点。括号型结点在执行时，也遵循先执行其左子树，后执行其右子树的规则，如图 9.29 所示。

括号型结点的数据结构由 5 个字构成，分别为结点类型(TPAR)、输入转向文件指针、输出转向文件指针、结点标志信息和子树结点指针。

(4) 简单命令型结点。与上述 3 种结点不同，简单命令型结点是可以立即执行的树结点，即这种结点不带有子树，它是树的叶。在执行该种类型的结点时，先识别该命令是否是内部命令，若是，shell 便在内部执行，若不是，则 shell 为该文件创建一个新进程作为它的子进程，直到该子进程运行完毕，才恢复原 shell 进程的执行，转去执行命令树中的下一个结点，直到遇到 logout 命令时，才终止正在解释执行该命令树的进程。简单命令型结点的数据结构由 5 个字构成，分别为简单命令类型(TCOM)、输入转向文件指针、输出转向指针、命令名及参数字串指针和结点标志信息。

由上可知，一棵命令树也对应于一个进程家族，即对应于命令型结点的进程。作为父进程，先等待其左子进程执行完毕，然后执行其右子进程族，最后才恢复命令型结点进程的执行，做些后继处理。对管道文件型结点进程，除可顺序执行外，还可以并发地执行管道命令，即连续为被管道线分隔的各条命令建立子进程，并使这些子进程并发地执行，父进程等待其所有子进程并发地执行完毕再做后继处理。

9.6.3 shell 程序设计

shell 也是程序设计语言。它除了可使用变量，有结构化的语言结构外，还可以限定变量和程序的作用域，进行宏替换、编写和调用子程序等。shell 程序是一系列命令的集合。下面将从程序设计语言的角度来介绍这些特性和用法。

1. shell 变量及其赋值

shell 可以设置变量，用以保存数值及正文。它包含 5 种变量，下面分别介绍它们的类型及用法。

(1) 用户自定义变量。这种变量无须做类型说明，比如：name=string，表示对自定义变量 name 赋字符串 string。

(2) 命令行位置变量。这种变量是用“$”后跟一个十进制数来命名的，如 $1、$2 分别代表命令行的第 1 个、第 2 个位置上的参数，$0 则代表命令名本身。在进行参数传递时，必须使命令行中提供的参数与程序中的位置参数一一对应。

(3) 预定义变量。这种变量只有 shell 本身可以设置，包含有 5 个变量，分别为：$? 表示上次执行的命令的十进制返回值；$! 表示最后引用后台命令的进程号；$$ 表示当前 shell 进程的进程号；$# 表示位置参数的十进制个数；$- 表示引用 shell 时或用 set 命令提供给 shell 的任选项。

(4) 参数替换。这种变量的值取决于其他变量的值。

(5) 命令替换。这种变量的值取决于用一对重音号“`”括起来的命令的执行结果。

2. 命令表与命令行

shell 提供了 4 种命令分隔符，用于将多条命令组合成各种不同的命令表，如图 9.31(a)所示。shell 包含两种命令组合，分别用花括号或圆括号将命令表括起来组成，如图 9.31(b)所示。

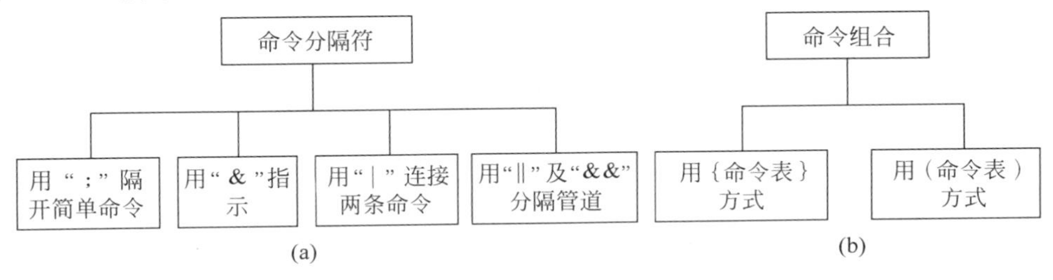

图 9.31 命令分隔符与命令表

(1) shell 的 4 种分隔符。

① 用“;”号隔开的简单命令,如 $ ls >file;wc<file 表示系统先执行 ls 命令,再执行 wc 命令。

② 用“&”符号指示将其前面的命令放后台执行。

③ 用管道线“|”来连接两条命令。

④ 用“&&”或“||”分隔,例如:

```
cmd1 || cmd2
cmd1&&cmd2
```

对于第一条命令,先运行 cmd1,仅当 cmd1 失败时,即返回一个非 0 值时,才执行 cmd2。对于第二条命令,先运行 cmd1,仅当 cmd1 成功时,即返回一个 0 值时,才执行 cmd2。

(2) shell 的两种命令组合。shell 的两种命令组合分别为用花括号或圆括号将命令表括起来。

例如:

```
${pr -10 a.file;pr -12 b.file}|tr  [a-z][A-Z]
```

表示首先执行花括号内的命令表,拟先后以 10 栏和 12 栏的方式输出文件 a.file 和 b.file 的内容。而一旦它有输出时,便经过管道同步传输,作为字符翻译命令 tr 的输入,把它复制到标准输出上。最后看到的是小写字母换成了大写字母的打印结果。

又例如:

```
$(cd x;rm file)
```

表示在当前 shell 下,再建立一个子 shell 进程,去完成 cd x;rm file,即删除目录 x 之下的文件 file 的功能。

3. 流程控制命令

shell 提供了 3 种流程控制命令,分别为 if 条件控制命令、case 分情形命令及 for 和 while 等循环控制命令。下面分别讲述这 3 种命令的格式及其简单的用法。

(1) if 条件控制命令。条件控制又分为简单条件和 if 条件,一般语法格式如下:

```
if if-list
then then-list
else else-list
fi
```

例如:

```
if test-f file
 then cat file
else date
```

其功能是,若 file 文件存在则打印,否则显示日期信息。最简单的格式为只有一个 then

语句,else子句可有可无。

(2) case命令。shell的case命令是基于一种模式匹配的多分支结构。

一般语法格式如下:

```
case word in
  chema command-list;;
esac
```

其中chema可由通常的shell字符构成,作为pattern与word匹配。shell从上到下依次检查各个模式,如果匹配就执行其后跟随的命令表。特别是,"*"可与任何字符序列(含空串)匹配。"?"与任何单个字符匹配,若用[...],则word可与[ ]中任一个字符匹配。注意,每个命令表都以双分号结束。

注意:

① case语句中仅首先匹配的一组命令被执行,这一点与C语言的case语句不同。例如:

```
case word in
   1) cat>>file1;;                //收集输入,送往文件file1
   2) cat>>file2<file1;;          //从文件file1收集送往文件file2
   *) echo' error';;
```

执行时,仅当word既非"1",又非"2"时,才执行*)后的命令行。

② 因为*)模式的特殊性,应该把它放在最后。

③ 命令行参数个数$#可以出现在word的位置,形成根据参数个数决定转移的结构。这也是case语句常用的格式之一。

(3) 循环控制命令。循环控制命令又分为如下3类。

① for无条件循环,其语法格式为:

```
for name in w1 w2 …
  do command-list
done
```

执行时,依次用in后面的字表中的每一个字w1、w2等对name赋值,每赋值一次就执行一次命令表,直到in后的字都用过一次为止。

② while条件循环,其语法格式如下:

```
while list do
  command-list
done
```

执行时,先执行list条件命令表,当返回true时,执行do后面的命令表。然后再返回执行list命令表,一直到list条件的结果返回false时结束循环。

③ until条件循环,它是while的一种变型,是把while的循环条件取反,其语法格式为:

```
until list do
```

```
   command-list
done
```

执行时,先执行 list 命令表,只要返回 false,便执行 do 后面的命令表。再次执行 list 命令表,继续循环执行命令表,直到执行 list 条件为 true 时结束循环。

4. shell 过程的运行

shell 过程的运行可用 3 种方法来实现。

(1) 第一种:

```
$ sh<filename
```

启动 shell 让它重定向从命令文件 filename 读入命令串并执行。

(2) 第二种:

```
$ sh filename argument1 argument2
```

启动 shell 让它直接从命令文件 filename 读入命令串并执行,而 filename 的执行能够存取自变量 argument1、argument2。

(3) 第三种:用可执行文件名作为命令名去执行该文件。

此法需分成两步执行:第一步,使该 shell 文件取得执行权,作为一个可执行文件。这要用命令"chmod +x 过程名"来实现,结果产生一个相同名字的可执行文件。第二步,把它作为命令名提供参数调用执行,即可执行该 shell 过程。

例如,假定 shell 文件 wg 的内容是一行:

```
who|grep $1
```

则它按下面两步运行:

```
chmod +x wg
wg fred
```

在第一步中,先对文件 wg 加上执行许可,使之成为可执行文件,然后执行第二步,用提供的参数 fred 去运行 wg 文件,结果为:筛选程序 grep 将从管道中读得的 who 的输出行中,找出含有 fred 字的行,并打印出来。

9.6.4 shell 程序实例

(1) 观察某人是否已经注册,程序如下:

```
while sleep 60
do
   who|grep liyong
done
```

该程序用 sleep 60 睡眠 1 分钟,醒来后运行 who 列出所有已经注册的用户,经管道送给 grep ,让它挑出有 liyong 的那一行。有则表示已经注册,否则尚未注册。程序功能是,每分钟查看一次并报告 liyong 的注册信息。

上述程序也可以换一种更好的写法：

```
until who|grep liyong
do
  sleep 60
  done
```

该程序同样每分钟检查一次 liyong 是否已经注册，但是一旦注册，程序就停止运行并退出，不必循环地查看和报告。

(2) 电话号码的查询。假定有一个存放电话号码的文本文件 df，存放的电话号码簿格式如下：

姓名　单位　电话号码

下列 shell 程序文件 phone 可以完成号码查询、添加、删除功能。程序仅包含一个 case 语句。

```
case $1 in                      /* 根据第 1 个参数决定动作 */
  +) case $# in                 /* $1 为加号，决定添加 */
      1) cat>>df                /* 从终端添加 */
         sort df>temp           /* 对添加了新号码记录的文件排序 */
                                /* 并存入临时文件 temp */
        mv temp df;;            /* 重写电话号码本 df */
      2) cat< $2>>df            /* 从命令行指定的文件中添加，实现将 */
                                /* 其他电话号码本合并的功能 */
            sort df>temp
            mv temp df ;;
      *) echo ' input error';;
    esac;;
  -) sh del $* ;;               /* $1 为减号，由 sh 调用子程序 del */
                                /* 删除给定的记录 $* */
  *) for  i  do                 /* 实现查询 */
       grep $i df               /* 用 shell 命令 grep 查询并报告结果 */
       if test $? ne 0          /* 如果 grep 未查到，则报告未查到 */
         then echo "$i is not found."
       fi
     done
esac                            /* case 语句结束 */
```

子程序文件 del 的内容：

```
ed     df <<%                   /* 调用编辑程序 ed 对电话号码文件 df 进行删除编辑 */
   /$2/                         /* 定位要删除的行 */
   d                            /* 删除该行 */
   w                            /* 回写文件 df */
   q                            /* 退出编辑 */
%
```

上面对这个 shell 程序逐行地作了注释,现再略加补充说明。当 $1 为减号(—)时进入删除记录操作。启动 sh(shell 的一种)调用名为 del 的 shell 文件,通过传递参数 $ *,实施删除操作。del 调用编辑命令 ed 对文件 df 进行编辑,具体的编辑命令来自由一对%所界定的内容。这是一种具有 here 结构的文档。4 行分别是,由/$2/定位于要删除的行;用 d 命令将该行删除;接着用 w 命令对文件 df 回写而实现了删除指定记录的目的;最后以命令 q 退出编辑程序 ed,结束编辑过程。

(3) 程序的执行。在用"chmod +x phone"让它取得运行权后,可以依下列方式执行。

① 查询:

```
phone 姓名
phone 单位
phone 姓名 单位
```

② 添加:

```
phone +               /* 从终端添加 */
phone + file          /* 从文件 file 添加 */
```

③ 删除:

```
phone — 姓名          /* 删除指定记录 */
phone — 单位          /* 删除指定记录 */
phone — 姓名 单位     /* 删除指定记录 */
```

这样一个非常短小的程序便能够完成如此多的功能,足以看到 UNIX 的魅力所在。

9.7 Linux

9.7.1 Linux 的历史

1991 年,当时还是赫尔辛基一所大学学生的 Linus Torvald 开发了一个运行在 Intel 386 芯片上的 UNIX 版本,他命名为 Linux,并且把源代码发布在 Internet 上。从那时起,Linux 经过了多次修改和更新,时至今日已融合了全球数百位软件开发者的努力。开放意味着整个源代码免费使用,并且可以通过公共接口扩展操作系统。今天,Linux 可以运行于包括个人计算机在内的绝大多数计算机平台上。

Linux 最初的稳定版本——内核 1.0 是在 1994 年发布的。一些厂商,如 RedHat、Caldera 和 SuSe 采用这些稳定的版本,捆绑了在个人计算机中易于安装的软件,而且增加了其他辅助工具,使 Linux 变得更有用。国内则有中科院孙玉芳等具有自主版权的红旗 Linux。

最新资料表明,美国能源部已经与 IBM 签约,正在制造千万亿次巨型机,拟采用的操作系统就是红帽子 Linux。

Linux 是 UNIX 的一个版本。下面介绍 Linux 的特征。

9.7.2 Linux 内核

Linux 内核包含直接处理硬件(外部设备等)的部件。假如内核默认包含管理全部的外部设备,内核所占空间将会很大。Linux 能够根据需要装载和卸载内核代码的特定部件(或模块)。这样就能创建最小化的内核,从而给用户程序更大的内存。例如,MS-DOS 文件系统可能在 DOS 访问磁盘时被装载,在不需要时被卸载。

9.7.3 Linux 进程

Linux 的进程模型很像 UNIX,但是它能调用 fork 例程或 clone 例程来创建进程。UNIX 和 Linux 的 fork 例程调用 exec 例程给进程新的上下文环境。与此不同的是,clone 例程给进程新的标识但不调用 exec 例程。如果需要,clone 例程能让新的进程与父进程共享正文和数据段。

与 Linux 进程相联系的一个特征称为个人标识。个人标识允许 Linux 效仿其他版本 UNIX 的行为(诸如 System V 发布的第 4 版),并且使得其他版本不需要修改就能在 Linux 下运行。

9.7.4 Linux 文件系统

主要的 Linux 文件系统 ext2fs 效仿标准的 UNIX 模块并支持别的文件系统,例如 MS-DOS 和 minix。Linux 内核维护了虚拟文件系统(VFS)层,它允许进程一致地访问所有文件系统,如图 9.32 所示。当进程访问一个文件,内核直接向 VFS 提出请求,VFS 调用适当的文件系统。

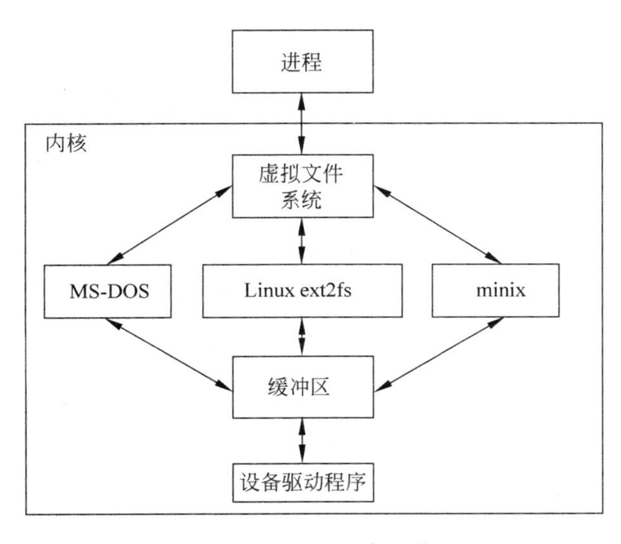

图 9.32　虚拟文件系统

9.7.5 Linux磁盘分区

Linux磁盘被分成根分区、引导分区和交换分区。根分区(/)是用来存放所有文件的分区。

引导分区是个挂载在 /boot 上的分区,包含引导操作系统内核的程序,以及其他几个在引导过程中使用的文件。

交换分区(swap)是用来支持虚拟内存的一块不可见的空间,在系统里并不显示。它的不可见,使得用户无法对其进行直接操作,从而不能影响交换分区的工作。当没有足够的内存来存储系统正在处理的数据时,这些数据就被系统写入交换区。交换分区的最小值应该相当于计算机内存的两倍和32MB中较大的一个值。

9.8 重点演示和交互练习:文件块的多重索引物理结构

在9.4.4小节介绍了UNIX文件块的多重索引物理结构,随着文件尺寸变大,在i结点中文件块将分别被直接索引,通过一次间接、二次间接直至三次间接索引登记。现进入本书配套的资源环境做实例练习。单击文件系统文件物理结构的Java练习,便出现如图9.33所示的交互练习界面。在该图中,是关于文件空间组织的一个练习,当输入一个地址后,先算一下索引的指针和索引块号,再单击“确定”按钮,就可以知道算得对不对。

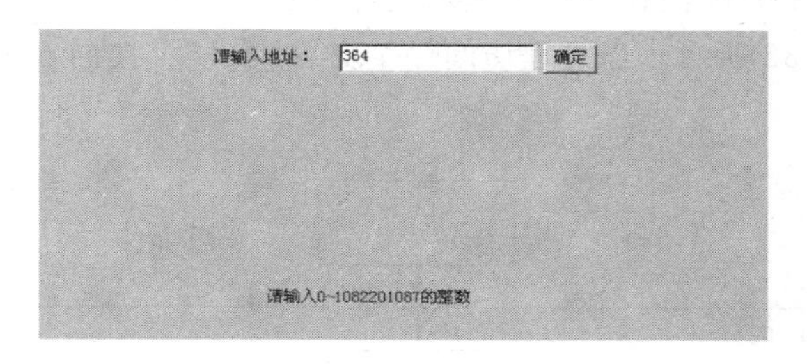

图9.33 文件多重索引结构交互练习界面

UNIX文件采用字节流的逻辑结构,现在在输入框任意输入文件的一个字节逻辑地址,比如3000,单击“确定”按钮,便出现如图9.34所示的索引结构。表明字节3000所在的块被直接索引,登记在i结点表目5所指的文件块中,处在该块第440B。

图9.34 直接索引登记

如果在输入框输入逻辑地址 10000，单击“确定”按钮，便出现如图 9.35 所示的索引结构。表明第 10000B 所在的块被间接索引，经 i 结点表目 10 所指的文件块作为间接块，在该块第 9 个表目所登记的块才是文件块。文件的第 10000B 处在该块的 272 字节。

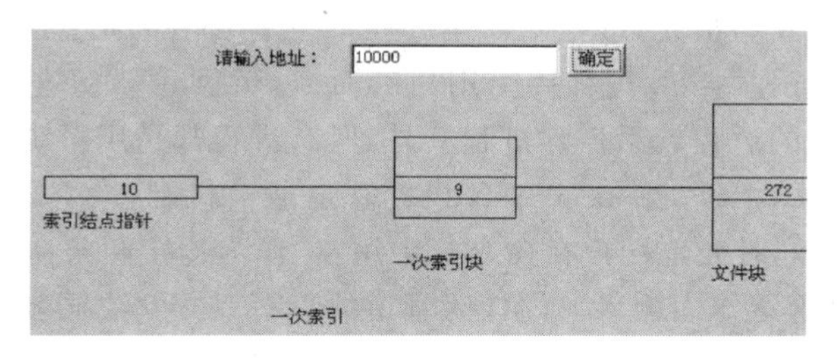

图 9.35 文件地址 10000 被一次间接索引

用同样的方法输入地址 200000，将发现需要二次及一次索引，如图 9.36 所示。经 i 结点表目 11 所指的块号作为二次间接块，在该块第 1 个表目所登记的块号是一次间接块，其第 124 个表目所登记的块才是文件块。文件的第 200000B 处在该块的 320B。

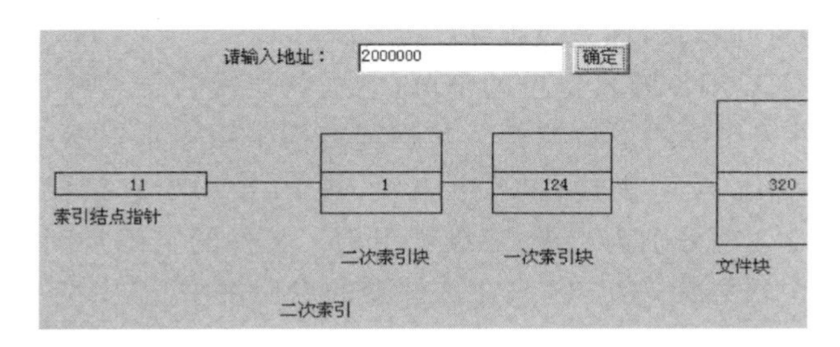

图 9.36 文件地址 200000 被二次间接索引

而对于逻辑地址 22222222，借助交互界面，立即可得图 9.37 所示的三级索引结构。

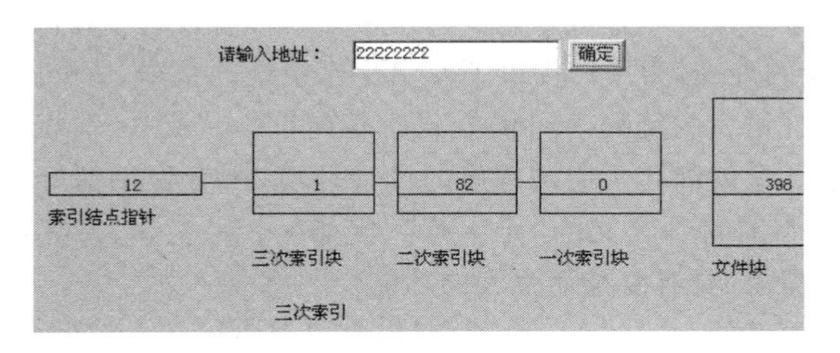

图 9.37 文件地址 22222222 被三次间接索引

小结

UNIX 开创了操作系统的一段历史，使得它成为操作系统的标准，其开发者获得计算机界的最高奖图灵奖。它是适用机型最为广泛的操作系统，也是因特网时代的骨干操作系统。它的主要特点是分时操作系统，现代 UNIX 还是网络操作系统。

UNIX 中进程被定义为映像的执行。进程映像包括常驻内存部分和可对换部分。常驻部分包括 proc 表和 text 表，proc 表包含调度信息，text 表描述区的属性。可对换部分包含每一进程数据区，这一区中包含了进程运行时所必需的核心数据。

UNIX 为进程设立了 6 种主要状态：创建、就绪、就绪等待、运行、睡眠、僵死。

所有进程以进程 0 为祖先，进程 0 创建进程 1，它们都在核心态运行。进程 1 为各个终端创建一个 shell 进程，shell 进程接受用户的命令，再创建新的进程替用户运行程序，形成以进程 0 为祖先的进程族系。除进程 0 外，所有进程都是用系统调用 fork 创建的。

管道通信是 UNIX 特色之一。UNIX 设立管道通信机制，设立了创建用于通信的管道的系统调用 pipe，同时允许用户在命令行中用“|”作为连接两条命令的管道，前者以管道作为输出，后者以管道作为输入。内核为管道的读写双方解决同步。

现代 UNIX 支持段页式和虚拟存储的内存管理方案。支持以进程为单位的进程对换。对换是进程 0 的一部分，它寻找被换出主存的就绪进程，总想把它们换入内存。如果找到，则分配内存空间并把进程换入主存。如果得不到足够的内存空间，交换例程就选择一个进程换出，把换出的进程复制到辅存，并释放它占有的内存空间，然后换进就绪进程。进程映像“换进”策略主要考虑选择在磁盘上的就绪进程，考虑进程在辅存上驻留时间长短，驻留在磁盘上的时间越长，优先级越高。

文件系统同样是 UNIX 颇具特色的部分，它支持层次目录结构，把设备当作一类特别文件。UNIX 文件采用流式逻辑结构。其物理结构采用多重索引结构，文件块号被登记在 i 结点的索引表中。索引表共有 13 个表项，前 10 个用于直接索引，第 11 个表项为一级索引项。第 12、13 项分别为二级、三级索引项。文件的空闲空间管理采用空闲块的成组链接法，每 50 个块号为一组，链头在文件卷的专用块中。UNIX 的文件卷依次包括引导块、专用块、i 结点区、文件区。

UNIX 把设备区分为块设备和字符设备，开辟了一组 512B 的块缓冲和一组 16B 的字符缓冲。对于块缓冲，设置缓冲首部，将它们形成 3 个队列：自由缓冲队列、nodev 队列和设备缓冲队列。字符缓冲则连成空闲字符缓冲队列和各设备字符队列。

shell 是 UNIX 的外壳，为用户提供了使用操作系统的接口。shell 是命令语言、命令解释程序及程序设计语言的统称。shell 提供重定向符“＜”及“＞”，表示输入转向与输出转向，“|”表示管道。这就简化了应用程序的设计环境，所有程序都可以只考虑标准的输入输出。shell 还支持有特殊含义的“元字符”，比如 *、#、?、&、% 等，使得 shell 的命令行可以按照应用的需求，具有复杂而强大的功能。

作为程序设计语言的 shell，可以设置变量，有 if…then、for、case、while、until 等控制流结构。其语句则是由命令和实用程序按照 UNIX 命令行格式组织起来的命令行。根据 UNIX 研发的经验，往往首先用 shell 开发程序，当需要提高速度时再用 C 语言改写其中的部分。

Linux 是 UNIX 的一个版本，但也同时与 minix 有渊源。它产生于 20 世纪 90 年代，因此更具有现代 UNIX 的特征。它采用最小化内核结构，能够根据需要装载和卸载内核代码的特定部件(或模块)。Linux 既能调用 fork 例程也能调用 clone 例程来创建进程。

Linux 内核维护了虚拟文件系统(VFS)层，它允许进程一致地访问所有文件系统。Linux 文件系统除了支持标准的 UNIX 文件，也支持 MS-DOS 和 minix 的文件。

习　题

9.1　多项选择题。UNIX系统中，下列说法正确的是(　　)。

A. 采用时间片轮转的进程调度算法，因此它是一个分时系统

B. 采用动态优先数的进程调度算法，但它是一个分时系统

C. UNIX文件采用流式逻辑结构

D. UNIX文件采用记录式逻辑结构

E. UNIX文件采用多重索引式物理结构

9.2　UNIX对换区功能是什么？简述对换时机和对换策略。

9.3　UNIX为进程之间的通信提供了哪些工具？各用于什么场合？

9.4　在UNIX系统中，将进程控制块(PCB)和文件控制块(FCB)各分解成哪两个部分？

9.5　UNIX进程映像由哪几部分组成？简述各部分的内容。

9.6　进程用户态图像(映像)由共享正文段、数据段、栈组成。

(1) 指出C语言程序中的下列部分位于哪一段。

① 外部变量。

② 局部变量。

③ 函数调用实参传递值。

④ 用malloc()要求动态分配的存储区。

⑤ 常数值，例如1995、3.1415、"string"。

⑥ 进程间通信使用的共享内存段。

(2) 进程用户态图像中，哪些部分是可共享的，哪些是不可共享的？

9.7　UNIX操作系统进程调度算法是如何使各进程均衡地使用CPU的？

9.8　在设备管理方面，UNIX系统采用什么方法使读入内存的文件副本能为多个用户共享，避免多占内存？

9.9　试述UNIX对文件的异步写与延迟写。

9.10　在i结点的文件块物理结构表中，指针10指向文件的逻辑字节地址范围是多少？指针11和指针12的地址的范围又各是多少？为什么？(假定磁盘块大小为512B)

9.11　某个较大文件有逻辑地址10000B、600 000B、80 000 000B。试分析文件的物理结构，分别指出它们各自的索引位置，怎样可以在磁盘上找到它们？(假定磁盘块大小为512B)

9.12　在UNIX系统中，假定磁盘块用于做文件物理块索引时，每块可登记128个块号。磁盘上有一个已经打开的、大小为1000000B的文件。现在要对它检索一遍，问将要发生多少次磁盘传输完成中断(假定磁盘块大小为512B)？

9.13　根据UNIX文件的多重索引结构，UNIX系统支持的文件最大尺寸是多少字节(假定磁盘块大小为512B)？

9.14　假定某文件的i结点中有如图9.38所示的磁盘文件块的多重索引表结构。

试问文件中的逻辑字节偏移7200对应的磁盘位置是什么?

9.15 在UNIX系统中,假定文件卷的内存专用块中空闲磁盘块栈的当前状态如图9.39所示。

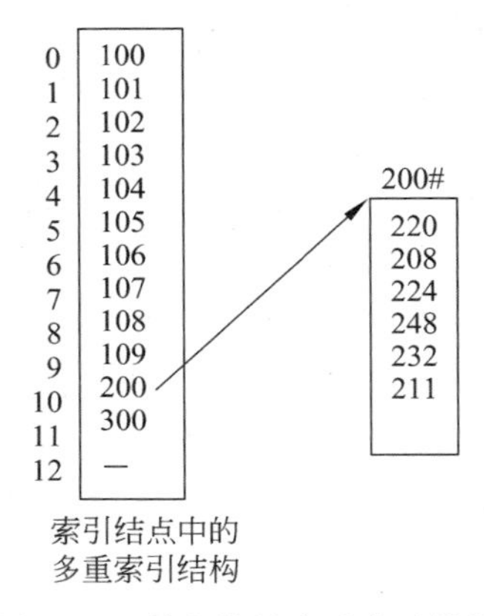

图9.38 某文件的多重索引结构

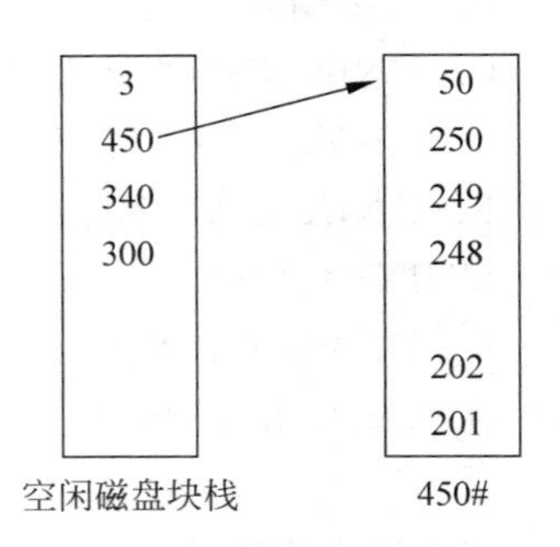

图9.39 空闲磁盘块状态

若现在发生为文件abc分配4个空闲块,试问:UNIX将依次分配哪4块?画图表示执行此项操作后,内存专用块中空闲磁盘块栈的信息状况。

9.16 在UNIX系统中,假定文件卷的内存专用块中空闲磁盘块栈的当前状态如图9.40所示。现在文件xyz将释放5个文件块,要释放块的块号依次为300,301,302,303,304。试问这几个空闲块中,哪一个块将临时用作存储一组空闲块号并加入空闲块的成组链接?画图表示执行此项操作后,内存专用块中空闲磁盘块栈的信息状况。

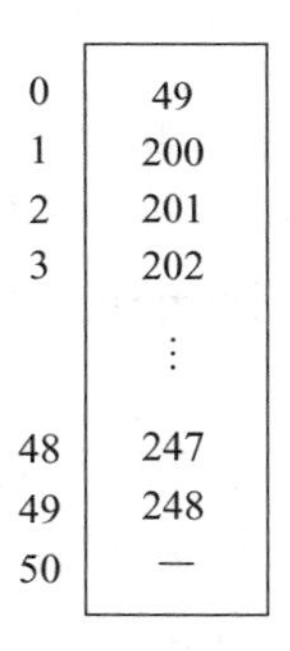

图9.40 空闲磁盘块状态

第10章 Windows 2000和Windows XP实例分析

CHAPTER

Windows 2000是由Windows NT和Windows 98发展而来的多用途网络操作系统(NOS),它集Windows NT的技术和Windows 98的优点于一身,并在此基础上发展了活动目录、智能镜像、管理控制台等许多新的特性和功能,在各个方面都有极大的进步。用于个人或企业的客户机,Windows 2000比Windows 98更便于使用和管理;用于文件服务器,它比Windows NT 4.0更具有伸缩性和灵活性;用于应用服务器,它支持大量的数据集合;用于Internet和Intranet服务器,它更安全,更符合标准。

Windows 2000自身是按照模块化、面向对象的方式来实现的。本章主要讨论的是其内部所用的技术。

Windows NT是微软公司32位通用操作系统。它用C和C++语言(少部分用汇编语言)编写,曾被作为20世纪90年代客户机/服务器(client/server,C/S)模式网络操作系统代表。Windows NT实现了其可扩充性、可移植性、可靠性、兼容性、高性能的设计目标。

本章主要讨论Windows 2000,也基本适用于Windows XP及其他Windows的系统。为简单起见,以下不特别区分它们的差异,统称为Windows。

10.1 模型与结构

系统由客户机/服务器模型、对象(object)模型、对称多处理器(SMP)模型组合而成。

10.1.1 客户机/服务器模型

客户机/服务器(client/server)模型是20世纪90年代的操作系统结构。其思想是把操作系统分成若干进程。每个进程实现单个的一套服务,如主存服务、进程生成服务、处理器调度服务。每个服务器运行在用户态,它执行一个循环,以检查是否有客户已请求某项服务。而客户可以是另外的操作系统成分,也可以是应用程序。客户通过发送一个消息给服务器进程来请求提供一项服务。运行在核心态的操作系统内核把该消息传送给服务器,然后该服务器执行有关操作。操作完成后,内核用另一消息把结果返回给客户,如图10.1所示。

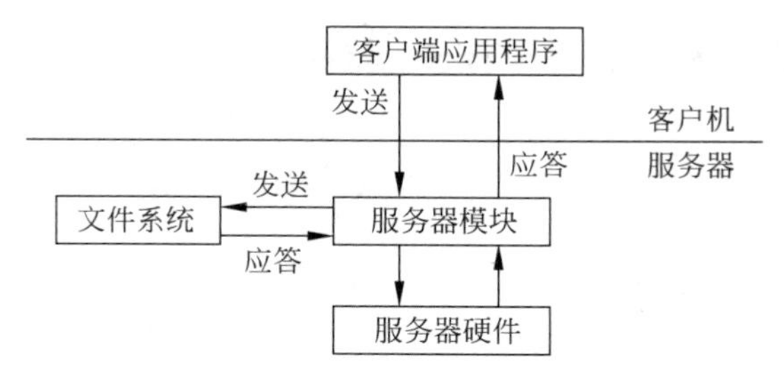

图10.1 客户机/服务器模型结构

这种结构的优点如下。

(1) 由于每个服务在其特有的进程中运行,并且该进程拥有自己的内存空间以免受其他进程影响,因此该体系结构在可靠性上有所改善。

(2) 它为进程之间相互通信提供了一种简单、统一的机制。

(3) 它还考虑到只通过添加新的服务模块就可以使操作系统增加新的功能。

10.1.2 对象模型

操作系统是一个大型软件系统,现代软件工程学为开发软件提供了多种技术,因而也为操作系统提供了新的开发手段。面向对象(object-oriented,OO)的软件开发技术是当前最新、最受关注的技术。OO技术认为人们面对的首先是问题世界,问题世界是由诸实体(object,又称为对象)构成的。开发软件就要找出实体并描述它,还要研究和描述实体间的关系。“对象”是个抽象的数据结构,它符合软件工程“抽象、信息隐蔽和信息局部化”原则,因而便于开发高质量软件。操作系统由一批功能模块组成,要找出一个操作系统的单个“主程序”是困难的,因此被称之为没有“顶”的程序。OO技术不是试图去设计一个自顶向下的系统,而把设计目标集中到找出软件为完成其工作所必须处理的对象上面,因此适合于操作系统软件开发。

10.1.3 对称多处理器模型

微型计算机已迅速向多处理器(multiprocessor)模式过渡,Windows 2000和Windows NT既支持单处理器运行模式,也支持多处理器运行模式。

多处理模式是指一台计算机中具有两个以上的处理器,共享主存,各处理器可同时执行线程,每个处理器执行一个。

多处理模式可分为非对称多处理和对称多处理两种模式。非对称多处理让操作系统占一个处理器,称为主处理器,用户进程占用其他处理器。对称多处理(SMP)系统允许操作系统在任何一个处理器上运行。各处理器的地位是平等的,每个处理器既可以执行操作系统程序,又可以执行用户程序。

SMP 模型的系统有两个明显的优点：一是可以平衡负载(balance load)，增加吞吐量(throughput)；二是增大可靠性(reliability)和安全性(security)，系统不会因为一个处理器出问题而崩溃。

Windows 2000 和 Windows NT 采用 SMP 结构，如图 10.2 所示，它具有以下特点。

(1) 操作系统可以在任何一个空闲的处理器上运行，也可以同时在各处理器上运行。当一个高优先级(priority)线程需要时，可以抢占操作系统非内核(kernel)代码。

(2) 一个进程的多个线程可以同时在多个处理器上执行，实现程序功能的分布。

(3) 服务器进程可使用多个线程同时在不同的处理器上处理多个客户进程的服务请求。

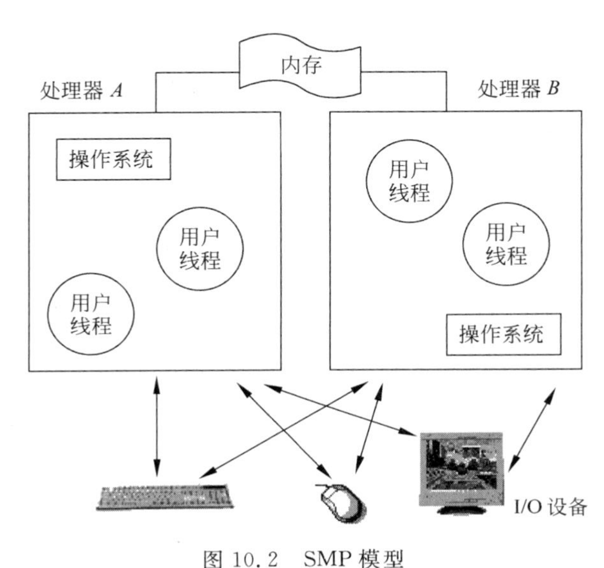

图 10.2 SMP 模型

10.1.4 系统结构

系统结构可以分为两部分：系统用户模式部分和内核模式部分，如图 10.3 所示。

1. 用户模式组件

Windows 2000 有两种用户模式组件(见图 10.4)：环境子系统模仿不同的操作系统，整合子系统提供保护和系统服务。

(1) 环境子系统(environment subsystem)。Windows 平台既能运行 32 位 Windows(Win32)应用程序，也可以运行为其他操作系统如 MS-DOS、OS/2(仅为 16 位字符模式)和 POSIX 设计的应用程序。Windows 通过模拟这些环境要求的应用程序编程接口(API)来支持各种各样的环境。换句话说，Windows 模拟每种应用程序原有的环境。环境子系统接收对这些应用程

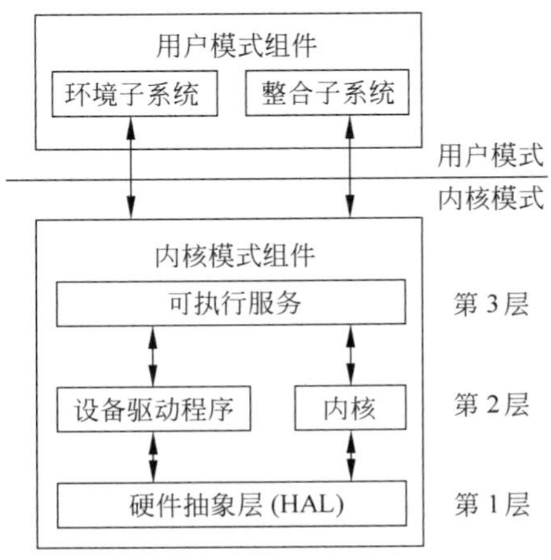

图 10.3 Windows 体系结构框架

序编程接口的调用,并通过子系统特有的动态链接库(DLL)将它们转换成等效的Windows调用。动态链接库包含了常用的例程和数据。Win32环境子系统负责原有的Windows应用程序、Win16(16位应用程序)和MS-DOS应用程序。Win16(16位应用程序)和MS-DOS应用程序运行在DOS虚拟机(VDM)上。Win32环境子系统也负责面向屏幕的输入输出。OS/2和POSIX应用程序依靠Win32环境子系统来显示控制台和字符输入输出。由于它们是用户程序,所以运行在环境子系统下的程序不能直接访问硬件或设备驱动程序,并且它们运行在底层与内核进程的特权级之下。

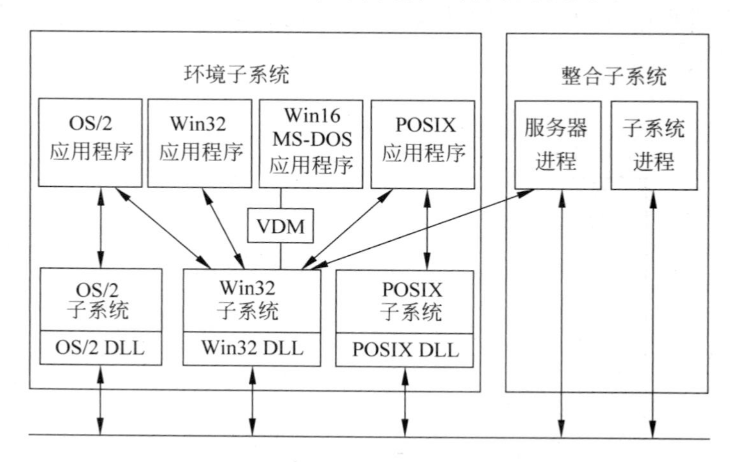

图 10.4 Windows的用户模式组件

(2) 整合子系统(conformity subsystem)。整合子系统由服务器进程和系统进程组成。服务器进程是像服务一样运行的程序。事实上,服务是在启动时自动运行的Win32程序(如事件记录、假脱机程序等)。服务程序调用Win32函数与服务控制器相互作用并且注册服务成功的启动或关闭。它们不需要交互式的登录。系统进程是类似接受用户登录并鉴别他们的登录设备的程序。相对于服务器进程,系统进程与服务的运行方式不同且需要交互式的登录。

2. 内核模式组件

图10.3所示的内核模式组件是层次结构式与微内核模式的结合方式。它由一组部件构成,这些部件形成了层次结构。图中的"可执行服务"实际上是为用户态的进程提供的一个接口。

可以分层地看待内核模式组件。

(1) 第1层是硬件抽象层(HAL)。硬件抽象层隐藏了下层的硬件并为其他进程提供虚拟机接口,从而通过实现诸如中断控制器和处理器特有的输入输出接口的功能来支持不同硬件环境之间的可移植性。

(2) 第2层是设备驱动程序和内核。设备驱动程序负责将逻辑的输入输出调用转换为特有的物理的输入输出硬件原语。内核(或微内核)管理微处理器。内核协调调度(决定下一个计划被执行的线程)和多处理器的同步,并且处理异步过程调用。另外内核还提供被执行体利用的基本的内核对象。

(3) 第 3 层由一组统称为执行体或可执行服务的模块组成,如图 10.5 所示。例如,Windows 2000 是一个对其所有服务和实体都使用对象的面向对象操作系统。文件、目录、进程、线程和端口都是 Windows 2000 中的对象。称为对象管理器的可执行模块负责创建、结束和授权访问对象的服务或数据,通过产生句柄的方式可对对象提供访问,句柄是对对象的引用(就像指针)。这些模块可以通过一组精心设计的内部界面互相调用。

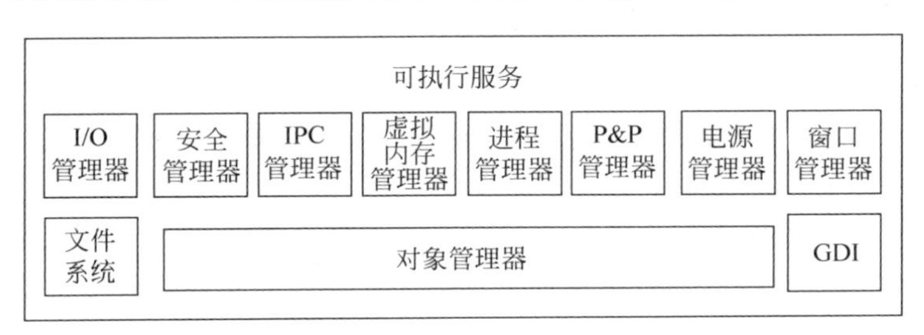

图 10.5　内核可执行服务模块

进程间通信(IPC)管理器处理客户机模块与服务器模块之间的通信,包括局部过程调用(客户机模块与服务器模块在同一台计算机上)和远程过程调用(客户机模块与服务器模块在不同的计算机上)。

安全管理器处理本地计算机中对象的安全性,安全信息通过安全描述符与对象联系起来,安全管理器使用该信息来执行对运动中对象的保护和审核。

图形设备接口(GDI) 处理图形用户接口并结合了绘图和图像处理的功能。

窗口管理器控制窗口的创建、显示和结束,也负责接收来自键盘和鼠标的输入,并且将数据发送到适当的应用程序。

即插即用(plug and play)管理器处理即插即用设备的控制,并与设备驱动程序通信以添加和启动设备。

电源管理器管理电源功能。

10.1.5　注册表

注册表是 Windows 用来保持计算机中硬件和软件设置记录的分层数据库。注册表包含关于某些诸如计算机硬件(处理器、总线类型、系统内存等)、系统中可用的设备驱动程序、网络适配器(网络设置、网络协议)、用户简介和硬件简介等细节的信息。

在引导过程中,内核从注册表中读取关于设备及其加载命令的信息。注册表随后被内核、设备驱动程序、Ntdetect.com、管理程序和初始化程序使用。Ntdetect.com 在启动 Windows 2000 后立即执行。它收集已安装的硬件组件的列表,并将列表返回给 NTldr,使其包含在注册表中。设备驱动程序读取它们的配置参数并写入注册表中。应用程序的初始化程序利用注册表来确定所需组件是否已安装完毕而且添加必需的配置信息。当应用程序运行时,它们利用注册表来确定系统配置。当多个用户使用系统或不同的硬件配置存储在计算机中时,某些适当的数据将存储在注册表中。

10.2 对象、进程和线程

对象、进程和线程是组织和构造 Windows 的 3 个基元成分,它们之间互相关联。

10.2.1 对象

1. 对象的概念

对象(object)是个抽象数据结构,用来表示所有的资源。一个对象包括数据、数据的属性及施加于数据上的操作 3 个成分。

对象比传统操作系统的资源概念具有更为广义的含义。进程、线程、文件都是对象。Windows 的许多功能都经由其对象管理系统创建对象并为它提供服务来实现。

2. 对象的结构

对象由对象头和对象体两个部分组成,其相应的属性如图 10.6 所示。

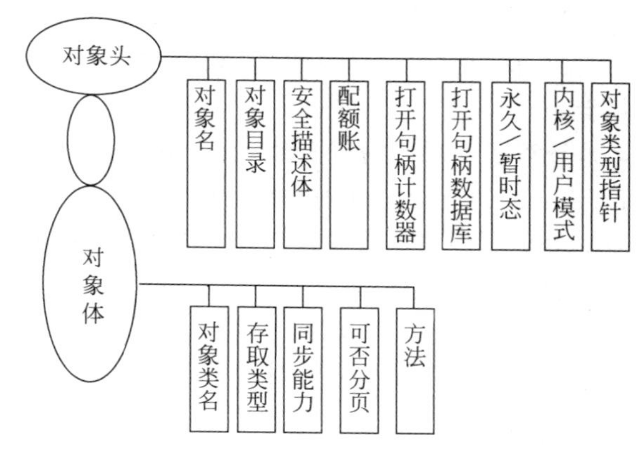

图 10.6 Windows 对象结构

10.2.2 进程

1. 进程实体

在 Windows 中,一个进程通常定义为调入内存准备执行的应用程序的一个实例。每个进程均被当作对象来实现。进程由 4 个部分组成,如图 10.7 所示。

在图 10.7 中,进程结构说明如下。

- 可执行的程序定义了初始代码和数据。
- 私用地址空间是进程的虚拟地址空间。
- 系统资源是进程执行时的资源集合。
- 每个进程至少有一个执行线程。

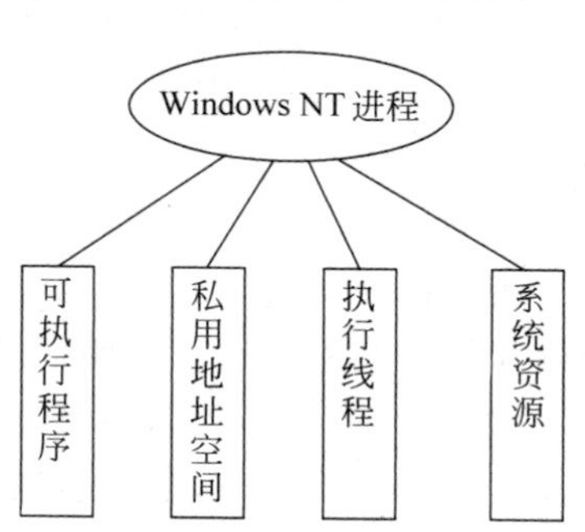

图 10.7 进程结构

2. 进程对象

进程是一种对象,其对象结构如表 10.1 所示。

表 10.1　进程对象类

对象类型	进程类	对象类型	进程类
对象体属性	进程 ID	提供的服务	创建进程
	存取令牌		打开进程
	基本优先级		查询进程信息
	默认处理器族		置进程信息
	配额限制		当前进程
	执行时间		终止进程
	I/O 计数器		分配/释放虚拟内存
	VM 操作计数器		读写虚拟内存
	异常情况/调试端口		保护虚拟内存
	退出状态		锁定/解锁虚拟内存
			查询虚拟内存
			刷新虚拟内存

3. 进程资源集

进程是资源分配单位，每个进程可能有如图 10.8 所示的资源集。

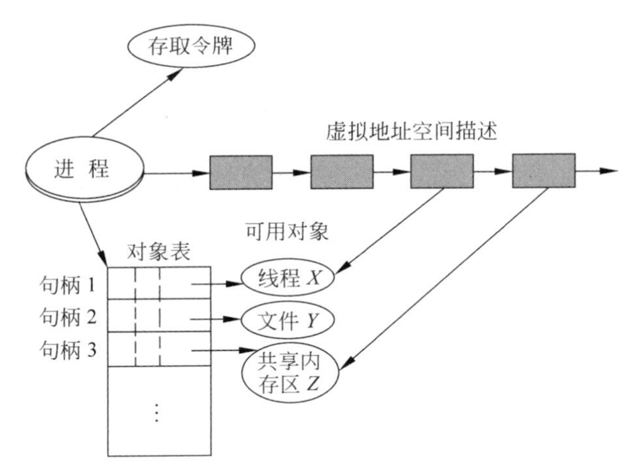

图 10.8　进程资源集

4. 进程创建

进程是一种动态实体，它是由操作系统运行时创建和撤除的，具体的创建过程如图 10.9 所示。

(1) 客户进程(如 Windows 应用程序和 OS/2 应用程序)用创建进程原语(如 Windows 子系统的 CreateProcess 和 OS/2 子系统的 DosExecPgml)创建进程。

(2) 服务器进程调用执行体的进程管理程序为之创建一个本机进程，在此期间，进程管理程序调用执行体的对象管理程序为该进程创建一个进程对。

(3) 进程创建后，进程管理程序返回一个句柄给进程对象。

(4) 环境子系统取得该句柄，并生成一个返回值。

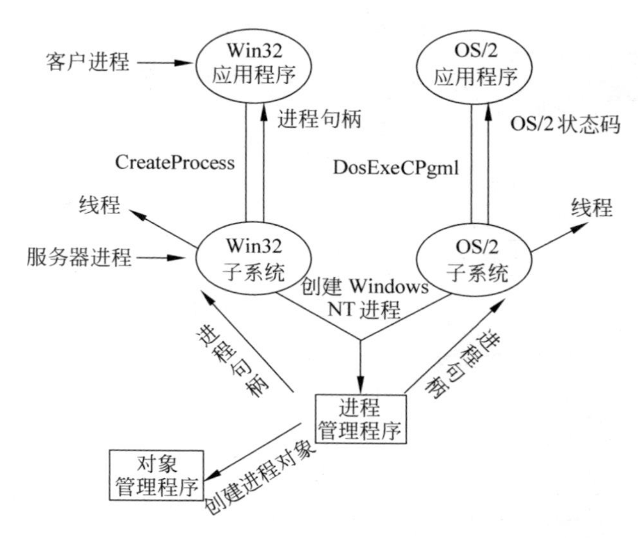

图 10.9　进程创建过程

(5) 环境子系统又调用进程管理程序为已创建的新进程创建一个线程。

总之,执行体中的进程只不过是对象管理程序所创建和删除的对象。

10.2.3　线程

1. 线程的概念

线程(thread)可定义为进程内的一个执行单元,或是进程内的一个可调度实体。线程是一个比进程更小的调度实体。如图 10.10 所示,线程有 4 个部分。

(1) 一个唯一的标识符。

(2) 一组寄存器的内容。

(3) 两个栈——用户栈与核心栈。

(4) 一个私用地址空间。

线程共享进程的同一地址空间、对象句柄及其他资源,这要比进程间实现共享性有利得多。

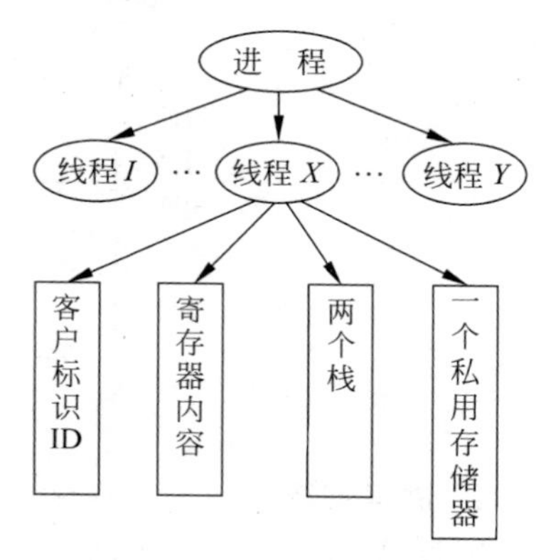

图 10.10　线程结构

2. 线程对象

线程也是一种对象,其结构如表 10.2 所示。

3. 线程的特点

线程的特点如下。

(1) 线程是作为对象来实现的。

(2) 每个进程在创建时只有一个线程。

(3) 线程是基本的调度单位,采用可强占的优先级调度算法。

(4) 每个进程在可以执行前,必须至少有一个线程。

(5) 用户态的进程的线程主要在用户态处理模式下运行。

表10.2 线程对象的结构

对象类型	属性	方法
线程类型	客户ID	创建线程
	线程描述表	打开线程
	动态优先表	查询线程信息
	基本优先表	置线程信息
	线程处理器	当前线程
	族线程	终止线程
	执行时间	取得描述表
	报警状态	置描述表
	挂起计数	挂起
	模仿令牌	重新开始
	终止端口	报警线程
	线程退出状态	检测线程警报
		寄存器终止端口

4. 线程状态及其变化

线程是动态概念，也有生命期，其间它要经历6个状态变化：就绪、备用、运行、等待、转换、终止，状态变迁如图10.11所示。

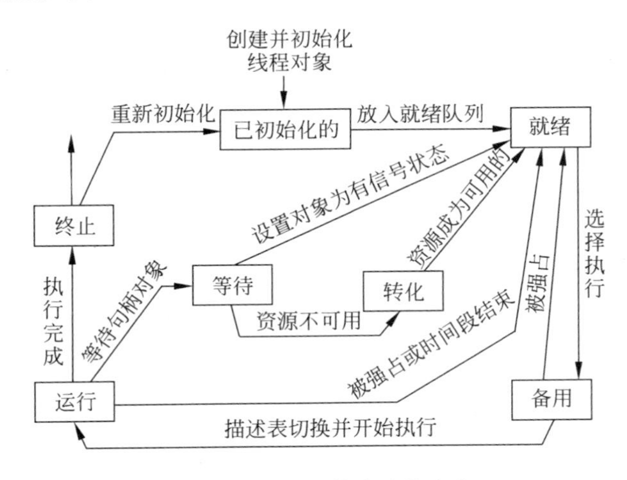

图10.11 线程状态及其变化

当一个线程创建了一个新的线程时，这个新线程便开始了它的生命期。被初始化后，它将经历6个状态。

(1) 就绪态。此时线程已具备执行的条件等待CPU执行。

(2) 备用态。此时该线程被调度程序从就绪池中选定为某一处理器的下一个执行对象。

(3) 运行态。一旦该线程被完成描述表切换，就进入运行态。运行时当线程被抢占或时间片到期时，它将回到就绪态。

(4) 等待态。线程可能以下列几种方式进入等待：一是线程等待同步对象，同步它的执行;二是因输入输出而等待;三是环境子系统导致线程将自己挂起。如果同步对象已成为有信号状态,则当线程的等待状态结束时,回到就绪态。

(5) 转换态。如果线程已准备好执行,但由于资源不可用,从而成为转换态;当资源成为可用时,线程便由转换态成为就绪态。

(6) 终止态。线程执行完成后便进入终止态。一旦终止,线程对象可能被删除。如果执行体有一个指向线程对象的指针,它便可以将线程对象重新初始化,并再次使用它。

10.2.4 对象、进程、线程的关系

对象是一个抽象的数据结构,用它来描述资源;对象是一个非活动的单元,但进程和线程却是活动的单元;所有的进程都是对象,但对象并不一定是进程;线程是进程的一部分,进程的多个线程都在进程的地址空间活动;资源分配的对象是进程而非线程;调度的基本单位是线程而不是进程,或者说处理器是分给线程的;线程在执行过程中需要同步协作,要用进程的资源——端口(一种用于通信的对象)。而服务器进程还可创建多端口,以便多线程通信。

10.3 系统微内核

内核是 Windows 真正的中心,操作系统中的一切行为都围绕它进行。内核提供了一组精心定义的操作系统原语和机制。在 Windows 中,传统意义的内核所包含的存储管理、输入输出管理等不再属于内核,其大小大为减少,可靠性显著增加。一般的 Windows 内核被称为微内核(microkernel)。下面就内核所涉及的几个主要问题进行讨论。

10.3.1 内核概述

执行体的开发者 Helen Custe 曾将内核比喻为轮轴,它是对象管理程序、进程管理程序、虚拟内存管理程序、输入输出管理程序、过程调用等一切都围绕其旋转的操作系统的中心。

如图 10.12 所示,内核只完成 4 个主要任务。

(1) 调度线程的执行。

(2) 当中断和异常发生时将控制权交给处理程序。

(3) 完成低层处理器间的同步。

(4) 当发生电源故障时执行系统的恢复过程。

内核作为操作系统的其余部件与处理器之间的一层,让所有与处理器有关的操作都必须经过内核。与执行体的其余部分不同的是,内核永驻内存,它的执行是不可被抢占的,并且总运行在核心态。

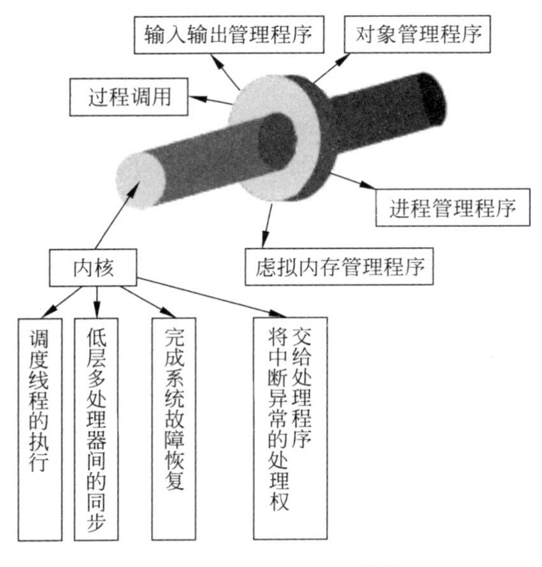

图10.12 Windows内核

10.3.2 内核的线程安排与调度

1. 内核进程对象和内核线程对象

内核进程根据环境子系统的需求找到所需资源的句柄来创建一个内核线程。内核的基本任务之一是线程调度，选择适当的线程于处理机上执行。这一任务是由内核中的调度器完成的。从内核的角度看进程和从调度器的角度看线程，与其余部分所见的有所不同。允许只看到包含必要的调度信息的简化的进程对象与线程对象，称为内核进程对象和内核线程对象(见图10.13)，其中并不包括对于对象数据的操作。

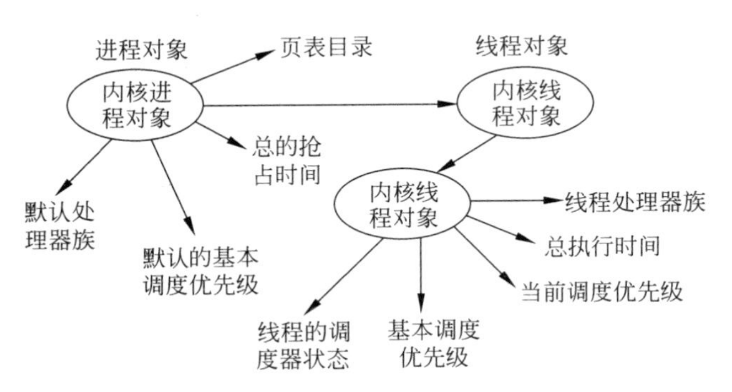

图10.13 内核进程与线程

2. 动态优先级调度

内核调度程序按照线程的优先级调度执行线程。支持32个优先级，它们分为两类，实时的(16～31)和可变的(1～15)，优先级0被保留。调度时先选择高优先级队列线程，再选择低优先级队列线程，只有当高优先队列为空时，才选择低优先队列线程。

线程调度采用可抢占的动态优先级的调度算法。这里包括两层意思,一是当有高优先线程具备运行条件时,可以抢占正在运行的较低优先级线程的运行权;二是优先级动态变化。一个线程运行一个时间片后,被排入下一优先级就绪队列,直到它的基本优先级。反之,一个线程被阻塞而就绪后将提高一个优先级,但不会超过实时优先级。

内核还提供一个优先级最低的线程,即空闲线程,当系统中无任何事件时,便运行该线程。

10.3.3 描述表切换

内核调度程序在选择了一个适当的线程后,或者一个高优先级线程实行抢占后,必须进行描述表的切换,才能让选中和施行抢占的线程到处理器执行。典型的描述表切换要求保存原执行线程的现场数据并装入新执行线程的现场数据。这些数据是:程序计数器(PC)、处理器状态寄存器(PSW)、其他寄存器内容、用户栈(user stack)和核心栈指针(kernal stack)、线程运行的地址空间指针。

为了抢占一个线程,调度器要请求一个软中断以起动描述表切换。如图 10.14 所示的例子,假定运行于处理器 A 的内核确定运行于处理器 B 上的线程(优先级 3)比新就绪的线程的优先级(优先级 4)低,处理器 A 的内核向处理器 B 请求一个调度中断以抢先正在处理器 B 上运行的线程。中断处理使得运行于处理器 B 上的内核通过描述表切换将处理器切换到新线程。被抢先的线程则被重新设为就绪态,并返回到调度器就绪队列。

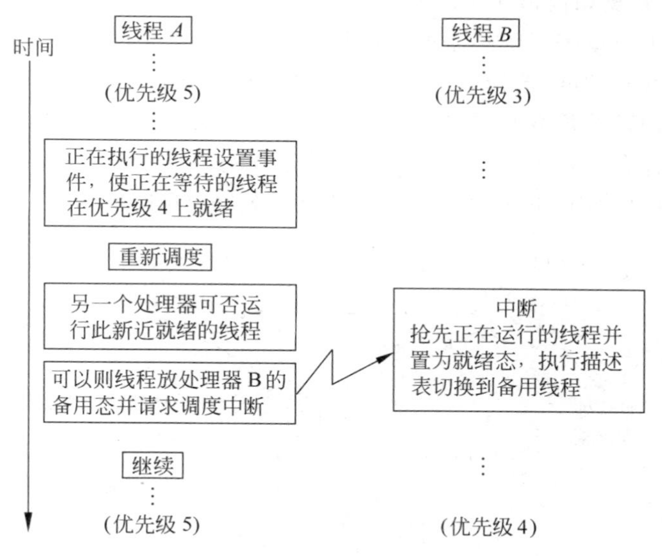

图 10.14 处理器 A 用软中断请求,处理器 B 实施描述表切换

10.3.4 中断与异常处理

Windows 中的中断主要是由硬件引起的,是随机发生的异常事件。而异常是某一特别指令执行的结果,是同步情况。它们的处理过程如图 10.15 所示。

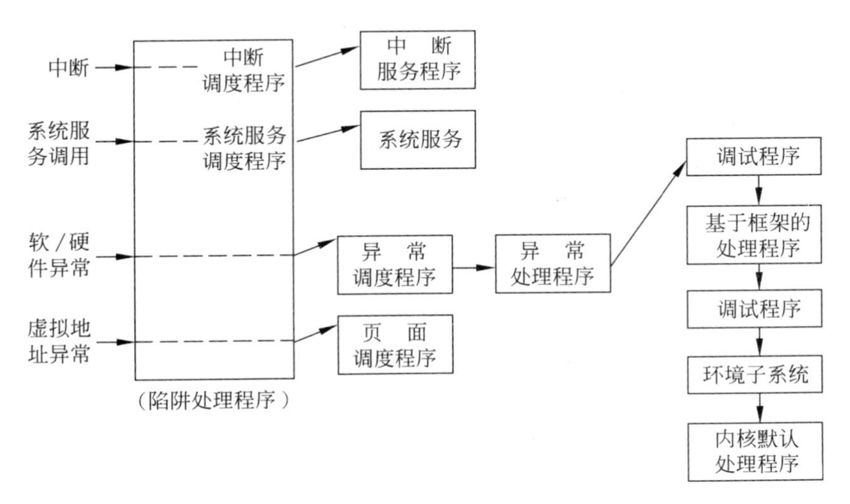

图 10.15　中断与异常处理

当中断和异常发生并被系统捕捉后，系统将执行线程从用户态切换到核心态，将处理控制权交给操作系统的陷阱处理程序。陷阱处理程序首先保存执行线程被中断的断点现场，创建一个陷阱框架，并将控制转交给相应的处理程序。对于中断，若是由于设备中断引起的，则将控制交给中断服务程序；若是由系统调用引起的，则将控制交给执行体中的服务代码。对于异常的处理，内核将产生一条事件链，控制交给陷阱处理程序。若异常产生于用户态，环境子系统将为它所创建的每一个进程建立一个调试程序端口和一个异常端口。

10.3.5　内核的互斥机制

内核中许多对全局数据的修改要互斥（mutex）地进行，也就是说要互斥地执行临界区。如对内核调度程序数据库和延迟过程调用队列（即 DPC 队列）的操作，必须互斥进行。在多处理机情况下，用信号量及 P、V 操作难以保证互斥的有效性。Windows 采用了两种方法来实现互斥。

第一种实现互斥的方法是使用转锁（spin-lock）。这是在 IBM 370 曾经使用过的方法。转锁是与使用全局数据结构的临界区相关的一种锁定机制。假定 x 是一个锁字节，其值为 0 表示临界区空闲，为 1 表示临界区已被占用。硬件提供不可分割的上锁指令 lock(x)和解锁指令 unlock(x)（可参看第 2.5.4 小节）。

下面是用转锁机制实现互斥的程序框架。

```
线程 1
lock(x)
临界区
unlock(x)

线程 2
lock(x)
```

```
临界区
unlock(x)
```

线程在进入临界区之前,内核必须获得相关的转锁。如果转锁没有空闲,内核将尽力获得该转锁直到成功。在线程努力获得转锁时,该处理器上的所有其他活动将停止。占用转锁的线程不被抢占,但允许继续执行以使它可尽快释放转锁。当获得转锁后将继续下面的活动。

第二种实现互斥的方法是提高临界区代码执行的中断优先级。这种方法在 UNIX 中早已使用。在 Windows 中是这样执行的:在内核使用全局临界资源前,内核暂时屏蔽那些也要使用该资源的中断。也就是说把该临界区执行时的中断优先级提高到这些潜在中断源中的最高级。

10.4 虚拟存储器

Windows 的虚拟存储管理程序(virtual memory manager,VMM)是执行体的主要组成部件之一。基本上沿用了更早的 VAX/VMS 所采用的技术和实现策略。

10.4.1 进程的虚拟地址空间

Windows 运行在 32 位微型计算机上。它抛弃了所有基于 Intel 芯片的早期个人计算机(从 8086 到 80286)都使用的分段模式所造成的每段 64KB 的局限性。其 VMM 实现了一个复杂而有效的虚拟存储系统,采用“请求分页的虚拟存储管理技术”。在 x86 系列计算机中页大小为 4KB,在 Alpha 等 RISC 计算机中页大小为 8KB。VMM 为每一个进程都提供一个 4GB 的虚拟地址空间,其地址空间的布局如图 10.16 所示。

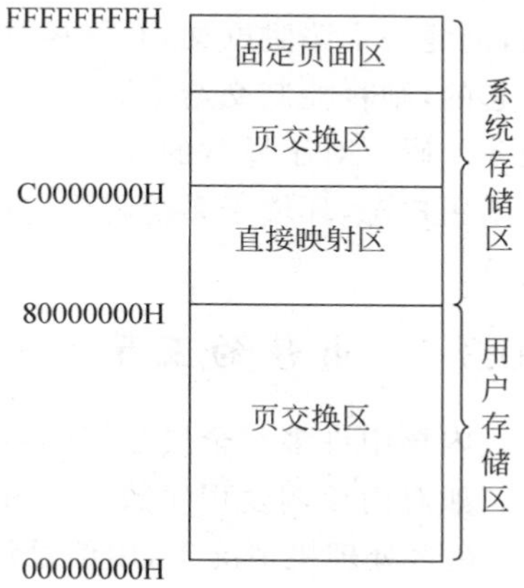

FFFFFFFFH
固定页面区
页交换区
C0000000H
直接映射区
系统存储区
80000000H
页交换区
用户存储区
00000000H

图 10.16 地址空间布局

10.4.2 虚拟分页的地址变换机构

地址变换机构采用一种称为两级页表结构的技术,如图 10.17 所示。

地址变换过程是,动态地址变换硬件机构将 32 位虚拟地址自动划分为 3 部分,高 8 位用于查询“页目录”,从中查得“页表地址”,以进一步查寻“页表”。再以虚拟地址的中间 8 位查页表,得到“页架号”(块号)。最后以虚拟地址的低 8 位作为页内位移加上页架号,便得到与虚拟地址对应的物理地址。

10.4.3 页面调度策略和工作集

1. 页面调度策略

VMM 实行“请调”,同时又“预调”其后几个邻近的页。这样可以提高效率,因为辅存

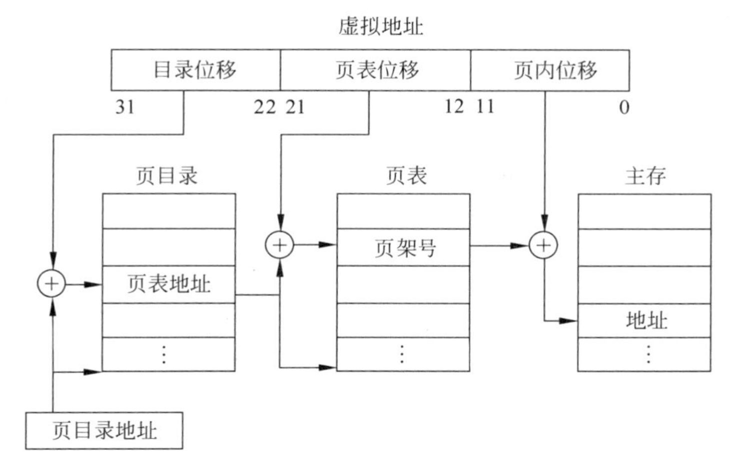

图 10.17　两级页表

以块为单位读，一次读入同一块中的多个页并不增加读取和传输时间，而被预读入的页将可能减少随后的缺页率。这也叫做群集(clustering)技术。

当没有空闲块容纳欲调入的页面时，必须选择一个页面淘汰。VMM 采用最简单的 FIFO 算法，选择本进程最先进入内存的页面淘汰。通过一些其他措施抑制可能的“FIFO 算法异常”。

另外，在 Windows 中分配内存的过程分为两步：预定和提交。当进程预定内存时，VMM 留出一块内存给进程使用。当进程第一次使用内存时，VMM 直到提交时才考虑那个进程所要求预定的内存大小。根据提交的内存，VMM 在它的页面调度文件中为进程分配空间供其使用。预定的内存和提交的内存之间的区别是有用的，因为这表示磁盘空间直到需要时才会被分配，而且当空间提交后，内存的分配加快。

2. 工作集

按照局部性原理，在任意时刻 t，都不需要把进程(线程)的所有代码和数据放置在内存中。但是又存在一个最小的页面子集，需要将其全部页面装载于内存，否则将发生频繁的页面交换，出现页面“抖动”现象。这个最小的页面子集，就称为该线程在时刻 t 的工作集。页面调度应力求把线程的工作集保留在内存中。

VMM 为每一个进程分配尽可能符合其工作集大小的页面数量，且动态地调整这个大小，以便随时保持进程的工作集在内存中。因为每个进程的工作集很可能不同，同一进程的工作集以及工作集大小一般也随时间改变，调整工作集大小还涉及内存状态变化，因此动态地调整各进程工作集大小不是一件容易的事，但是 VMM 确实力图去这样做。

10.4.4　共享主存——段对象和视口

存储管理的一个重要功能就是允许一些进程在需要时能有效地共享主存。

(1) 不同进程在各自的页表中，指向欲共享的内存块，如图 10.18 所示。

注意：在共享的页是程序页面的情况下，必须用相同的虚页号才能实现共享。

(2) 两个(或多个)进程共享同一数据文件，将文件装入内存，把该内存区定义为可共

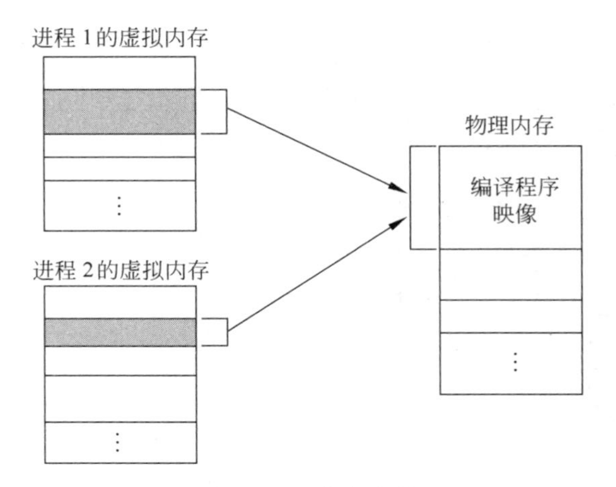

图 10.18 共享内存

享的段对象,经视口共享段对象,如图 10.19 所示。

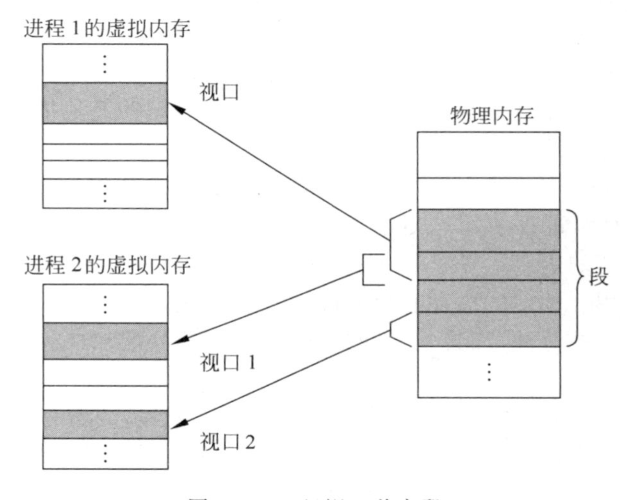

图 10.19 经视口共享段

(3) 两个(或多个)进程共享同一主存缓冲区以便进行数据交换或通信。

10.5 磁盘与文件管理

10.5.1 磁盘管理

动态存储是允许用户不经过重新启动 Windows 2000 而调整磁盘大小的特性。为动态存储而初始化的磁盘称为动态磁盘。动态存储创建包括整个磁盘的简单分区。动态磁盘可划分成多个卷。每个卷由一个或多个物理磁盘的一个或多个部分组成。

容错(计算机在发生错误之后恢复数据的能力)规定了选定卷的类型。简单的卷包含一个硬盘的空间并且无容错性。跨区的卷将多个硬盘驱动器的空间结合起来。数据首先写到第一个硬盘上，然后写到第二个硬盘上，依此类推。跨区的卷无容错性，而且如果硬盘出现故障，它上面所有的数据都会丢失。

容错的镜像卷包含在两个分开硬盘上的磁盘空间并且两者中都保持相同的数据。相反，条带卷将多个硬盘驱动器的空间结合到一个逻辑卷中并以相同的比率向所有卷添加数据。条带卷无容错性，因为磁盘错误会导致硬盘驱动器上的信息完全丢失。RAID5 卷是种容错的条带卷。卷中的每个磁盘分区都加上了奇偶信息条纹。当一个物理磁盘发生故障时，使用奇偶信息可以重建数据。

10.5.2 NTFS 文件系统

Windows 2000 支持 FAT、FAT32 以及其自身的 NTFS 文件系统。FAT 是 MS-DOS 的文件系统。FAT32 是允许长文件名和支持访问更大磁盘驱动器的 FAT 增强版本。FAT 和 FAT32 没有提供 NTFS 所支持的许多特性，如文件的安全级和文件夹的安全级、加密、为多用户设置的强制磁盘配额等。因此，在 Windows 2000 下通常不使用 FAT 和 FAT32。

NTFS 对磁盘卷起作用。NTFS 将卷分配成簇(cluster)，簇是一个或多个(通常为 2 的幂)连续的扇区。簇的大小在磁盘格式化时就定义好了。NTFS 使用逻辑簇号作为磁盘地址。将逻辑簇号与簇的大小相乘可得到物理磁盘(或卷)地址。

每个卷被划分成 4 个区域，如图 10.20 所示。第一个扇区为主引导扇区，它位于整个硬盘的 0 磁道 0 柱面 1 扇区(尽管说它是一个扇区，但可能有 16 个扇区长)，包括硬盘主引导记录(main boot record，MBR)和分区表(disk partition table，DPT)，其中主引导程序的作用是检查分区表是否正确以及确定哪个分区为主引导分区，并在程序结束时把操作系统引导程序调入内存加以执行。分区表以 80H 或 00H 为开始标志，以 55AAH 为结束标志，共 64 字节，位于本扇区的最末端。

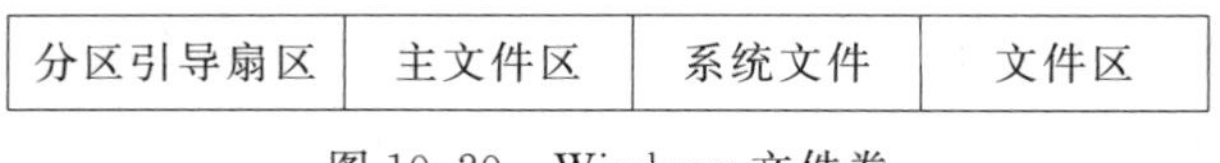

图 10.20 Windows 文件卷

引导扇区后是主文件表(MFT)，是 Windows 2000 文件系统的核心，其本质上是主目录。主文件表项包含卷上每个文件的信息。主文件表是 NTFS 用来访问文件的主要对象。它由一组可变长度的记录(关系数据库结构中的许多行)组成。最初的 16 个记录描述主文件表(MFT)自身，后面跟着每个文件或目录(文件夹)的记录。如果文件足够小(小于 1500B)，它将直接写在 MFT 中。否则，主文件表项保存指向包含实际数据的簇的索引指针。

MFT 中还包括 NTFS 卷可用的未分配空间信息。

MFT 之后的是系统文件区，长度大约 1MB。系统区包含 MFT 一部分(前 3 行)副本(提供冗余)、NTFS 为可恢复性而使用的日志(事务处理列表)文件、簇位图(说明卷中哪些簇正被使用)和属性定义表。卷的其余部分是文件区。

Windows 2000在处理文件的方式上与MS-DOS和UNIX不同,MS-DOS和UNIX都把文件看作字节流。相反,在Windows 2000中文件是对象,并且NTFS将其属性存储在对象自身内。文件的每个属性都是能被创建、读、写和删除的独立字节流。

每个文件必须有某些属性,如只读、档案文件、时间戳等。文件可以有多个名称,如NTFS长文件名和MS-DOS的短文件名。属性中"安全描述符"规定谁拥有文件以及谁能访问文件,"数据或数据的索引"告诉Windows在哪里能找到文件的收据。

由于文件是对象,不是所有的文件都必须有相同的属性;用户可以设计符合其特殊要求的文件。例如,Macintosh文件可有与其数据分支和资源分支相符的属性,并且多媒体文件(如AVI文件)能有独立的音频流和视频流。

目录是包含该目录下其他文件索引的文件。当目录与主文件表(MFT)中的记录不相符时,它的属性将储存在一连串独立的虚拟簇号(VCN)中。这些虚拟簇号与其逻辑簇号(LCN)对应来识别磁盘上的文件,如图10.21所示。

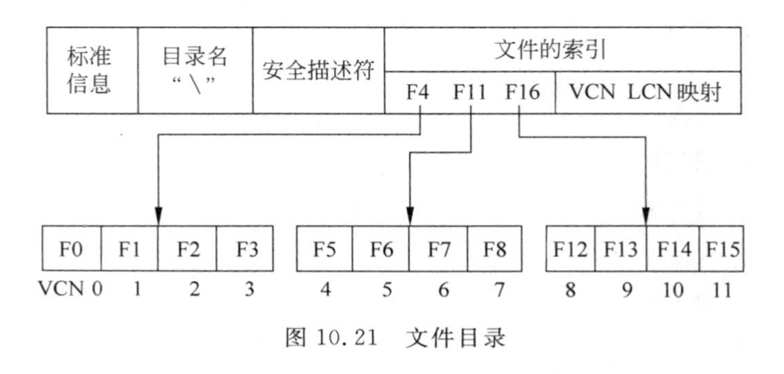

图10.21 文件目录

对于大的目录,文件索引储存在按树型组织的索引缓冲区中,其中的每项都指向一系列索引值较低的低级项。例如,在图10.21中,文件4(F4)指向文件名比它小的索引缓冲区。从概念上讲,该索引缓冲区中的文件可以指向另一个更低级的索引缓冲区,依此类推。查寻该目录中特定的文件所需的时间少而且对于所有文件都是相同的。如果需要,NTFS具有压缩单个文件或整个文件夹中全部文件的能力。如果应用程序要访问压缩过的文件,则NTFS在处理文件之前先解压缩该文件;当应用程序稍后保存文件时,NTFS将其保存为压缩状态。Windows 2000也允许文件加密并存储在磁盘上。

10.5.3 文件系统的恢复

如果系统崩溃或磁盘出现故障,NTFS能使文件系统安全地恢复。通过事务可完成所有对主文件表和文件系统结构的更改。在做出任何更改之前,更改将被写入日志。利用日志,任何部分完成的事务都能撤销,而且任何完成的事务在系统或磁盘崩溃后还能恢复。在恢复上,系统首先重复任何已完成事务的操作并撤销在崩溃或出现故障以前尚未提交的事务。检查点记录定期(每隔5s)被写入日志中。所有在检查点以前的日志被丢弃。如果出现崩溃,在检查点之前的任何日志项都不需要了。这就使日志文件的大小保持在合适的范围内。应该注意的是,使用事务只有对元数据(文件系统的数据或描述数据的数据)的更改才能完成;实际的文件数据和文件内容不受这种机制的控制。因此,尽管文件系统能够恢复,NTFS也不保证实际文件的恢复。

10.6 输入输出子系统

10.6.1 输入输出子系统结构

Windows在输入输出系统设计方面建立了一个统一的高层界面——"输入输出设备的虚拟界面",把所有读写数据看成直接送往虚拟文件的字节流。类似于UNIX把设备当作一类特别文件。

输入输出系统包括几个子系统:文件系统;网络重定向程序和网络服务器;设备驱动程序;缓冲存储管理程序。因为读写文件时,字节流的流动方向是在内存与文件空间进行的,故把文件系统也看作输入输出系统的一部分。

输入输出系统是个层次结构模型,允许用户根据需要动态地装卸其中的模块。而输入输出系统内部又分为若干层,如图10.22所示。

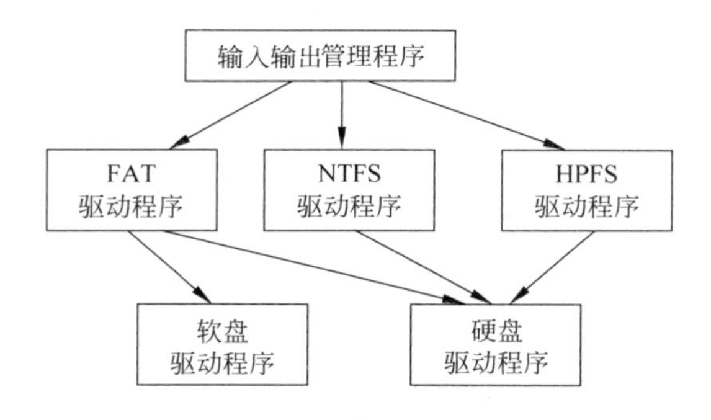

图10.22 分层驱动程序

设备驱动程序和文件系统用同一方式建立,对操作系统的其余部分表现出相同的外貌,而且命名管道和网络转发(在各种网络之间指挥文件请求的软件)也被看成是"文件系统",当作文件系统驱动程序来实现。每个驱动程序都是一个独立的部件,可以动态地加到操作系统或从中删去。

驱动程序这种分层结构使得驱动程序可以实现模块化,并增加了其代码的可复用性。

10.6.2 高速缓存

在大部分操作系统中,高速缓存(speed cache)是由文件系统来处理的。相反,在Windows中高速缓存是一个集中式设备,它不仅为文件系统还为输入输出管理器控制之下的所有组件(如网络组件)提供服务。高速缓存的大小随系统中可用的空闲物理内存数量而变化。高速缓存管理器将文件映像到该地址空间,并利用VMM的能力来处理文件的输入输出。在处理输入输出请求时,高速缓存通过在内存(而不是磁盘)中保存信息来提高性能。所有更新将被写入内存,而不是写入磁盘。稍后,当命令减少时,数据将作为后台处理写入驱动器。

当进程发送一个读文件请求时，如图 10.23 所示，输入输出管理器将它以输入输出请求包(IRP)的形式传给高速缓存管理器，如果文件已经在高速缓存中，高速缓存管理器定位并复制信息到进程的缓冲区。如果文件不在高速缓存中，高速缓存管理器产生缺页，使虚拟内存管理器向输入输出管理器发送非高速缓存读请求。然后输入输出管理器发出 IRP 到适当的设备驱动。读出的数据装入高速缓存，数据也复制到进程缓冲区。

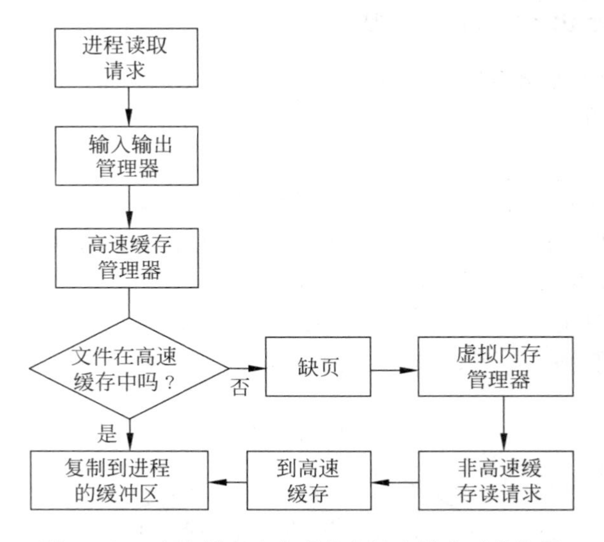

图 10.23 高速缓存在实现输入输出请求时的作用

10.6.3 异步输入输出操作和输入输出请求处理过程

操作系统一般都提供同步(synchronization)输入输出，比如启动打印，等待打印完成。但现代的处理器运行速度很快，大大高于大多数输入输出设备。当一个设备处理一个单一的输入输出请求的时间，处理器可以执行数千行代码。理想的情况是在设备传输数据的同时，应用程序仍能使用处理器。在任何可能的时候，Windows 2000 在异步模式下处理输入输出请求。异步输入输出是指在处理器启动输入输出之后，启动输入输出的线程被挂起，不等传输完成，处理器可以从事其他工作。待输入输出完成，由输入输出完成中断把线程唤醒，再做后续处理。异步输入输出需指定参数 overlappped，调用者可以随意选择同步或异步输入输出。图 10.24 是异步输入输出过程的示意图。

10.6.4 映像文件的输入输出

映像文件(mapping file)的输入输出是把驻留在磁盘上的文件看成是虚拟主存中的一部分，程序可把文件作为一个大数组来存取而无需缓冲数据或执行磁盘的输入输出。这是曾经在 MS-DOS 中使用过的虚拟磁盘技术。

映像文件的输入输出，在执行图像操作以及大量文件的输入输出时，能提高执行速度。因为映像文件的输入输出是向主存中写入，这自然要比写到磁盘上快得多，而且虚存管理程序还优化了磁盘的存取。

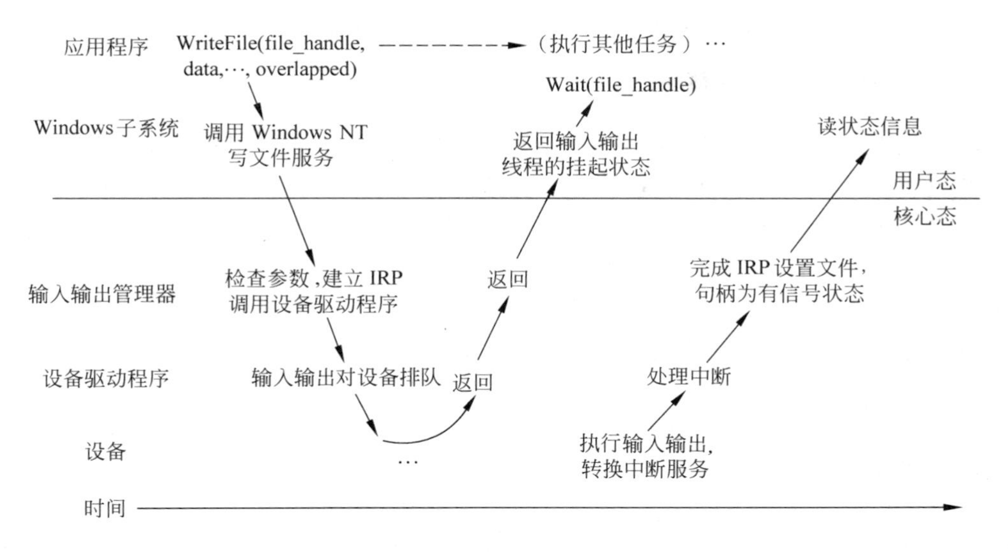

图 10.24　异步输入输出过程示意

10.7　进程通信

10.7.1　端口对象

客户进程与服务器进程之间的通信采用消息传送,而消息的传送必须经过执行体的本地过程调用 LPC。LPC 消息传递中客户进程在向子系统传送消息之前必须和保护子系统建立一个通信通道。执行体用端口(port)对象作手段建立,并在多数情况下维持两个进程间的联系。每个客户进程可调用一个保护子系统,并且最终需要一个安全专用的通信通道。通信过程如图 10.25 所示。

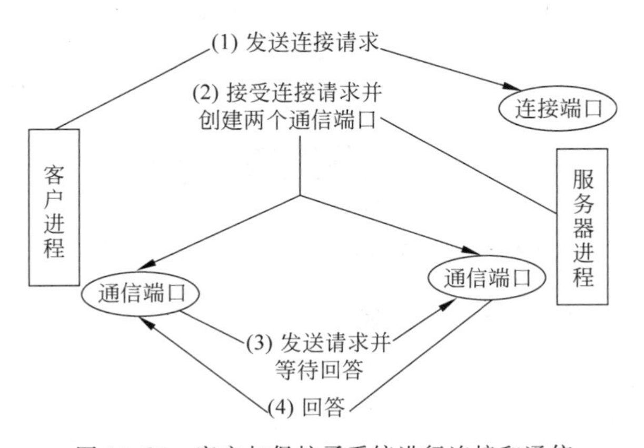

图 10.25　客户与保护子系统进行连接和通信

执行体有两类通信端口:连接端口和通信端口。通信前客户进程先打开保护子系统的连接端口的对象句柄,传送一个连接请求,然后等待接受服务器对该请求的应答信号。

客户使用其通信端口句柄向保护子系统发送消息,并等待子系统的回答。

10.7.2 LPC 消息传送方法

LPC 提供了 3 种消息传送的方法:信息复制 LPC、共享内存 LPC 和快速 LPC。

信息复制 LPC 是用于小消息的传送技术。如图 10.26 所示,LPC 将消息传到端口对象的消息队列,每个端口对象含有一个固定大小的消息块队列。客户发送消息时,LPC 将它复制到子系统的端口对象的消息口,内核从客户进程描述表切换到子系统进程后,子系统线程将消息复制到子系统的地址空间并进行处理。子系统要响应时,它将一个消息返回给客户的通信端口。总之,此方法就是将消息传到端口对象的消息队列。

共享内存 LPC 的方法用于传送大消息,当客户进程要传送大于 256B 的消息时,必须通过共享的主存区域进行。

如图 10.27 所示,客户首先要创建一个称为区域对象的共享内存对象,LPC 使它在客户和保护子系统的地址空间可见。传送大消息时,客户发送服务请求,同时,客户把消息放在区域对象中,并发送给服务器端口一个含有该大消息指针及其大小的小消息。内核描述表切换到子系统进程后,子系统从消息块中寻找消息,然后使用它找到区域对象中的消息,并返回一个消息句柄回答响应。

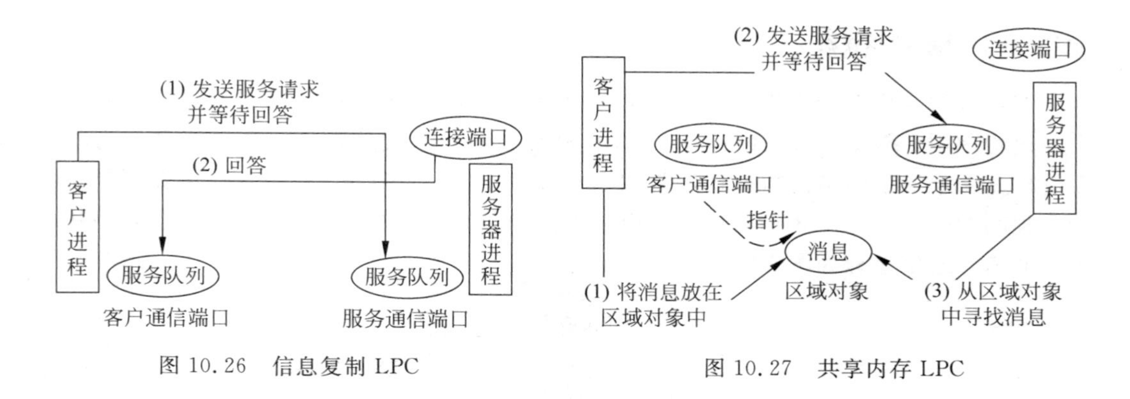

图 10.26 信息复制 LPC

图 10.27 共享内存 LPC

10.8 系统安全性

安全性是操作系统的重要问题。Windows 采用了下述几种安全保护措施。

10.8.1 登录进程和安全子系统

系统要求每个用户建立自己的账号,每个用户账号有一个安全特征表。用户使用系统前要在该账号上登记,安全子系统用此表来验证用户,并询问账号和密码。

10.8.2 存取令牌

在安全子系统认定登录后,它就构造一个始终附着于用户进程的"对象",即"存取令牌”对象。令牌上有存取控制表，在进程要使用系统资源时，将用作为存取控制和记账。存取令牌的信息结构包括以下 6 个字段，如图 10.28 所示。

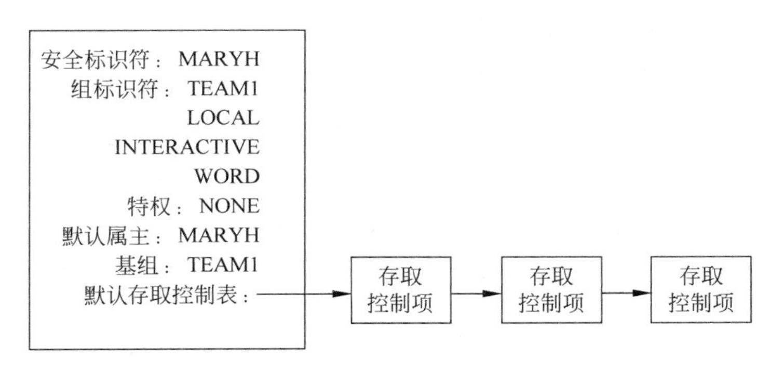

图 10.28　存取令牌

① 安全标识符：在网络中唯一确定的一个用户。

② 组标识符：关于该对象属于哪些组的列表。

③ 特权：该用户可以调用的一组与安全性有关的系统服务，比如创建令牌，设置备份特权等。大多数用户没有特权。

④ 默认属主。

⑤ 基组。

⑥ 默认存取控制表。

图 10.28 所列的访问控制令牌对象头的安全描述体的例子中，用户 MARYH 属于 TEAM1、LOCAL、INTERACTIVE 和 WORD 这 4 个组，无访问特权。在默认的存取控制表中有 3 个存取控制项。

10.8.3　存取控制表

所有的文件、线程、事件和存取令牌在内的所有对象，在它们创建时都被分配安全描述体，其主要特征是一个用于对象的保护表——存取控制表。而存取令牌用于识别一个进程及其线程，安全描述体则用于枚举哪些进程或进程组能够存取一个对象，如图 10.29 所示。该例中，某文件对象有 3 个存取控制项，允许用户 LOCAL 读文件数据，允许 TEAM1 读写数据，允许 WORD 执行该文件。

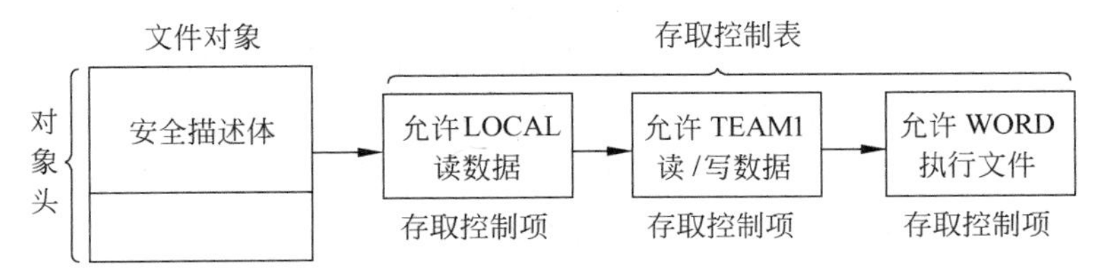

图 10.29　存取控制表

10.8.4 主存保护

Windows 为主存保护提供了4种形式。

(1) 每个进程都有单独的地址空间。

(2) 具有两个运行态——核心态与用户态。

(3) 以页面为主的保护机制。这种机制中每个虚拟页面有一组与它联系的标识，它们决定允许在用户态和核心态中访问的类型。

(4) 以对象为基础的内存保护，每当一个进程要打开一个段对象句柄或映射一个视图到段对象时，Windows 的安全引用监控程序便检查试图做此操作的进程是否被授权访问该对象。

此外，客户机/服务器模型也可起到有效的主存保护作用，由于每个子系统是分立的，不受其他子系统的影响，所以每个子系统可以独立创建、维护数据结构。而且由于子系统是用户态应用程序，不能修改执行体的数据结构或是调用内部操作系统过程，它们只能调用系统服务器来对执行体进行存取。

10.9 Windows 2003 简介

Windows 2003 有一些新的特点，比如支持10亿个 AD(active directory)对象，增加了安全性及很多新的命令行功能。Windows 2003 还改善了 IIS 服务，有群集支持以及终端服务等。但 Windows 2003 系统性能究竟怎样，是否能够达到 Microsoft 公司的预期目标，还需要一段时间。

10.9.1 IIS 6.0 服务

IIS 6.0 与 Windows 2003 为网络应用服务器的管理提供了新的特性，包括实用性、可靠性、安全性与可扩展性。IIS 6.0 也增强了开发和国际化支持。

基于 XML 的配置文件，IIS 6.0 中 XML 格式的纯文本元数据库(metabase)为发生故障的服务器带来了经过改进的备份和恢复功能。

IIS 6.0 在核心模式操作，提供一个嵌入的 IIS 锁定向导，有效的带宽控制，以及一个从交互式网络的默认登录变化。IIS 6.0 变得更快速并且更安全。

10.9.2 集群技术

集群(clustering)服务不再是一个可选组件，而是作为 Windows 2003 操作系统的一个主要部分。这使服务器集群结点的配置不需要安装，并允许利用集群管理工具在远程服务器上创建结点和更改服务器集群配置。

集群的配置架构为第三方软件供应商提供了开放接口，使得应用程序可以无缝地设置服务器集群资源。

改进的分布式文件系统(DFS)现在包含：多个独立根(standalone root)，独立根灾难转移(independent root failover)，并允许在不同计算机上的多个文件共享聚集为一个共同的名字空间。

Windows 2003 Datacenter 版和 Windows 2003 Enterprise 版比 Windows 2000 支持更多的结点。前者支持 8 结点群集(从 4 个增加到 8 个),而后者支持 8 结点聚集(从 2 个增加到 8 个)。Windows 2003 标准版不支持群集,但是现在包括网络负载平衡(NLB)的特点刚被添加进去。可以为 Windows 2003 终端服务器使用 Windows 2003 NLB 来执行前端路由。这个方法实现了廉价的负载平衡终端服务器群集。

10.9.3　跨域树信任技术

Windows 2003 提供了一个为公司内部的共享而引入的重要特点:跨域树信任。使用一个适当的跨域树信任,两个 Windows 2003 域树在它们的域之间可以更有效地共享数据和资源。如果一个公司合并另一个公司并且想执行一个快速的集成,这些改善会特别有帮助。

Windows 2003 不但添加了很多容易改变 DCs 名称的能力,而且还能够更改域名。

10.9.4　终端服务技术

终端服务器(terminal server)是建立企业范围的、基于服务器的计算机平台的基础,增强的可扩展性企业需要具备硬件扩充(scale-up)和软件扩展(scale-out)的能力,相对于 Windows 2000,终端服务器可以在每个高端服务器上支持更多用户。Windows 2003 的会话目录提供了对 Microsoft 及其他第三方的负载均衡技术的支持。

Windows 2003 包含一个通过终端服务来提供接入(inbound)连接的机制。一般而言,如果通过因特网的计算机相连时,RDP 5.2 协议比早期版本兼容性更广。

另外,Windows 2003 提供一个 RDP 客户端协议新的版本。RDP 5.1 协议为终端服务添加了一些 whiz-bang 的特点,例如,24 位颜色、本地的剪贴板重定向、本地的客户打印机和驱动程序重定向,通过局域网与拨号连接比较带宽限制、时区重定向以及控制台会话。这些特点明显地改善了终端服务的体验,因此会觉得使用网络好像是在使用与本地计算机同样的系统一样。

10.9.5　SAN/NAS 技术

Windows 2003 将与存储区域网络(SAN)和网络附加存储(NAS)装置一同工作,或许会替代现在专门的 SAN 和 NAS。管理员通过 SAN 按键辅助可以控制卷的挂载(mount),以保护卷被无意访问。改良的光纤通道存储区域网络处理和 SAN 主机总线适配器(HBA)的互用性管理工作更为灵活。

Windows 2003 为存储管理提供新的、增强的特性,使得管理维护磁盘和卷、备份和恢复数据及连接存储区域网(SAN)更加容易和可靠。

Windows 2003 提供了一套集成的存储管理特性,可以降低成本和提高实用性。

Windows 2003 提供多供应商存储管理——虚拟磁盘功能(VDS),可以实现在 Windows 操作系统下多供应商存储设备间的交互操作。VDS 提供了存储硬件的 API,并且通过管理程序来管理硬件。

加密文件系统(EFS)是一种用来在 NTFS 卷上存储加密文件的技术,对于授权用户而言是透明的,即使这个入侵者采用物理方式入侵计算机也没有用。

磁盘检测命令 CHKDSK.exe 性能比 Windows 2000 高 20%～38%。

10.9.6 活动目录技术

Windows 2003 的活动目录(activity catalog)改善的性能与可靠性使目录更易于部署和管理,而且更安全。ADMT 2.0 版本通过对话目录迁移工具(ADMT)的诸多改进,对于活动目录的迁移变得更加容易。

重命名域支持对当前森林中域的 DNS 名称与 NetBIOS 名称的更改,并且保证了森林仍然是“结构良好”的。

10.9.7 便于 Windows XP 用户登录网络

Windows 2003 与 Windows XP 同时使用时可以带来很多优势。首先,可以执行通用缓存,使得在没有 GC 的情况下,Windows XP 的用户也可以登录到网络上。比如允许 Windows XP 通过 IEEE 802.1x 安全的无线连接以及支持通过利用 Windows 2003 证书使那些连接生效。

小　　结

Windows 系统的结构分为用户模式和内核模式。用户应用程序和子系统的集合运行在用户模式下。用户模式组件包括环境子系统和整合子系统。Windows 的设计既能运行 32 位 Windows(Win32)应用程序,也能运行为其他操作系统如 MS-DOS、OS/2(仅为 16 位字符模式)和 POSIX 设计的应用程序。Windows 通过模仿这些环境要求的应用程序编程接口来支持各种各样的环境。

理解内核模式进程的一种方法是视其为分层的结构。硬件抽象层(HAL)隐藏了下层的硬件并为其他进程提供虚拟机接口。设备驱动程序负责将逻辑的输入输出调用转换为特有的物理的输入输出硬件原语。内核(或微内核)管理微处理器,并且提供被执行体利用的基本的核心对象。最上层由一组称为执行体或可执行服务的模块组成,包括对象管理器、进程间通信(IPC)管理器、安全管理器、图形设备接口(GDI)、窗口管理器、即插即用管理器、电源管理器模块。注册表是 Windows 用来保持计算机中硬件和软件设置记录的分层数据库。

Windows 进程管理器负责创建和删除进程和线程。Windows 支持多任务、多线程。操作系统通过抢占式多任务来中断线程的执行。Windows 可识别 32 级不同的优先权级别。Windows 是将其多处理能力与多任务特性结合起来的对称多处理(SMP)系统。

Windows 使用虚拟内存管理器(VMM)来为进程分配内存并管理系统内存。VMM 把请求页面调度与群集结合起来。当进程预定内存时,VMM 留出一块内存给进程使用。当进程第一次使用内存时,VMM 直到提交时才考虑那个进程所要求预定的内存大小。VMM 采用 FIFO 页面淘汰算法。

动态存储是允许用户不经过重新启动Windows而调整磁盘大小的特性。为动态存储而初始化的磁盘称为动态磁盘。动态磁盘可划分成多个卷。每个卷由一个或多个物理磁盘的一个或多个部分组成。

Windows支持FAT、FAT32与其自身的NTFS文件系统。每个卷被划分成4个区域：分区引导扇区、主文件表(MFT)、系统区和文件区。

如果系统崩溃或磁盘出现故障，NTFS能使文件系统平稳地恢复。在做出任何更改之前，更改将被写入日志中。通过使用日志，任何部分完成的事务都能撤销而且任何完成的事务在系统或磁盘崩溃后还能重复。

输入输出管理器管理文件系统、高速缓存、硬件驱动程序和网络驱动程序。每个对输入输出管理器服务的请求被翻译和格式化成标准的输入输出请求包(IRP)。IRP被转发给适当的设备驱动程序进行处理。

如果信息将再次被使用，高速缓存通过在内存(而不是磁盘)中保存信息来提高性能。当进程发送一个读文件请求时，输入输出管理器将它以输入输出请求包的形式传给高速缓存管理器。如果文件已经在高速缓存中，高速缓存管理器定位并复制信息到进程的缓冲区。任何时候，Windows按异步模式处理输入输出请求。

Windows 2003有一些新的特点，增加了一些重要的功能，比如支持10亿个AD(active directory)对象，增加了安全性及很多新的命令行功能。Windows 2003还改善了IIS服务，有群集支持以及终端服务等。

习　　题

10.1　定义术语：模块、进程和线程。

10.2　简要解释客户机/服务器模式。

10.3　区分用户模式和内核模式。

10.4　区分用户模式的环境子系统和整合子系统。

10.5　简要解释环境子系统是如何支持为不同环境编写的程序的执行。

10.6　区分服务器进程和系统进程。

10.7　在Windows 2000桌面环境下，经“开始”|“程序”|“附件”|“系统工具”|“系统信息”|“软件环境”|“正在运行的任务”，能够看到什么？借用这个结果对Windows的多任务特性加以解释。

10.8　简要描述构成内核模式组件的3个主要层次。

10.9　列举组成可执行服务的主要模块。

10.10　解释进程管理器如何产生新进程。

10.11　定义多线程、多任务和多处理。

10.12　解释虚拟内存管理器如何实现页面调度。

10.13　区分内存预定和提交。

10.14　描述Windows 2000的32位地址的内容。解释虚拟地址如何转换为物理(实际)地址。

10.15 什么是动态存储？为什么镜像卷需要考虑容错？

10.16 描述一个 NTFS 磁盘的结构。

10.17 简要解释 Windows 2000 如何使用虚拟簇号来查找磁盘上的文件。

10.18 NTFS 在系统崩溃或磁盘出现故障之后如何使文件系统能够安全地恢复？

10.19 什么是设备驱动程序？

10.20 简要解释高速缓存。

10.21 什么是注册表？试读出目前使用的计算机上的注册表，并加以说明。

参考文献

REFERENCES

[1] DAVIS W S,T. M. RAJKUMAR T M. 操作系统基础教程[M]. 5 版. 陈向群,等译. 北京：电子工业出版社,2003.

[2] STALLINGS W. 操作系统——内核与设计原理[M]. 4 版. 魏迎梅,等译. 北京：电子工业出版社,2003.

[3] MCDOUGALL R 等. Solaris 内核结构[M]. 2 版. Sun 中国研究院,译. 北京：机械工业出版社,2007.

[4] NUTT G. 操作系统[M]. 罗宇,等译. 北京：机械工业出版社,2005.

[5] 孟静. 操作系统原理教程[M]. 2 版. 北京：清华大学出版社,2006.

[6] TANENBAUM A S. 现代操作系统[M]. 2 版. 陈向群,等译. 北京：机械工业出版社,2005.

[7] 谭耀铭. 操作系统[M]. 北京：中国人民大学出版社,1999.

[8] 尤晋元. UNIX 操作系统教程[M]. 西安：西安电子科技大学出版社,1999.

[9] 孟庆昌. 操作系统教程：UNIX 实例分析[M]. 西安：西安电子科技大学出版社,1997.

[10] 汤子瀛,等. 计算机操作系统[M]. 西安：西安电子科技大学出版社,1996.

[11] HELEN CUSTER. Windows NT 技术内幕[M]. 程渝荣译. 北京：清华大学出版社,1993.

[12] 屠立德,等. 操作系统基础[M]. 2 版. 北京：清华大学出版社,1995.

[13] 邹鹏,王广芳. 操作系统原理[M]. 长沙：国防科技大学出版社,1995.

[14] 左万历,等. 计算机操作系统教程[M]. 2 版. 北京：高等教育出版社,2004.

[15] SILBERSCHATZ A 等. 操作系统概念[M]. 郑扣根,译. 北京：高等教育出版社,2004.

[16] 张尧学,史美林. 计算机操作系统教程[M]. 3 版. 北京：清华大学出版社,2006.

[17] RUSSINOVICH M E, SOLOMON D A. 深入解析 Windows 操作系统[M]. 4 版. 潘爱民,译. 北京：电子工业出版社,2007.

[18] 国际标准化组织. 计算机环境的可移植操作系统界面 POSIX. 1[M]. 中软总公司第二开发部,译. 北京：电子工业出版社,1991.

[19] 贝奇 M. UNIX 操作系统设计[M]. 北京：北京大学出版社,1989.

[20] 巴克 M J. UNIX 操作系统教程——原理与设计[J]. 孙玉芳,等编译. 计算机研究与发展,1989.

[21] 孙钟秀,等.操作系统教程[M].北京:高等教育出版社,1989.

[22] DELTEL H M.操作系统基础[M].胡承镐,译.北京:北京科技出版社,1986.

[23] 利斯特 A M.操作系统原理[M].徐良贤,尤晋元,等译.上海:上海科学技术文献出版社,1986.

[24] KERNIGHAN B W,PIKE R. The UNIX Programming Environment.[S. l.]: Prentice Hall 出版公司,1984.

[25] 马德尼克 S E,多诺万 J J.操作系统[M].石伍锁,等译.北京:科学出版社,1980.

[26] 张尤腊,等.计算机操作系统[M].北京:科学出版社,1979.

[27] 彭民德.面向系统的程序开发技术与实践[M].北京:电子工业出版社,1995.

[28] 彭民德.UNIX的发展动向[J].计算机工程与科学,1992(2).

[29] Peng Minde, et al . The OSCAI System-A CAI Software Used in the Course [C]. "Operating System" Proceedings of the ASIA-PACIFIC Conference on Computer education 1988 Shanghai China.[S. l.]:[s. n.] ,1988 .

[30] 彭民德.UNIX第七版内核的主要改进[J].计算机工程与应用,1984(12).

[31] 彭民德.一种适用于两极计算机控制环境的实时OS的设计与实现[J].计算机研究与发展,1995(11).

[32] 彭民德.一种基于Web的生产者一消费者经典同步问题的实现技术[J].计算机工程与应用,2006(22).

[33] 卿斯汉,等.操作系统安全导论[M].北京:科学出版社,2003.

[34] 沈昌祥.信息安全工程导论[M].北京:电子工业出版社,2003.

[35] 陈天洲.计算机安全策略[M].杭州:浙江大学出版社,2004.

[36] 赵树升.Windows信息安全原理与实践[M].北京:清华大学出版社,2004.

[37] 欧陪宗.Windows常见漏洞攻击与防范实战[M].济南:山东电子音像出版社,2006.

[38] 潘奕萍.漫话云计算[M].北京:化学工业出版社,2013.

[39] 邹恒明.操作系统之哲学原理[M].北京:机械工业出版社,2012.

[40] 王伟.计算机科学前沿技术[M].北京:清华大学出版社,2012.

[41] 雷葆华.云计算解码:技术架构和产品运营[M].北京:电子工业出版社,2011.

[42] 浪潮(北京)电子信息产业有限公司:浪潮云海·云数据中心操作系统V3.0技术白皮书[M],2013.

[43] 龙芯多核处理器及其虚拟架构图解[OL].[2013-12-01]. http://server. chinabyte. com/237/11027737. shtml.